DIE FÜNF ZEITALTER DES UNIVERSUMS

Eine Physik der Ewigkeit

Die fünf Zeitalter

DES UNIVERSUMS

EINE PHYSIK DER EWIGKEIT

FRED ADAMS AND

GREG LAUGHLIN

DEUTSCHE VERLAGS-ANSTALT
STUTTGART – MÜNCHEN

Übertragen aus dem Englischen von Anita Ehlers

Die Deutsche Bibliothek – CIP Einheitsaufnahme
Ein Titeldatensatz für diese Publikation ist bei der
Deutschen Bibliothek erhältlich

Redaktion: SWB Communications, Claudia Ziesenhenne, Marbach
Satz: SWB Communications, Marbach, und INKA Satz & Grafik, Rudersberg
Druck und Bindearbeiten: Friedrich Pustet, Regensburg

Printed in Germany

ISBN: 3-421-05345-6

INHALT

VORWORT

Uns hat schon immer das endgültige Schicksal des Weltalls fasziniert. Als Astrophysiker sind wir es gewöhnt, über Ursprung und Schicksal solcher astronomischen Gebilde wie Sterne und Galaxien und das Weltall überhaupt nachzudenken. Im zwanzigsten Jahrhundert, und insbesondere in seinen letzten beiden Jahrzehnten, haben Physik, Astronomie und Kosmologie rasche Fortschritte gemacht; wir können unser Universum jetzt besser und klarer beschreiben denn je.

Die kosmologische Forschung hat sich bisher vor allem auf die Vergangenheit des Universums konzentriert, und das zu Recht. Die Urknalltheorie und ihre Modifikationen sind Paradigmen, die den Ursprung des Universums sehr erfolgreich beschreiben, und für die neuere astronomische Daten eine solide wissenschaftliche Grundlage geliefert haben. Parallel dazu hat das Voranschreiten der Erkenntnisse über die Entwicklung und Bildung von Sternen und Galaxien unser Verständnis des heutigen Universums ergänzt und abgerundet. In den letzten Jahren wurde die Bestandsaufnahme unseres Weltalls weiter vervollständigt, als mit den Mitteln der Astronomie Schwarze Löcher, braune Zwerge und Planeten um andere Sterne entdeckt wurden.

Vor diesem Hintergrund begannen wir Ende 1995 eine detaillierte wissenschaftliche Untersuchung des Universums der Zukunft, einschließlich der darin enthaltenen Sterne, Galaxien und aller anderen astrophysikalischen Gebilde. Unsere Forschung wurde durch ein Zusammentreffen mehrerer Ereignisse angeregt. Zum einen hatten wir das Gefühl, es sei an der Zeit, die Frage nach der Zukunft des Universums neu zu stellen, weil ihr trotz der großen neueren Fortschritte in bezug auf die Geschichte des Universums relativ wenig Aufmerksamkeit gewidmet worden war. Zwischen 1960 und 1980 hatten Martin

Rees, Jamal Islam und Freeman Dyson wegweisende Arbeiten veröffentlicht, denen bald nach 1980 eine kleine Reihe aufregender Arbeiten gefolgt war, die sich mit den Konsequenzen des Protonenzerfalls befaßten. Wir hofften, im umfassenderen Rahmen der neueren Fortschritte in Physik und Astronomie viel genauere Einsicht in die Zukunft des Weltalls gewinnen zu können. Die früheren Untersuchungen hatten sich vor allem mit kosmologischen Themen, weniger mit Sternen und stellaren Objekten befaßt; nicht einmal die langfristige Entwicklung der masseärmsten Sterne, deren Lebensdauer das jetzige Alter des Weltalls übertrifft, war berechnet worden. Unser Vorhaben wurde erleichtert, als Laughlin an die Universität von Michigan kam, um dort mit Adams zusammenzuarbeiten; damit begann unser gemeinsames Bemühen, Einblick in die Dunkelheit zu erhalten. Ein weiterer Anreiz war ein »Themensemester« an der Universität von Michigan, bei dem es um »Tod, Untergang und die Zukunft der Menschheit« ging. Zu diesem Anlaß entwickelte Adams ein neues Seminar über die langfristige Zukunft des Universums. Dabei erwies sich der vergleichsweise Mangel an Literatur zu diesem Thema als zusätzlicher Anreiz zur Erforschung der fernen Zukunft.

Die ersten Ergebnisse unserer Arbeit wurden 1997 als Übersichtsartikel in den »Reviews of Modern Physics« veröffentlicht, deren Herausgeber, der Königliche Astronom von England, Sir Martin Rees, uns ermutigte und anleitete. Diese wissenschaftliche Arbeit erregte das große Interesse der Medien, und auch die Nachfrage nach öffentlichen Vorträgen war überraschend groß. Diese unvorhergesehene Neugierde der Öffentlichkeit veranlaßte uns, eine allgemeinverständliche Abhandlung dieses Themas, das vorliegende Buch zu schreiben.

Unser Buch stellt im Gegensatz zu anderen dieser Art viele neue wissenschaftliche Ergebnisse vor. Während der Arbeit an diesem Manuskript standen wir oft vor wissenschaftlichen Fragen, die noch nicht untersucht worden waren. Was passiert beispielsweise, wenn ein kleiner roter Zwerg in unser Sonnensystem gelangt und die Bahnen der Planeten durcheinanderbringt? Kann die Erde bei einer solchen Begegnung eingefangen werden? Wie groß ist die Wahrscheinlichkeit, daß dieses Ereignis eintritt, bevor unsere Sonne stirbt? Um diese und ähnliche Fragen beantworten zu können, führten wir die notwendigen Berechnungen nach Bedarf selbst durch. Daher enthält unser Buch die Ergebnisse neuer, zuvor unveröffentlichter Berechnungen und anderer wissenschaftlicher Überlegungen. Es stellt somit die bis jetzt vollständigste und genaueste Erörterung der Zukunft dar.

Trotzdem ist dieses Buch für eine allgemeine Leserschaft bestimmt, und das Verständnis dieser Biographie unseres Universums setzt keinerlei physikalische oder astronomische Kenntnisse voraus. Allerdings müssen wir oft mit sehr großen Zahlen umgehen. In den meisten Fällen geben wir sowohl die Namen für große Zahlen, wie Milliarden und Billionen, als auch die wissenschaftliche Schreibweise an. So kann eine Million beispielsweise als 10^9 geschrieben werden, das ist also eine Eins mit neun Nullen, eine Billion als 10^{12}, das ist eine Eins mit zwölf Nullen, eine Billiarde als 10^{15} und so weiter. Wir führen auch eine bequeme neue Zeiteinheit ein, die wir »kosmologische Dekade« nennen und als Exponenten η eines als 10^η Jahre geschriebenen Zeitintervalls definieren. Das Universum ist jetzt etwa zehn Milliarden oder 10^{10} Jahre alt, was bedeutet, daß wir jetzt in der zehnten kosmologischen Dekade leben. Wenn das Universum zehnmal älter, also 10^{11} Jahre alt ist, ist es in seiner elften kosmologischen Dekade. In diesem Buch beschäftigen wir uns mit Ereignissen von astronomischer Bedeutung, die ein Zeitintervall von 150 kosmologischen Dekaden oder 10^{150} Jahre umspannen.

Eine Beschreibung des zukünftigen Universums muß notwendigerweise spekulative Elemente enthalten. In diesem Buch beginnen wir mit unserer heutigen Kenntnis der Naturgesetze und unserem heutigen Verständnis der Astrophysik und extrapolieren von da aus, um eine Vision des zukünftigen Universums zu erhalten. Unsere Extrapolation wird jedoch immer unschärfer, je weiter wir in den Nebel zukünftiger Zeiten eintauchen. Auf dem Weg müssen wir die Auswirkungen der physikalischen und astronomischen Prozesse berücksichtigen, die noch Gegenstand der Forschung sind. Insbesondere skizziert der größte Teil dieses Buchs die zukünftige Kosmologie eines Universums, das sich, wie es die heutigen astronomischen Daten nahelegen, immer weiter ausdehnt. Der Vollständigkeit zuliebe erörtern wir auch kurz das Schicksal eines rekollabierenden Universums. Außerdem machen wir ausdrücklich die Annahme, daß es schließlich sowohl zum Protonenzerfall als auch zur Hawking-Verdampfung Schwarzer Löcher kommen wird. Beide dieser langfristigen Prozesse werden zwar von der theoretischen Physik allgemein vorhergesagt, konnten aber noch nicht experimentell bestätigt werden.

Fast alles, was wir in diesem Buch behandeln, beruht auf einer weiteren Prämisse. Wir nehmen an, daß die heute für richtig gehaltenen Naturgesetze auch in Zukunft gültig sind, sich also im Lauf der Zeit nicht ändern, jedenfalls nicht, solange die Zeitlinie dieser Chronik reicht. Obwohl wir keine absolute Garantie haben, daß diese Überzeugung berechtigt ist, haben wir auch keinen zwingenden Grund, sie anzuzweifeln. Wir kennen vielerlei Hinweise darauf, daß das Wesen der Naturgesetze in der Geschichte des Universums bisher bemerkenswert unveränderlich war, und wir haben keinerlei Hinweise, daß es nicht so bleiben wird. Beispielsweise läßt die Erforschung des frühen Universums im Rahmen der Urknalltheorie vermuten, daß wir die Gesetze, die die physikalischen Abläufe in der Natur beschreiben, sowohl einigermaßen gut erfaßt haben als auch, daß sie von sehr frühen Zeiten bis heute gleich geblieben sind. Wenn wir die Unveränderlichkeit der Naturgesetze voraussetzen, meinen wir damit die tatsächlichen Gesetze und nicht unser Verständnis der Gesetze. Mit großer Wahrscheinlichkeit wird ein besseres Verständnis der Physik zu einer anderen Sicht der Zukunft führen, als hier dargestellt.

Dieses Buch erzählt die Geschichte unseres Universums von seinem singulären Beginn im Urknall bis zu seinem in ferner Zukunft liegenden Zerfall. Dabei geht es immer wieder um Sternexplosionen, um Zusammenstöße von Sternen und Galaxien und um viele andere astrophysikalische Katastrophen. Auf den ersten Blick könnte die Aussicht auf den unaufhaltsamen Verfall betrüben oder bedrücken. Aus unserer Sicht jedoch bietet die unablässige Veränderlichkeit des Universums einen viel großartigeren Ausblick, einen größeren Blickwinkel sowohl des Kosmos als auch des Ortes, der uns darin zukommt. Wir möchten mit diesem Buch ein besseres Verständnis für die Geschichte unseres Universums vermitteln und helfen, besser zu begreifen, woraus das Universum besteht, was in ihm vorgeht und wohin es in Zukunft steuern wird. Diese umfassendere Sicht ermöglicht ein viel besseres Gespür für unsere »gewöhnlichen Interaktionen« in der behaglichen Welt des heutigen Zeitalters.

Beim Schreiben dieses Buchs war uns die Hilfsbereitschaft vieler Menschen von großem Nutzen. Unsere Agentin, Lisa Adams, hat wesentlich dazu beigetragen, daß dieses Projekt in Angriff genommen wurde. Unser Herausgeber, Stephen Morrow von »The Free Press«, hat das Buch geschickt die vielen Hürden überwinden lassen, dic der Veröffentlichung im Weg standen. Während der Entstehung haben viele interessierte Freunde und Kollegen hochgeschätzte Hilfe und Kritik gespendet; zu ihnen gehören Peter Bodenheimer, Noel Brewer, Myron Campbell, Gus Evrard, Alex Filippenko, Margaret Gibbons, Gordy Kane, Mark Laughlin, Ron Mallett, Manasse Mbonye, Sally Pobojewski, Yopie Prins, Roy Rappaport, Martin Rees, Michal Rozyczka, Nathan Schwadron, J. Allyn Smith, David Spergel und Lisa Stillwell. Schließlich möchten wir Laurel Taylor für die Erstellung der eleganten und informativen Abbildungen danken.

Einleitung

Ein Leitfaden zum grossen Bild, den grundlegenden Naturgesetzen, den Fenstern zu Raum und Zeit, dem grossen Krieg und extrem grossen Zahlen.

1. Januar 7 000 000 000 A.D., Ann Arbor, Michigan:

Der Beginn des Neuen Jahrs bietet kaum Anlaß zum Feiern. Niemand ist da, es auch nur wahrzunehmen. Die Erde ist unkenntlich, eine ausgedörrte, sengende Wüste. Die Sonne, zu gewaltiger Größe angeschwollen, füllt mit ihrer brodelnden roten Scheibe fast den ganzen Taghimmel. Nacheinander wurden schon die Planeten Merkur und Venus vernichtet; jetzt drohen die dünnen Gaswolken der äußeren Sonnenatmosphäre die immer größer werdende Erdbahn einzuholen.

Längst sind die lebensspendenden Weltmeere verdunstet. Ihr Wasser verdampfte zunächst zu einer erdrückenden, alle Fruchtbarkeit erstickenden Nebelschicht und entwich dann vollständig in den Raum. Es blieb nur karger Fels. Noch lassen sich die schwachen Spuren alter Küstenlinien, die Ozeanbecken und die flachen erodierten Reste der Kontinente erkennen. Mittags erreicht die Temperatur fast 3000 Grad Celsius, und das Gestein beginnt zu schmelzen. Schon ist der Äquator zeitweise von einem breiten glühenden Fleckenteppich aus Lava umgeben, der sich zu einer dünnen grauen Kruste abkühlt, wenn die aufgeblähte Sonne allabendlich hinter dem Horizont verschwindet.

Dort, wo einst auf den Moränen des südöstlichen Michigan Wälder wuchsen, hat sich in den letzten Jahrmilliarden viel verändert. Der frühere Kontinent Nordamerika wurde vor langer Zeit von der geologischen Spalte zerrissen, die von Ontario bis Louisiana klaffte, die feste alte Kontinentalplatte zerstörte und ein neues Meeresbecken schuf. Die Reste der Gletscherablagerungen von Ann Arbor liegen unter der Lava benachbarter Vulkane, die durch alte Flußbetten strömte. Als Inseln von der Größe Neuseelands herantrieben und mit der nahen Küstenlinie zusammenstießen, wurde die erstarrte Lava mit den unter ihr begrabenen Sedimenten zu einer Gebirgskette aufgeworfen.

Die starke Sonnenhitze zermürbt die Oberfläche eines alten Felsens. Ein Felsbrocken spaltet sich ab, löst einen Erdrutsch aus und legt das hervorragend erhaltene Fossil eines Eichenblatts frei. Langsam bringt die erbarmungslose Hitze diese Spur einer fernen grünen Welt zum Verbrennen. Bald glüht die gesamte Erde in einem dumpfen, schmelzenden Rot.

Dieses Bild der Zerstörung ist nicht die unheimliche Eröffnungsszene eines zweitklassigen Films, sondern eine mehr oder weniger realistische Beschreibung des Schicksals, das unseren Planeten erwartet, wenn die Sonne ihr Leben als gewöhnlicher Stern beendet und sich zu einem roten Riesen aufbläht. Das verheerende Schmelzen der Erdoberfläche ist nur eines der unzähligen Ereignisse, die der Erde bevorstehen, wenn das Universum mit allem, was in ihm ist, älter wird.

Mit einem Alter von zehn bis fünfzehn Milliarden Jahren steckt das Weltall jetzt noch fast in den Kinderschuhen, und deshalb hatten viele der interessanteren astronomischen Szenarien noch gar nicht genug Zeit, sich abzuspielen. Wenn sich die ferne Zukunft entfaltet, wird sich das Universum jedoch allmählich verändern und eine immer wieder neue Vielfalt erstaunlicher astrophysikalischer Prozesse ermöglichen. Dieses Buch ist die Biographie des Universums von seinem Anfang bis zu seinem Ende. Es berichtet, wie die vertrauten Sterne des Nachthimmels sich allmählich in bizarre gefrorene Sterne verwandeln, die wiederum evaporierenden Schwarzen Löchern und Atomen von Galaxiengröße das Feld räumen. Es läßt uns einen wissenschaftlichen Blick ins Angesicht der Ewigkeit werfen.

Vier Fenster ins Weltall

Unsere Biographie des Universums und die Astrophysik ganz allgemein spielt sich in vier wichtigen Größenordnungen ab, nämlich der von Planeten, Sternen, Galaxien und dem All. Jede dieser Größenordnungen öffnet ein eigenes

Fenster zur Betrachtung der Eigenschaften und Evolution der Natur. In jeder dieser Größenordnungen durchlaufen astronomische Objekte Bahnen, die mit dem Ereignis ihrer Entstehung, sozusagen ihrer Geburt, beginnen und oft einen deutlichen, todesähnlichen Schluß haben. Das Ende kann rasch und heftig sein; so beendet beispielsweise ein massereicher Stern sein Leben in einem spektakulären Supernova-Ausbruch. Andererseits kann es sich auch quälend lange hinziehen, wie bei den schwachen toten Zwergsternen, die ihr Leben verlängern, indem sie als weiße Zwerge, abkühlende Asche einst robuster und aktiver Sterne, langsam erlöschen.

Im allergrößten Maßstab können wir das Universum selbst als sich entwickelnde Einheit sehen und seinen Lebenszyklus erforschen. Auf diesem Gebiet der Kosmologie sind in den letzten Jahrzehnten große Fortschritte erzielt worden. Das Universum hat sich seit seiner Entstehung in einem explosiven Ereignis – dem Urknall – immer weiter ausgedehnt. Die Urknalltheorie beschreibt die Evolution des Universums im Lauf der letzten zehn bis fünfzehn Milliarden Jahre und hat die Vorgänge während der Abkühlung und Ausdehnung erstaunlich erfolgreich erklären können.

Die entscheidende Frage ist, ob sich das Universum weiterhin immer nur ausdehnt oder ob es später einmal wieder zusammenfallen wird. Die heutigen astronomischen Daten legen deutlich nahe, daß das Schicksal unserem Universum unaufhaltsame Ausdehnung bestimmt. Unser Buch hält sich zum größten Teil an dieses Szenario, skizziert jedoch auch die Folgen der anderen Möglichkeit, also den Fall, daß das Universum in einem heftigen und feurigen Tod kollabiert.

Im etwas weniger großem Maßstab befaßt sich die Kosmologie mit Galaxien wie unserem Milchstraßensystem. Galaxien sind große und eher lose Ansammlungen von Sternen, Gas und anderen Materieformen. Galaxien sind nicht gleichmäßig über das Universum verteilt, sondern aufgrund ihrer Gravitation miteinander verwoben. Gelegentlich sind die Massen solcher Ansammlungen so groß, daß ihre Schwerkraft sie zusammenhalten kann. Diese Galaxienhaufen können als eigene, selbstständige astrophysikalische Objekte betrachtet werden. Galaxien gehören nicht nur zu Haufen, sondern sind locker angeordnet zu noch größeren Strukturen, die an Streifen, Schichten und Mauern erinnern. Die Muster, die Galaxien in dieser Größenordnung bilden, werden kollektiv als großräumige Struktur des Universums bezeichnet.

Der größte Teil der gewöhnlichen Materie des Universums steckt in Galaxien; sie wiederum sind selbst in Galaxienhaufen deutlich voneinander getrennt, weshalb Galaxien auch »Welteninseln« genannt wurden. Diese spielen eine äußerst wichtige Rolle, wenn es darum geht, die Lage in der Raumzeit anzugeben. In der Leere des sich ausdehnenden Universums dienen Galaxien uns als Leuchtfeuer, mit deren Hilfe wir die Ausdehnung des Weltalls beobachten können.

Die ungeheure Leere des Universums läßt sich nur schwer erfassen. Das Raumvolumen einer typischen Galaxie ist gewöhnlich nur etwa ein Millionstel so groß wie die sie umgebende Leere, und außerdem sind Galaxien höchst selten. Wer mit einem Raumschiff zu einem zufällig gewählten Punkt im Universum fliegen würde, landet zur heutigen Zeit mit einer Wahrscheinlichkeit von etwa eins zu einer Million in einer Galaxie. Die schon jetzt schlechten Chancen werden sich in Zukunft noch verschlechtern, weil sich zwar das Universum ausdehnt, nicht aber die Galaxien. Sie bleiben relativ isoliert, da sie von der Ausdehnung des Universums insgesamt abgekoppelt sind. Weil die Galaxien die Heimat fast aller Sterne des Universums und damit der meisten Planeten sind, sind sie Schauplatz vieler interessanter physikalischer Prozesse im Universum, von der Entwicklung der Sterne bis zur Evolution des Lebens.

Weder füllen die Galaxien den Raum, noch füllen die Sterne mehr als nur einen kleinen Teil des galaktischen Raums, denn obwohl Galaxien Milliarden Sterne enthalten, ist der galaktische Raum überwiegend leer. Wer mit einem Raumschiff zu einem zufällig gewählten Punkt unserer Galaxis fliegt, landet mit einer Wahrscheinlichkeit von etwa eins zu einer Milliarde Billionen (eins zu 10^{22}) auf einem Stern. Diese Leere der Galaxien sagt viel darüber aus, wie sich Galaxien entwickelt haben und welche Zukunft ihnen bevorsteht. Weil Zusammenstöße der Sterne einer Galaxie überaus selten sind, dauert es sehr lange, viel länger als das jetzige Weltalter, bis Zusammenstöße von Sternen und andere Begegnungen astronomischer Gebilde die Struktur einer Galaxie beeinflussen. Wie wir sehen werden, werden solche Zusammenstöße um so wichtiger, je älter das Universum wird.

Der Raum zwischen den Sternen ist nicht völlig leer. Unser Milchstraßensystem ist durchdrungen von Gas unterschiedlicher Dichte und Temperatur. Die mittlere Dichte beträgt etwa ein Teilchen (ein Proton) pro Kubikzentimeter, und die Temperaturen reichen von kalten zehn Kelvin bis zu glühenden Millionen Grad. Bei geringen Temperaturen ist etwa ein Prozent der Materie fest und hat die Form winziger steiniger Staubteilchen. Diese Gas- und Staubmengen im interstellaren Raum werden kollektiv als interstellares Medium bezeichnet.

Die nächstkleinere wichtige Größenordnung ist die der Sterne. In diesem Maßstab interessiert sich die Astrophysik für die gewöhnlichen Sterne, Körper wie unsere Sonne, die sich durch Kernverbrennung in ihrem Inneren am Leben erhalten. Diese Sterne bilden Galaxien und erzeugen viel von dem Licht, das wir im Universum beobachten. Außerdem haben sie die Materie geschaffen, die wir heute im Universum vorfinden. Nahezu alle schwereren Elemente, die den Kosmos bereichern, wurden in massereichen Sternen geschmiedet, auch der lebensnotwendige Kohlenstoff und Sauerstoff. Fast alle Materie, aus der die gewöhnlichen Dinge der alltäglichen Erfahrung bestehen – Bücher, Autos, Lebensmittel – kam ursprünglich von den Sternen.

Aber diese Kernkraftwerke können nicht ewig bestehen. Die Fusionsreaktoren, die im Inneren der Sterne Energie erzeugen, müssen ihren Betrieb einstellen, wenn der Kernbrennstoff ausgeht. Sterne, die viel mehr Masse haben als unsere Sonne, sind nach einer relativ kurzen Lebensspanne von wenigen Millionen Jahren ausgebrannt, leben also nur ein Tausendstel so lange, wie das Universum heute alt ist. Andererseits können Sterne mit viel weniger Masse, als die Sonne hat, Billionen Jahre Bestand haben und etwa 1000 Mal so alt werden, wie das Universum heute ist.

Wenn Sterne den Abschnitt ihres Lebens beenden, in dem sie Kerne verbrennen, verschwinden sie nicht vollständig, sondern hinterlassen exotische kondensierte Objekte, die kollektiv als Sternreste bezeichnet werden. Zu diesen entarteten Wesen gehören braune Zwerge, weiße Zwerge, Neutronensterne und Schwarze Löcher. Wie wir sehen werden, spielen diese seltsamen Überreste eine immer wichtigere und schließlich beherrschende Rolle, wenn das Universum älter wird und die gewöhnlichen Sterne aus dem Bild verschwinden.

Unsere vierte und kleinste wesentliche Größenordnung ist die der Planeten. Sie kommen in mindestens zwei Spielarten vor, nämlich als relativ kleine felsige Körper wie unsere Erde und als größere gasförmige Riesen wie Jupiter und Saturn. Die letzten Jahre haben unser Wissen über Planeten geradezu revolutioniert. Erstmals nämlich wurden zweifelsfrei Planeten entdeckt, die andere Sterne umlaufen. Wir wissen jetzt mit Sicherheit, daß Planeten in der Galaxis relativ häufig vorkommen und nicht nur das Ergebnis eines seltenen oder speziellen Ereignisses sind, das sich in unserem Sonnensystem abspielte. Planeten spielen für die Entwicklung und Dynamik des Universums im Ganzen keine Hauptrolle, sind aber wichtig, weil ihre Umweltbedingungen am ehesten die Entwicklung des Lebens begünstigen könnte. Das langfristige Schicksal von Planeten bestimmt also das langfristige Schicksal des Lebens – jedenfalls der uns vertrauten Lebensformen.

Außer Planeten enthalten Sonnensysteme viele kleinere Objekte wie Asteroiden, Kometen und eine Vielfalt von Monden. Wie die Planeten spielen auch diese Himmelskörper für die Entwicklung des Universums insgesamt keine bedeutende Rolle, wohl aber haben sie großen Einfluß auf die Evolution des Lebens. Auch auf Monden, die Planeten umrunden, könnte Leben entstehen und gedeihen. Außerdem stoßen Kometen und Asteroiden bekanntermaßen regelmäßig mit Planeten zusammen. Solche Zusammenstöße können globale Klimaveränderungen bewirken und zum Aussterben von Arten führen; sie haben die Geschichte des Lebens hier auf der Erde vermutlich wesentlich beeinflußt.

DIE VIER NATURKRÄFTE

Die möglichen Wechselwirkungen zwischen Teilchen und Teilchensorten lassen sich durch vier Grundkräfte beschreiben, die letztlich die Dynamik des gesamten Universums bestimmen, nämlich Schwerkraft, Elektromagnetismus, starke Kernkraft und schwache Kernkraft. Alle vier haben für die Biographie des Kosmos große Bedeutung. Sie haben geholfen, unser heutiges Weltall zu formen und werden es in Zukunft weiter bestimmen.

Die erste dieser Kräfte, die Schwerkraft, ist unserer alltäglichen Erfahrung am vertrautesten und doch die schwächste der vier. Sie hat jedoch die größte Reichweite und wirkt immer anziehend, und sie ist stärker als alle anderen Kräfte, wenn der Maßstab groß genug ist. Sie bindet Körper an die Erde und fesselt die Erde auf ihrer Bahn um die Sonne, sie hält die Sterne zusammen und heizt ihre Energieerzeugung und ihre Entwicklung an. Letztlich ist die Schwerkraft die treibende Kraft für die Bildung der meisten Strukturen des Universums, auch der von Galaxien, Sternen und Planeten.

Die zweite Kraft ist die elektromagnetische, zu der die elektrischen und die magnetischen Kräfte gehören. Auch wenn diese auf den ersten Blick sehr unterschiedlich zu sein scheinen, sind sie doch letztlich Aspekte einer einzigen Grundkraft. Obwohl die elektromagnetische Kraft an sich viel stärker ist als die Schwerkraft, ist ihre Wirkung im größeren Maßstab viel geringer. Die Quelle der elektromagnetischen Kraft sind die positiven und negativen Ladungen; von beiden hat das Universum anscheinend gleich viel. Weil die Kräfte, die von Ladungen mit entgegengesetztem Vorzeichen herrühren, entgegengesetzte Wirkungen haben, neigt die elektromagnetische Kraft dazu, sich im großen Maßstab, wenn viele Ladungen beteiligt sind, selbst aufzuheben. Im Kleinen, insbesondere im Inneren von Atomen, kommt der elektromagnetischen Kraft eine entscheidende Rolle zu. Sie bewirkt die meisten atomaren und molekularen Strukturen, ist also der Antrieb chemischer Reaktionen. Das Leben wird im Grunde von Chemie und der elektromagnetischen Kraft beherrscht.

Die elektromagnetische Kraft ist unglaublich viel, nämlich 10^{40} Mal, stärker als die Schwerkraft. Man bekommt ein Gefühl dafür, wie unglaublich schwach die Schwerkraft ist, wenn man sich eine Welt vorstellt, in der es keine Ladungen und deshalb auch keinen Elektromagnetismus gibt. In ihr hätten gewöhnliche Atome ganz außerordentliche Eigenschaften. Ein Wasserstoffatom beispielsweise wäre dann, wenn sein Elektron nur durch die Schwerkraft an das Proton gebunden würde, größer als der gesamte beobachtbare Teil unseres Universums.

Die starke Kernkraft, unsere dritte Naturkraft, hält die Protonen und Neutronen in den Atomkernen zusammen. Ohne sie müßten die Atomkerne wegen der abstoßenden elektrischen Kräfte zwischen den positiv geladenen Protonen explodieren. Diese im Bereich von Kernmessungen stärkste der vier Kräfte hat eine nur sehr kurze Reichweite, die nicht zufällig dem Durchmesser eines großen Atomkerns entspricht, also etwa 10 000 Mal kleiner ist als der Durchmesser eines Atoms (etwa 10 Fermi oder 10^{-12} Zentimeter). Die starke Kraft bewirkt die Kernverschmelzung, den Vorgang, der den allergrößten Teil der Energie der Sterne und deshalb im heutigen stellaren Zeitalter des Universums überhaupt liefert. Letztlich sind Reaktionen zwischen zwei Atomkernen um so viel, nämlich um einen Faktor von einer Million, stärker als chemische Reaktionen, weil die sogenannte starke Kraft im Kernbereich viel stärker ist als die elektromagnetische.

Die vierte Grundkraft, die schwache Kernkraft, ist der breiten Öffentlichkeit wohl am wenigsten bekannt. Diese eher geheimnisvolle Kraft vermittelt den Zerfall von Neutronen zu Protonen und Elektronen und spielt auch eine Rolle bei der Kernverschmelzung, der Radioaktivität und der Erzeugung der Elemente in Sternen. Die schwache Kraft hat eine noch kürzere Reichweite als die starke Kraft, spielt aber trotzdem eine überraschend wichtige Rolle in der Astrophysik, denn womöglich besteht ein wesentlicher Teil der Gesamtmasse des Universums aus schwach wechselwirkenden Teilchen, also solchen, die nur der schwachen Kraft und der Schwerkraft unterliegen. Weil die Wechselwirkungen solcher Teilchen sich gewöhnlich über große Zeitspannen erstrecken, werden sie immer wichtiger, wenn das Universum älter wird.

Der grosse Krieg

Ein im Leben des Universums immer wiederkehrendes Thema ist der anhaltende Kampf zwischen der Schwerkraft und dem Hang zur Unordnung, der für physikalische Systeme charakteristisch ist. Das Maß der Unordnung eines physikalischen Systems ist sein Gehalt an Entropie. Allgemein gesprochen neigt die Schwerkraft dazu, Dinge zusammenzuziehen und damit physikalische Strukturen zu schaffen. Die Entropieerzeugung arbeitet in die entgegengesetzte Richtung und wirkt darauf hin, physikalische Systeme in Unordnung zu bringen und weiträumig zu verteilen. Das Drama der Astrophysik beruht auf dem Wechselspiel dieser beiden wetteifernden Tendenzen.

Ein unmittelbares Beispiel für diesen immerwährenden Streit liefert die Sonne, die in einem empfindlichen Gleichgewicht zwischen der Wirkung der Schwerkraft und der Entropie verharrt. Die Schwerkraft hält die Sonne zusammen und zieht die Materie der Sonne zur Mitte. Wenn ihr keine Kraft entgegenwirkte, hätte die Schwerkraft die Sonne rasch zu einem Schwarzen Loch mit nur wenigen Kilometer Durchmesser zusammengestaucht, das aber wird durch nach außen, der Schwerkraft entgegenwirkende Druckkräfte verhindert. Der Druck, der die Sonne aufrechterhält, ist letztlich ein Ergebnis der Kernreaktionen, die sich im Sonneninneren abspielen. Sie erzeugen außer Energie auch Entropie, veranlassen Teilchen im Sonneninneren zu Zufallsbewegungen und erhalten damit die Struktur der Sonne.

Wenn andererseits die Schwerkraft irgendwie ausgeschaltet würde, wäre die Sonne nicht länger gefesselt und könnte sich rasch ausdehnen. Diese Ausbreitung würde solange weitergehen, bis die Dichte der Sonnenmaterie so gering wäre wie die des interstellaren Raums. Der flüchtige Geist der Sonne hätte dann einen Durchmesser von mehreren Lichtjahren, wäre also etwa 100 Millionen Mal größer als heute.

Die Sonne kann in ihrem jetzigen Zustand verharren, solange der durch die Strahlung erzeugte Druck und die Schwerkraft im Gleichgewicht sind. Sobald dieses Gleichgewicht aber gestört wird und entweder die Schwerkraft oder die Entropie Oberhand gewinnen, könnte die Sonne entweder als kleines Schwarzes Loch oder als sehr dünner Gasschleier enden. Dieser Umstand – das Gleichgewicht zwischen Schwerkraft und Entropie – bestimmt die Struktur aller Sterne. Der heftige Wettstreit dieser beiden entgegengesetzten Tendenzen ist der Motor der Sternentwicklung.

Auch die Entstehung aller anderen Himmelskörper, einschließlich der Planeten, Sterne, Galaxien und der großräumigen Strukturen des Universums, beruht auf diesem Wettkampf. Die Existenz dieser astrophysikalischen Systeme ist letztlich der Schwerkraft zuzuschreiben, die die Materie zusammenzieht. Aber in jedem Fall widersetzen sich nach außen drängende Kräfte dem Hang zum gravitativen Kollaps. In allen Größenordnungen stellt der erbarmungslose Wettstreit zwischen Schwerkraft und Entropie sicher, daß ein Sieg oft nur vorübergehend ist und niemals endgültig. So ist beispielsweise die Bildung astrophysikalischer Strukturen niemals vollkommen abgeschlossen. Erfolgreiche Strukturbildungen bedeuten einen lokalen Triumph der Schwerkraft, erfolglose dagegen sind Beispiele für einen Sieg von Unordnung und Entropie.

Dieser große Krieg zwischen Schwerkraft und Entropie bestimmt das langfristige Schicksal und die Evolution solcher astrophysikalischen Gebilde wie Sterne und Galaxien. Nachdem beispielsweise ein Stern seinen gesamten Kernbrennstoff verbraucht hat, muß er seinen inneren Aufbau daran anpassen. Die Schwerkraft zieht den Stern nach innen, während die zunehmende Entropie die Verteilung der stellaren Materie über einen größeren Raum begünstigt. Der sich daraus ergebende Wettstreit kann je nach der Masse des Sterns und seiner anderen Eigenschaften (beispielsweise seiner Rotationsgeschwindigkeit) viele Ergebnisse haben. Wie wir sehen werden, wird dieses Schauspiel solange wiederholt werden, wie stellare Objekte das Universum bevölkern.

Auch die Entwicklung des Universums liefert ein höchst dramatisches Beispiel für den anhaltenden Kampf zwischen Schwerkraft und Entropie. Das Universum dehnt sich aus und wird im Lauf der Zeit immer größer. Dieser Entwicklungsrichtung wirkt die Schwerkraft entgegen, die versucht, die expandierende Materie des Universums wieder zusammenzuziehen. Wenn die Schwerkraft diesen Kampf gewinnt, muß das Universum schließlich einmal aufhören, sich auszudehnen, und wieder zusammenfallen. Wenn andererseits die Schwerkraft den Kampf verliert, dehnt sich das Universum immer weiter aus. Welche dieser beiden schicksalhaften Möglichkeiten unsere Zukunft birgt, hängt davon ab, wieviel Masse und Energie das Universum insgesamt enthält.

Die Grenzen der Physik

Die Naturgesetze beschreiben das Verhalten des Universums in sehr vielen Größenordnungen, von den riesigen bis zu den winzigen. Ein Höhepunkt menschlicher Errungenschaften ist unsere Fähigkeit zu erklären und vorherzusagen, wie sich die Natur unter Umständen verhält, die von unserer alltäglichen erdgebundenen Erfahrung ungeheuer weit entfernt sind. Eine entsprechende Erweiterung unseres Horizonts hat sich vor allem im letzten Jahrhundert ergeben, als sich unser Wissen über die großräumigsten Strukturen des Universums bis hin zu den subatomaren Teilchen erweiterte. Obwohl der heute unserem Verständnis zugängliche Bereich groß zu sein scheint, sollten wir bedenken, daß wir die Naturgesetze in beide Richtungen nicht beliebig weit anwenden können, denn die Vorgänge im allergrößten und im allerkleinsten Maßstab bleiben außerhalb der Reichweite des heutigen wissenschaftlichen Verstehens.

Die Größe des von uns beobachtbaren Universums ist durch die Kausalität begrenzt. Über eine gewisse maximale Entfernung hinaus hatten Informationen während der relativ kurzen Lebensdauer des Universums einfach noch nicht genug Zeit, uns zu erreichen. Einsteins Relativitätstheorie bedingt, daß kein Signal, nichts, das Information vermittelt, schneller sein kann als das Licht. Wenn das Universum also erst etwa zehn Milliarden Jahre alt ist, kann ein Signal nicht mehr als zehn Milliarden Lichtjahre zurückgelegt haben. Diese Entfernung liefert eine Grenze für den Teil des Weltalls, den wir mit Hilfe der Physik erkunden können. Diese Grenze der Kausalität wird oft als Horizont bezeichnet. Weil es diese Kausalitätsgrenze gibt, können wir nur sehr wenig über das Universum jenseits des Horizonts sagen. Die Größe des Horizonts hängt von der kosmologischen Zeit ab. In der Vergangenheit, als das Universum viel jünger war, war der Horizont entsprechend kleiner. Mit dem Alter des Universums erweitert sich auch der Horizont.

Der kosmologische Horizont ist eine äußerst wichtige Grenze für den Zuständigkeitsbereich der Naturwissenschaften. Genau wie ein Fußballfeld durch wohldefinierte Grenzlinien beschränkt ist, müssen sich physikalische Vorgänge im Universum zu jeder vorgegebenen Zeit innerhalb des Horizonts abspielen. Die Existenz eines kausalen Horizonts führt sogar zu einer gewissen Mehrdeutigkeit in bezug auf die eigentlich Bedeutung des Begriffs »Universum«. Gelegentlich ist damit nur die Materie gemeint, die zu einer bestimmten Zeit innerhalb des Horizonts liegt.

Der Horizont weitet sich jedoch im Lauf der Zeit und wird deshalb schließlich Materie enthalten, die gegenwärtig außerhalb unseres Horizonts ist. Ist diese »neue« Materie Teil des heutigen Universums? Die Antwort kann je nach der Definition von »Universum« ja oder nein lauten. Entsprechend kann es andere Bereiche der Raumzeit geben, die nie innerhalb unseres Horizonts liegen werden. Wir sagen hier im Sinn einer Definition, daß solche Bereiche der Raumzeit zu »anderen Universen« gehören.

Auch im allerkleinsten Maßstab ist die Vorhersagekraft der Physik begrenzt, wenn auch aus einem völlig anderen Grund. Bei Längen unter etwa 10^{-33} Zentimetern (der sogenannten Plancklänge) ist die Raumzeit ganz anders beschaffen als bei größeren. Aufgrund quantenmechanischer Fluktuationen sind unsere herkömmlichen Begriffe von Raum und Zeit in diesem winzigen Maßstab nicht länger anwendbar, vielmehr muß die Physik bei der Beschreibung von Raum und Zeit im ganz Kleinen gleichzeitig sowohl die Quantentheorie als auch die Allgemeine Relativitätstheorie berücksichtigen. Quantentheoretisch gesehen hat die Natur im hinreichend kleinen Maßstab Wellencharakter. So haben beispielsweise die Elektronen in der Hülle eines Atoms der gewöhnlichen Materie Welleneigenschaften, die mit Hilfe der Quantentheorie erklärt werden können. Nach der Allgemeinen Relativitätstheorie verändert sich sogar die Geometrie des Raums (und der Zeit, denn Raum und Zeit sind auch dann eng zusammengefaßt) in Gegenwart großer Materiemengen, die starke Schwerefelder erzeugen. Leider haben wir jedoch noch keine vollständige Theorie, die sowohl die Quantenmechanik als auch die Allgemeine Relativitätstheorie umfaßt. Weil eine solche Theorie der Quantengravitation fehlt, ist dem, was wir über Größenordnungen, die kleiner sind als die Plancklänge, sagen können, eine deutliche Grenze gesetzt. Wie wir sehen werden, bedeutet diese Einschränkung der Physik ein großes Hindernis für unser Verständnis der ersten Anfänge der Geschichte des Universums.

Kosmologische Dekaden

In unserer Biographie des Universums stellen die schon vergangenen zehn Milliarden Jahre einen höchst unbedeutenden Zeitraum dar. Wir müssen uns die anspruchsvolle Aufgabe stellen, eine Zeitskala zu finden, auf der sich die universell interessanten Ereignisse abbilden lassen, die sich mit einiger Wahrscheinlichkeit im Lauf der nächsten 10^{100} Jahre abspielen werden.

Die Zahl 10^{100} ist groß. Sehr groß. Ausgeschrieben besteht sie aus einer 1 mit 100 Nullen und sieht so aus:

10 000 000 000 000 000 000 000 000 000 000 000 000 000 000 000 000 000 000 000 000 000 000 000 000 000 000 000 000 000 000 000 000 000 000 000 000 000

Es ist nicht nur mühsam, die Zahl 10^{100} auszuschreiben, sondern auch schwer, ein Gefühl für ihre ungeheuer gigantische Größe zu bekommen. Alle Versuche, sich 10^{100} vorzustellen, indem man an vertraute Dinge denkt, sind zum Scheitern verurteilt. Oft wird die Anzahl der Sandkörner an allen Stränden der Welt als ein Beispiel für eine unvorstellbar große Anzahl angeführt. Eine grobe Schätzung zeigt jedoch, daß die Gesamtzahl der Sandkörner etwa 10^{23} beträgt, was einer 1 mit 23 Nullen entspricht, und das ist zwar eine große Zahl, unserer Aufgabe aber hoffnungslos unangemessen. Wie ist es mit der Anzahl der Sterne am Himmel? Die Anzahl der Sterne in unserer Galaxis beträgt nahezu 100 Milliarden, wieder nur eine relativ kleine Zahl. Auch die Anzahl der Sterne in allen Galaxien unseres beobachtbaren Universums ist mit etwa 10^{22} immer noch viel zu klein. Sogar die Gesamtzahl der Protonen, der Grundbausteine der gewöhnlichen Materie im beobachtbaren Universum, beträgt nur 10^{78}, immer noch zehn Milliarden Billionen Mal zu wenig. Die Anzahl der Jahre zwischen hier und der Ewigkeit ist wahrlich ungeheuer.

Um die Zeitskalen anzugeben, die der zukünftigen Entwicklung des Universums angemessen sind, ohne uns dabei vollständig zu verwirren, führen wir eine neue Zeiteinheit ein, die wir kosmologische Dekade nennen. Wenn τ die Zeit in Jahren ist, läßt sich τ schreiben als

$$\tau = 10^{\eta} \text{ Jahre,}$$

wobei η eine Zahl ist, die wir als kosmologische Dekade definieren. Beispielsweise ist das Universum zur Zeit erst etwa zehn Milliarden Jahre alt, was 10^{10} Jahren oder 10 kosmologischen Dekaden, also $\eta = 10$ entspricht. Wenn das Universum 100 Milliarden, also 10^{11} Jahre, alt ist, dann ist η, die Anzahl der kosmologischen Dekaden, 11. Der Vorteil dieser Schreibweise zeigt sich darin, daß jede folgende kosmologische Dekade einer Zunahme des Gesamtalters des Universums um den Faktor 10 entspricht. Der Begriff der kosmologischen Dekade ermöglicht es uns also, bequemer über ungeheuer große Zeitspannen nachzudenken. Unser Beispiel, die Zahl 10^{100}, entspricht damit der viel umgänglicheren hundertsten kosmologischen Dekade oder $\eta = 100$.

Auch die sehr kurzen, aber äußerst ereignisreichen Zeitspannen, die sich unmittelbar an den Urknall anschlossen, lassen sich mit Hilfe der kosmologischen Dekaden erfassen, wenn diese auch negativ sein dürfen. Mit dieser Erweiterung entspricht das Jahr nach dem Urknall 100 Jahren oder der nullten kosmologischen Dekade. Ein Zehntel oder 10^{-1} Jahr entspricht der kosmologischen Dekade –1, und ein Hundertstel oder 10^{-2} Jahre entspricht der kosmologischen Dekade –2 und so weiter. Der Beginn der Zeit, der Augenblick des Urknalls, entspricht dem Wert $\tau = 0$, in kosmologischen Dekaden jedoch einem negativ unendlichen τ.

Fünf grosse Zeitalter

Mit unserem heutigen Wissen über Vergangenheit und Zukunft des Universums lassen sich fünf Zeitalter unterscheiden. Beim Übergang von einem Zeitalter zum nächsten verändern sich Inhalt und Wesen des Universums ziemlich drastisch und in gewisser Weise fast vollständig. Diese Zeitalter stellen, ähnlich wie geologische Epochen, einen groben Abriß des Lebens des Universums dar. Während die Zeit voranschreitet, nimmt das Universum unter dem Einfluß astronomischer Naturkatastrophen jeweils eine andere Form an, von wo aus es sich weiter entwickelt. Eine Zusammenfassung dieser Geschichte könnte so aussehen:

Das Zeitalter der Urmaterie, $-50 < \eta < 5$. Diese Epoche umfaßt die Frühphase der Geschichte des Weltalls. Solange es weniger als 10 000 Jahre alt war, hatte der größte Teil der Energiedichte des Universums die Form von Strahlung, deshalb wird diese Zeit auch die strahlungsbestimmte Epoche genannt. In ihr können sich keine astrophysikalischen Objekte wie Sterne oder Galaxien bilden.

In dieser kurzen Frühzeit spielten sich viele wichtige Ereignisse ab, die die Zukunft des Universums bestimmten. In den allerersten Minuten dieser Frühphase bildeten sich leichte Elemente wie Helium und Lithium. Davor noch führten komplexe physikalische Prozesse zu einem kleinen Überschuß der gewöhnlichen baryonischen Materie über die Antimaterie. Dann vernichteten sich Antimaterie und Materie gegenseitig fast völlig bis auf den kleinen Rest an Materie, der das Universum heute ausmacht.

Wenn wir die Uhr noch weiter zurückdrehen, ist unser Wissen weniger gesichert. Zu ganz frühen Zeiten, als das Universum unglaublich heiß war, trieben anscheinend sehr energiereiche Quantenfelder eine Periode der fantastisch raschen Expansion an und bewirkten in dem sonst völlig gleichförmigen Universum sehr geringe Dichteschwankungen. Diese winzigen Schwankungen haben überlebt und sich zu Galaxien, Galaxienhaufen und den großräumigen Strukturen ausgewachsen, die das Universum heute bevölkern.

Gegen Ende des primordialen Zeitalters wurde die Energiedichte der Strahlung kleiner als die Energiedichte der Materie. Diese Vertauschung fand statt, als das Universum etwa 10 000 Jahre alt war. Bald darauf spielte sich ein weiteres entscheidendes Ereignis ab, als die Temperatur des Universums so weit sank, daß sich Atome (genauer Wasserstoffatome) bilden konnten. Das erste Auftreten neutraler Wasserstoffatome wird als Rekombination bezeichnet. Nach der Rekombination ermöglichten Schwankungen der Materiedichte im Universum die Bildung von Materiebrocken, dic vom allgegenwärtigen Strahlungsmeer unbeeinflußt blieben. Damals bildeten sich die ersten vertrauten Himmelskörper wie Galaxien und Sterne.

Das Zeitalter der leuchtenden Sterne, $6 < \eta < 14$. In diesem Zeitraum entstand der größte Teil der im Universum erzeugten Energie durch Kernfusion in gewöhnlichen Sternen. Wir leben jetzt in der Mitte dieses Zeitalters, der Epoche, in der sich Sterne bilden, leben und sterben. Die erste Generation von Sternen wurde im Frühstadium des Zeitalters der leuchtenden Sterne geboren, als das Universum nur wenige Millionen Jahre alt war. Im Lauf der ersten Milliarden Jahre bildeten sich die ersten Galaxien und fanden sich zu den ersten Haufen und Superhaufen zusammen. Viele neugebildete Galaxien durchlaufen sehr heftige Phasen, die von gierigen Schwarzen Löchern in ihrer Mitte bedingt werden. Wenn Schwarze Löcher Sterne zerreißen und sich mit wirbelnden Scheiben aus heißem Gas umgeben, werden ungeheure Mengen an Energie freigesetzt. Im Lauf der Zeit sterben diese Quasare und aktiven Galaxienkerne ab.

In Zukunft, gegen Ende des Zeitalters der leuchtenden Sterne, wird die Hauptrolle von ganz gewöhnlichen Sternen übernommen werden – von jenen massearmen Sternen, die rote Zwerge heißen. Rote Zwergsterne haben weniger als halb so viel Masse wie die Sonne, sind aber so zahlreich, daß ihre Gesamtmasse diejenige aller größeren Sterne im Universum deutlich übertrifft. Diese roten Zwerge sind wahre Geizhälse, wenn es darum geht, Wasserstoff zu Helium zu verbrennen. Sie speichern ihre Energie so lange wie möglich und werden auch in zehn Billionen Jahren noch existieren, wenn die großen Sterne ihren Kernbrennstoff längst erschöpft haben und entweder als weiße Zwerge dahinsiechen oder als Supernovae explodiert sind. Das Zeitalter der leuchtenden Sterne kommt zu einem Ende, wenn den Galaxien der Wasserstoff ausgeht, die Sternbildung aufhört und die langlebigsten (masseärmsten) roten Zwerge langsam verblassen. Wenn keine Sterne mehr leuchten, wird das Universum etwa 100 Billionen Jahre alt sein (kosmologische Dekade $\eta = 14$).

Das Zeitalter der entarteten Sterne, $15 < \eta < 39$. Nachdem die Sternbildung und die herkömmliche Sternentwicklung beendet ist, steckt der größte Teil der gewöhnlichen Masse im Universum in entarteten Sternresten, also in dem, was übrigbleibt, wenn die Sternentwicklung ihren Lauf genommen hat. In diesem Zusammenhang bezeichnen wir mit entartet einen besonderen quantenmechanischen Materiezustand, nicht etwa moralische Verworfenheit. Zu den solchermaßen Entarteten gehören braune Zwerge, weiße Zwerge, Neutronensterne und Schwarze Löcher. Während des Zeitalters der entarteten Sterne ist das Erscheinungsbild des Universums ein ganz anderes als heute, denn es gibt keinerlei sichtbare Strahlung gewöhnlicher Sterne, die den Nachthimmel erhellen, Planeten erwärmen oder Galaxien den schwachen Glanz verleihen, den sie heute haben. Das Universum ist dann kalt, dunkel und diffus.

Immer noch funkeln jedoch astronomisch interessante Ereignisse in der Dunkelheit. Zufällige Begegnungen verändern die Bahnen toter Sterne, und daran passen sich die Galaxien allmählich an. Einige Sternreste werden weit über den Rand der Galaxie hinausgeschleudert, während andere zur Mitte hin fallen. Gelegentlich, wenn zwei braune Zwerge zusammenstoßen und einen neuen massearmen Stern erschaffen, entsteht ein Leuchtfeuer, dessen Lichtstrahl Billionen Jahre überdauern kann. Im Mittel leuchten in einer Galaxie von der Größe unserer Milchstraße jeweils nur wenige solche Sterne. Immer wieder einmal wieder wird die Galaxis von einem Supernova-Ausbruch erschüttert, wenn zwei weiße Zwerge zusammenstoßen.

Im Zeitalter der entarteten Sterne steckt die meiste baryonische Materie des Universums in den weißen Zwergen, den gewöhnlichsten der Sternreste. Diese weißen Zwerge verschlucken die dunkle Materie, die die Galaxis als außerordentlich weit verteilten Halo einhüllt. Wenn diese Teilchen einmal im Inneren eines weißen Zwergs gefangen sind, vernichten sie sich gegenseitig und liefern damit eine wichtige Energiequelle des Universums, die sogar die bisherige Hauptenergiequelle, die herkömmliche Kernverschmelzung in Sternen, ersetzt. Spätestens in der 30. kosmologischen Dekade ($\eta = 30$) jedoch ist der Vorrat an dunkler Materie erschöpft, und damit findet auch diese Möglichkeit der Energieerzeugung ein Ende. Das Universum besteht dann lediglich aus weißen Zwergen, braunen Zwergen, Neutronensternen und toten, weit verstreuten Planeten.

Am Ende des Zeitalters der entarteten Sterne geht die in weißen Zwergen und Neutronensternen gespeicherte Massenenergie in Strahlung über, während die Protonen und Neutronen, aus denen sie bestehen, zerfallen. Ein weißer Zwerg, der durch Protonenzerfall angetrieben wird, erzeugt ungefähr 400 Watt, genug Leistung für einige Glühlampen. Die Gesamtleuchtkraft einer ganzen Galaxie dieser ehemaligen Sterne ist geringer als die eines gewöhnlichen Wasserstoff verbrennenden Sterns wie der Sonne. Wenn der Protonenzerfall nahezu abgeschlossen ist, nähert sich das entartete Zeitalter seinem Ende. Ein weiteres Mal verändert das Universum – noch dunkler, noch weniger dicht als früher – sein Wesen.

Das Zeitalter der Schwarzen Löcher, $40 < \eta < 100$. Nach der Epoche des Protonenzerfalls sind die Schwarzen Löcher die einzigen sternähnlichen Objekte. Die Schwerefelder dieser fantastischen Objekte sind so stark, daß ihnen nicht einmal Licht entkommen kann. Die Schwarzen Löcher bleiben vom Protonenzerfall unberührt und überleben unversehrt bis zum Ende des entarteten Zeitalters.

Während die weißen Zwerge verdampfen und verschwinden, saugen die Schwarzen Löcher allmählich alle Materie auf und werden immer größer. Aber auch Schwarze Löcher leben nicht ewig, denn schließlich einmal müssen sie in einem sehr langsamen quantenmechanischen Prozeß verdampfen, der als Hawking-Strahlung bekannt ist. Ihrem Namen zum Trotz sind Schwarze Löcher nicht vollständig schwarz, sondern sie leuchten ganz schwach mit einem thermischen Spektrum von Licht und anderen Zerfallsprodukten. Nach dem Verschwinden der Protonen stellt das Verdampfen der Schwarzen Löcher – mangels Konkurrenz – die Hauptenergiequelle dar. Ein Schwarzes Loch mit Sonnenmasse lebt etwa 65 kosmologische Dekaden lang; ein großes Schwarzes Loch mit der Masse einer Galaxie verdampft in einem Zeitraum von etwa 98 bis 100 kosmologischen Dekaden. Alle Schwarzen Löcher sind schließlich zur

Zerstörung bestimmt. Die Epoche der Schwarzen Löcher ist vorüber, wenn auch die größten Schwarzen Löcher verdampft sind.

Das Zeitalter der Dunkelheit, $\eta > 100$. Nach 100 kosmologischen Dekaden sind alle Protonen längst zerfallen und alle Schwarzen Löcher verdunstet. Geblieben sind nur noch Abfallprodukte dieser Prozesse: Photonen von kolossaler Wellenlänge, Neutrinos, Elektronen und Positronen. Es besteht eine seltsame Parallele zwischen dem Zeitalter der Dunkelheit und der Urmaterie, in dem das Universum weniger als eine Million Jahre alt war. In beiden dieser zeitlich so weit getrennten Epochen gibt es keinerlei sternähnliche Objekte, die Energie erzeugen können.

In dieser kalten und fernen Zukunft hat die Aktivität im Universum drastisch abgenommen. Die Energieniveaus sind niedrig, und die Zeitspannen sind unvorstellbar groß. Gelegentlich begegnen durch den Raum treibende Elektronen und Positronen einander und bilden Positroniumatome. Diese späten Gebilde sind jedoch instabil, denn ihre Bestandteile müssen sich schließlich vernichten. Auch andere energiearme Vernichtungsprozesse können sich, wenn auch nur sehr langsam, abspielen.

Verglichen mit seiner ausschweifenden Vergangenheit ist die Lebensweise des Universums jetzt relativ zurückhaltend und bescheiden. Oder doch nicht? Die scheinbare Armut dieser fernen Epoche könnte auch ein Ergebnis unserer ungenauen Extrapolation sein und nicht wirklich ein Zeichen von Altersschwäche.

ÜBERLEBENSCHANCEN

Unsere Gesellschaft ist sich der unbequemen Tatsache bewußt, daß die Auslöschung der Menschheit nicht besonders unwahrscheinlich ist. Zu den Untergangsszenarien, die von jenen an die Wand gemalt werden, die vorausschauend, paranoid oder profitsüchtig sind, gehören Atomkriege, Umweltkatastrophen und Killerviren. Wie aber sieht es aus, wenn wir unsere Hoffnung etwas altmodischer, aber romantischer auf Raketenschiffe, Kolonien im Weltraum und Eroberungen von Galaxien setzen? In einer solchen Zukunft könnte die Menschheit das Verglühen der Erde leicht überleben, indem sie zu anderen Sonnensystemen übersiedelt. Aber könnten wir die Sterne überleben? Könnten wir irgendwie den Protonenzerfall umgehen? Könnten wir ohne die energiespendenden Eigenschaften Schwarzer Löcher auskommen? Kann es Leben geben, das die letzte Trostlosigkeit des dunklen Zeitalters überdauert?

Im Lauf dieses Buches erörtern wir die Aussichten und Möglichkeiten für das Leben während jedes Stadiums der zukünftigen Entwicklung des Universums. Diese Analyse geht notwendigerweise mit großer Ungewißheit einher. Das Fehlen einer allgemeinen Theorie des Lebens macht argwöhnisch. Selbst in der einzigen Umwelt, die unserer unmittelbaren Erfahrung zugänglich ist, auf unserem Heimatplaneten Erde, verstehen wir die Entstehung des Lebens noch nicht restlos. Mit unseren kühnen Diskussionen der Möglichkeiten des Lebens in der fernen Zukunft stehen wir deshalb auf einem qualitativ anderen Grund, als wenn wir es mit rein astrophysikalischen Phänomenen zu tun haben.

Auch wenn uns eine gute Theorie für die Entstehung des Lebens fehlt, brauchen wir eine Art Arbeitsmodell, um unsere Aussichten für das Überleben abschätzen und die Verbreitung der Lebensformen einordnen zu können. Um den Bereich der Möglichkeiten wenigstens teilweise zu erfassen, gründen wir unsere Spekulationen auf zwei sehr unterschiedliche Modelle des Lebens. Im ersten und konkreteren offensichtlichen Fall betrachten wir Leben, das auf einer Biochemie beruht, die grob gesehen ähnlich ist zur irdischen. Leben dieser Art entsteht vermutlich auf erdähnlichen Planeten oder möglicherweise auf großen Monden in anderen Sonnensystemen. In Übereinstimmung mit einer ehrwürdigen Tradition der Exobiologen nehmen wir an, daß sich auf Kohlenstoff basierendes Leben immer dann entwickeln wird und gedeihen kann, wenn es auf einem Planeten flüssiges Wasser gibt. Die Forderung, daß Wasser in flüssiger Form vorliegen muß, bedeutet für jede in Frage kommende Umwelt eine ziemlich starke Einschränkung des möglichen Temperaturbereichs. Damit es einen Atmosphärendruck gibt, muß beispielsweise die Temperatur höher sein als 273 Kelvin, dem Gefrierpunkt des Wassers, und geringer als 373 Kelvin, dem Siedepunkt des Wassers. Das aber schließt die meisten astrophysikalischen Umwelten aus.

Die zweite Klasse von Lebensformen beruht auf einem viel abstrakteren Modell. Hier beziehen wir uns stark auf die Überlegungen Freeman Dysons, eines einflußreichen Physikers, der eine Skalierungshypothese für abstrakte Lebensformen aufgestellt hat. Der Grundgedanke ist, daß man sich bei jeder Temperatur eine Art von abstrakter Lebensform denken kann, die bei dieser Temperatur gedeiht – jedenfalls theoretisch. Die Geschwindigkeit, mit der dieses abstrakte Geschöpf Energie verbraucht, ist direkt proportional zur Temperatur. Wenn wir uns beispielsweise einen Dyson-Organismus vorstellen, der in einem bestimmten Temperaturbereich lebt, dann müssen nach diesem Gesetz bei einer anderen qualitativ ähnlichen Lebensform, die bei der halben Temperatur gedeiht, alle Lebensfunktionen um diesen selben Faktor zwei verlangsamt sein. Insbesondere wird die tatsächliche Umsatzrate dann, wenn die fraglichen

Dyson-Organismen intelligent sind und eine Form von Bewußtsein haben, nicht durch die physikalische Zeit bestimmt, sondern vielmehr durch eine skalierte Zeit, die proportional zur Temperatur ist. Das Bewußtsein verläuft also bei einem Dyson-Organismus, der bei einer niedrigen Temperatur operiert, langsamer als bei einer sonst vergleichbaren Lebensform, die eine höhere Temperatur aufrechterhält.

Mit diesem abstrakten Ansatz geht die Diskussion weit über die vertrauten auf Kohlenstoff beruhenden Lebensformen unseres Planeten hinaus, macht aber trotzdem gewisse Annahmen über das Wesen des Lebens im allgemeinen. Besonders wichtig ist, daß nach dieser Annahme die letzte Grundlage des Bewußtseins in der Struktur der Lebensform liegt und nicht in der Materie, aus der sie besteht. Bei Menschen beruht Bewußtsein beispielsweise auf einer Reihe komplexer biochemischer Prozesse im Gehirn. Jetzt stellt sich die Frage, ob Bewußtsein an diese organische Struktur gekoppelt ist. Was wäre, wenn wir irgendwie ein anderes Modell der gesamten Konstruktion – der Person – mit einem anderen Baumaterial herstellen könnten? Würde diese Kopie auf die gleiche Art denken können? Würde die Kopie meinen, sie sei dieselbe Person? Falls sich aus irgendeinem Grund organische Baustoffe als notwendig erweisen, kommt der Materie, aus der Leben besteht, eine entscheidende Rolle zu, und das schränkt die Möglichkeit für abstrakte Lebensformen in sehr unterschiedlichen Umwelten stark ein. Wenn es andererseits, wovon wir hier ausgehen, nur auf die Struktur ankommt, kann es in einer weiten Vielfalt unterschiedlicher Umwelten eine Vielzahl von Lebensformen geben. Dysons Skalierungshypothese gibt uns eine grobe Vorstellung vom Metabolismus und Denken dieser abstrakten Lebensformen. Dieser Rahmen ist optimistisch, aber wie wir sehen werden, lassen sich reiche und interessante Schlußfolgerungen ziehen.

EIN KOPERNIKANISCHES ZEITPRINZIP

Während unsere Geschichte weitergeht und sich die großen Zeitalter entfalten, verändert sich das Wesen des physikalischen Universums fast vollständig. Eine direkte Folge dieser Veränderung ist, daß das Universum der fernen Zukunft oder der fernen Vergangenheit niemals dem Universum ähnelt, in dem wir heute leben. Da das heutige Universum Leben, wie wir es kennen, ermöglicht – wir haben Sterne, die uns Energie liefern, und Planeten, auf denen wir leben können –, neigen wir ganz selbstverständlich dazu, unser heutiges Zeitalter irgendwie als privilegiert zu sehen. Wenn wir dieser Neigung widerstehen, machen wir uns den Gedanken eines kopernikanischen Zeitprinzips zu eigen und stellen fest, daß die heutige kosmologische Epoche in bezug auf die Zeit nicht besonders ausgezeichnet ist. Mit anderen Worten: Auch wenn sich das Universum weiterentwickelt und verändert, werden in ihm interessante Dinge ablaufen. Obwohl die zur Erzeugung von Energie und Entropie verfügbaren Vorräte immer geringer werden, läßt sich das durch die immer längeren Zeitskalen kompensieren, die in Zukunft zur Verfügung stehen. Nochmal anders gesagt behaupten wir, daß das Universum physikalischen Überlegungen zufolge niemals ein ruhiges Endstadium erreichen wird, sondern daß sich in ihm vielmehr so weit in die Zukunft hinein interessante physikalische Vorgänge abspielen werden, wie wir es uns nur vorzustellen vermögen.

Der Gedanke eines kopernikanischen Zeitprinzips bildet eine natürliche Erweiterung unserer immer umfassenderen Sicht des Universums. Eine wesentliche Revolution der Perspektive spielte sich im 16. Jahrhundert ab, als Nikolaus Kopernikus behauptete, der Mittelpunkt unseres Sonnensystems sei nicht, wie früher angenommen, die Erde. Kopernikus erkannte richtig, daß die Erde nur einer von mehreren Planeten ist, die die Sonne umlaufen. Diese scheinbare Reduktion des Status der Erde und damit der Menschheit hatte damals weitreichende Auswirkungen. Wie die Geschichte gewöhnlich erzählt wird, fühlte sich Kopernikus veranlaßt, die Veröffentlichung seines größten Werks »De Revolutionibus Orbium Coelestium« bis 1543, seinem Todesjahr, hinauszuschieben, weil seine neuen Gedanken so ketzerisch waren. Er zögerte bis zum Schluß und war nahe daran, sein Werk unveröffentlicht zu lassen. In der Einleitung zu seinem Buch schreibt er: »So bewog mich die Verachtung, welche ich wegen der Neuheit und scheinbaren Widersinnigkeit meiner Meinung zu befürchten hatte, fast, das fertige Werk ganz beiseite zu legen.«* Trotz dieser Verzögerung wurde das Werk schließlich veröffentlicht; das erste gedruckte Exemplar wurde Kopernikus auf das Totenbett gelegt. Danach wurde die Erde nicht länger als die Mitte des Universums gesehen. Eine große Umwälzung hatte begonnen.

Nach der kopernikanischen Wende hat sich die Schmälerung unserer Bedeutung nicht nur fortgesetzt, sondern sogar noch beschleunigt. Astronomen erkannten bald, daß andere Sterne Ähnlichkeit mit unserer Sonne haben und zumindest im Prinzip auch eigene Planetensysteme haben können. Einer der ersten, die diesen Schluß zogen, war Giordano Bruno, der nicht nur behauptete, daß andere Sterne Planeten haben, sondern auch, daß die Planeten bewohnt seien. Er wurde von der römisch-katholischen Inquisition 1601 auf dem Scheiterhaufen verbrannt, wenn auch angeblich nicht wegen seiner astro-

* Anm. d. Übersetzerin: Üb. Menzzer

nomischen Behauptungen. Seit dieser Zeit ist der Gedanke, daß es in anderen Sonnensystemen Planeten geben könnte, immer wieder von hervorragenden Wissenschaftlern vertreten worden, unter ihnen Leonhard Euler, Immanuel Kant und Pierre Simon Laplace.

Bemerkenswerterweise blieb die Vorstellung, es könne außerhalb unseres Sonnensystems Planeten geben, fast vier Jahrhunderte lang reine Theorie, ohne durch Daten erhärtet zu werden. Erst in den letzten Jahren, seit 1995, wurde die Existenz von Planeten, die andere Sterne umrunden, endlich sicher belegt. Mit neuen Beobachtungsmitteln und sehr viel harter Arbeit haben Geoff Marcy, Michel Mayor und ihre Mitarbeiter gezeigt, daß Planetensysteme nichts Außergewöhnliches sind. Unser Sonnensystem ist jetzt auf eines von möglicherweise Milliarden Sonnensystemen in der Galaxis reduziert worden. Eine weitere Revolution hat begonnen.

Wenn wir zur nächsten Größenordnung übergehen, finden wir, daß unsere Galaxis nicht die einzige im Universum ist. Wie Kosmologen zuerst Anfang des 20. Jahrhunderts erkannten, ist das sichtbare Universum voller Galaxien, die jede Milliarden Sterne enthalten, von denen jeder ein eigenes Planetensystem haben könnte. Genau wie Kopernikus zeigte, daß unser Planet keinen besonderen Ort in unserem Sonnensystem einnimmt, hat die moderne Kosmologie gezeigt, daß unserer Galaxie kein besonderer Platz im Universum zukommt. Das Universum scheint sogar einem kosmologischen Prinzip zu gehorchen – siehe dazu das folgende Kapitel –, wonach das Universum im großen überall im Raum gleich ist – das Universum ist homogen – und in allen Richtungen gleich aussieht – das Universum ist isotrop. Im Kosmos gibt es weder ausgezeichnete Orte noch ausgezeichnete Richtungen. Das Universum weist eine erstaunliche Regelmäßigkeit und Einfachheit auf.

Jede weitere Degradierung des zentralen Status der Erde führt zu dem unwiderruflichen Schluß, daß unser Planet keinen irgendwie besonderen Ort im gesamten Universum einnimmt. Die Erde ist ein gewöhnlicher Planet, der einen mäßig heißen Stern in einer ganz gewöhnlichen Galaxie umläuft, die sich an einem zufälligen Ort im Universum befindet. Das kopernikanische Zeitprinzip überträgt diesen allgemeinen Gedanken vom räumlichen auf den zeitlichen Bereich. So wie unser Planet und damit die Menschheit keinen bestimmten Ort in unserem Universum hat, nimmt unser heutiges kosmologisches Zeitalter keinen ausgezeichneten Ort in den ungeheuren Räumen der Zeit ein. Dieses Prinzip untergräbt die letzten Festungen anthropozentrischen Denkens noch weiter.

Dieses Buch wird gegen Ende des 20. Jahrhunderts geschrieben, zu einer Zeit, die sich dazu anbietet, über unseren Ort im Universum nachzudenken. Wenn wir uns das umfassende Wissen zunutze machen, das wir in diesem Jahrhundert erworben haben, können wir unsere Stellung in Raum und Zeit auf nie dagewesene Weise betrachten. In Übereinstimmung mit dem kopernikanischen Zeitprinzip und der reichen Vielfalt astrophysikalischer Ereignisse, die sich in den ungeheuren Ausmaßen zukünftiger Zeit abspielen werden, behaupten wir am Ende des Jahrtausends, daß das Ende des Universums noch nicht nahe ist. Ausgerüstet mit den vier Naturkräften, den vier astronomischen Fenstern, die es uns erlauben, einen Blick in das Universum zu werfen, und einem neuen Kalender, der die Zeit in kosmologischen Dekaden mißt, machen wir uns jetzt auf unsere Reise durch die fünf großen Epochen der Zeit.

1

Das Zeitalter der Urmaterie

$-50 < \eta < 5$

Eine heftige Explosion schickt das Universum auf seine evolutionäre Reise in die Zukunft.

Vor dem Anfang, jenseits des Horizonts:

Es herrscht Chaos. Das Gewebe der Raumzeit spielt verrückt. Es zeigt nicht die üblichen drei Dimensionen des gewöhnlichen Raums und den natürlichen und gerichteten Strom der Zeit, sondern gleicht vielmehr einer aufgewühlten Brandung, zufälligem und unablässig veränderlichem Schaum, der alle 10^{-43} Sekunden eine andere Form annimmt. In diesem extrem hohen Energiebereich der physikalischen Wirklichkeit gibt es keine sinnvolle Unterscheidung von Raum und Zeit. Quantenmechanik und Gravitation befinden sich in einem kosmischen Kampf mit wahrhaft weltweiten Folgen.

In diesem von Wahrscheinlichkeitsgesetzen bestimmten Schaum explodieren immer wieder einmal mikroskopisch kleine Blasen der Raumzeit. Die meisten dieser Gebiete blähen sich in unfaßlich kurzen Zeitspannen auf, um sofort wieder zu amorphem Schaum zu zerfallen. Gelegentlich jedoch, wenn die Bedingungen genau richtig sind, dehnt sich eine dieser raumzeitlichen Blasen ungeheuer rasch immer weiter aus. Sie wächst dann exponentiell an, so ungestüm, daß sich benachbarte Raumpunkte mit mehr als Lichtgeschwindigkeit voneinander entfernen. Dieses unverständliche Verhalten läßt einen Bereich in einem winzigen Zeitintervall zu außerordentlicher Größe anwachsen.

Nach dieser Epoche der schneller als blitzschnellen Ausdehnung erstreckt sich der aufgeblähte Bereich der Raumzeit weit über den ursprünglichen Hintergrundschaum hinaus, von dem er sich praktisch abtrennt. Nachdem die Starthilfe den neu abgetrennten Bereich auf diese Bahn gebracht hat, dehnt er sich zwar langsamer, aber unaufhaltsam aus. Da ihm eine unendlich lange Zukunft bevorsteht, kann dieser Bereich zu unvorstellbarer Größe anwachsen. Damit macht sich ein neugeborenes Universum auf seine lange und qualvolle Reise zum Tod.

Eine der großen Leistungen der modernen Naturwissenschaften ist die Aufstellung einer Theorie über den Ursprung des Universums. Nach dieser begann es zu einem wohldefinierten Zeitpunkt mit einer Explosion und dehnte sich zu seinem heutigen Zustand aus. Auf der Grundlage der Urknalltheorie können wir heute viele Fragen zur Entstehung des Universums, die einst der Philosophie oder der Metaphysik zugeordnet wurden, genau und im einzelnen beantworten. Unser Verständnis dessen, was im Augenblick der Schöpfung geschah, beruht jetzt auf soliden wissenschaftlichen Grundlagen; das Geschehene ist längst nicht mehr Gegenstand müßiger Vermutungen, sondern konnte in vieler Hinsicht von Experiment und Beobachtung bestätigt werden.

Malen wir uns einmal aus, wie es wäre, wenn wir den Beginn der Zeit beobachten könnten. Was würden wir in den ersten entscheidenden Augenblicken erleben, wenn wir die mikroskopischen Ereignisse wahrnehmen könnten, die sich mit blitzartiger Geschwindigkeit abspielen? Beginnen wir an dem Punkt, an dem das Universum ins Sein birst. Wir würden zuerst bemerken, daß sich das Universum fantastisch rasch ausdehnt und abkühlt. Gleich in den ersten 10^{-35} Sekunden dehnt sich das Universum so rasch aus, daß benachbarte Raumpunkte sich mit unfaßlich großer Geschwindigkeit voneinander entfernen. Während dieser unvorstellbar kurzen Zeitspanne bläht sich ein Teil des Universums, der so groß ist wie dieser Punkt (·), so stark auf, daß er größer ist als das gesamte heute beobachtbare Universum. Die Expansion verlangsamt sich bald zu annehmbareren Geschwindigkeiten unterhalb der Lichtgeschwindigkeit, geht aber unablässig weiter.

Das frühe Universum wäre für uns auch sehr heiß und hell. Bei solchen gewaltigen Temperaturen, viel höher als im Inneren eines Sterns, verhält sich

Materie ganz anders als in unserem Alltag. Auf der Erde besteht gewöhnliche Materie aus Atomen, und die bestehen jeweils aus einer Reihe von Elektronen, die einen Kern umlaufen, der Protonen und Neutronen enthält. In den ersten Mikrosekunden ist die Hitze so extrem, daß Moleküle, Atome und Atomkerne nicht zusammenhalten können. Es gibt nicht einmal Protonen und Neutronen. Das Universum ist voll geheimnisvoller Elementarteilchen, sogenannter Quarks.

Gewöhnlich nehmen wir an, daß das Universum überall aus Materie besteht. Zum jetzigen Zeitpunkt beispielsweise steckt ein großer Teil der Massenenergie des Universums in der Materie der Galaxien und nur sehr wenig im intergalaktischen Raum. In den allerersten Augenblicken der Geschichte jedoch, als es Materie nur als Grundbausteine gab, sah das Universum ganz anders aus. Damals stellten die Materieteilchen nur einen winzigen Bruchteil der gesamten Energiedichte des Universums dar, denn die allermeiste Energie steckte im Feld der Hintergrundstrahlung. Das Universum war eine außerordentlich starke Wärmequelle, ein primordialer Hochofen.

Dieses anfängliche Strahlungsfeld, die sogenannte kosmische Hintergrundstrahlung, gibt es auch heute. Immer noch füllt dieses Photonenmeer den gesamten Raum, aber seine Energie ist jetzt viel geringer als in der fernen Vergangenheit, denn seine effektive Temperatur ist auf frostige 2,7 Grad über dem absoluten Nullpunkt gesunken. Zunächst jedoch war die Hintergrundstrahlung überaus hell und heiß, bis die Ausdehnung des Universums die einmal starke Hintergrundstrahlung zu millimeterlangen Mikrowellen werden ließ. Der Hochofen der Vergangenheit degenerierte zu einem niederenergetischen Mikrowellenherd.

Wenn das Universum eine Mikrosekunde alt ist, tauchen wir als Beobachter in ein Meer von Strahlung, dem relativ wenige Quarks oder andere Teilchen beigemischt sind. Es gibt sowohl Quarks, die aus gewöhnlicher Materie bestehen, als auch solche aus Antimaterie, wobei ein ganz kleiner Überschuß an Materie vorhanden ist, denn im Materiespeicher des Universums kommen auf je 30 Millionen Antimaterie-Quarks 30 Millionen und ein Materie-Quarks. Wenn sich das Universum im Lauf seiner Entwicklung abkühlt, vernichten sich Quarks und Antiquarks gegenseitig, bis nur der winzige Überschuß an Materie übrigbleibt. Aus diesem scheinbar unbedeutenden Rest besteht all die Materie, die wir im Universum sehen – die Galaxien, die Sterne, die Planeten, Sie und ich.

Nachdem sich Quarks und Antiquarks vernichtet haben, verbinden sich die übriggebliebenen Quarks zu Protonen und Neutronen. Nach etwa 30 Mikrosekunden gibt es keine freien Quarks mehr. Immer noch wird das Universum vollständig von Strahlung, den Photonen, beherrscht und nicht von Materieteilchen, und deshalb beeinflußt diese Veränderung des Teilcheninventars das Universum nur wenig, und die Ausdehnung geht erbarmungslos weiter.

Während sich das Universum weiter abkühlt, verschmelzen Protonen und Neutronen zu Helium und anderen leichten Molekülen. Dieser Vorgang beginnt, wenn das Universum etwa eine Sekunde alt ist und ist nach wenigen Minuten ziemlich plötzlich beendet. Das meiste des heute existierenden Heliums stammt von diesem frühen Ausbruch nuklearer Aktivität. Schwerere Kerne wie die von Kohlenstoff und Sauerstoff, von den Elementen also, die den Rohstoff des Lebens bilden, entstehen erst später, denn noch dehnt sich das Universum viel zu rasch aus, als daß größere Kerne entstehen könnten. Die zur Verfügung stehende Zeit ist zu kurz, und die Dichte des Universums ist zu gering. Die schweren Elemente werden viel später im dichten Sterninneren und bei den Supernova-Ausbrüchen erzeugt, die mit dem Tod massereicher Sterne einhergehen.

Mit dem Entstehen der leichten Elemente verändert sich der Teilchenbestand des Universums in den allerersten Minuten der Zeit ein zweites Mal. Weiterhin jedoch wird das Universum von Strahlung beherrscht.

INFLATION

Wie schon gesagt, hat sich das Universum in den allerersten Augenblicken der kosmischen Geschichte in einer kurzen, aber intensiven Phase unglaublich rasch ausgedehnt. Mit mehr als Lichtgeschwindigkeit blähte es sich um einen enormen Faktor auf, vielleicht um eine Million Billionen Billionen (10^{30}) und womöglich um noch viel mehr. Nach dieser extrem kurzen, aber das Universum verändernden Epoche ging der Kosmos in einen Zustand gewöhnlicherer Ausdehnung über. Wie und warum kam diese Inflation zustande?

Die herkömmliche Urknalltheorie kann die Ausdehnung des Universums, die Häufigkeiten der leichten Elemente und die Existenz eines kosmischen Mikrowellenhintergrunds erklären, und sie hat den weiteren Vorteil, sowohl mathematisch einfach als auch elegant zu sein. In ihrer ursprünglichen Form liefert sie jedoch keine vollständige Erklärung für die Entstehung des Universums. Glücklicherweise lassen sich viele der verbleibenden unerklärten Eigenschaften unseres Universums – nämlich seine enorme Größe, die Flachheit und die extreme Gleichförmigkeit – durch eine einzige Abänderung verstehen. Diese Erweiterung der Theorie, die sogenannte Inflation, wurde von Alan Guth entwickelt, der jetzt Professor am M.I.T. ist. Seine zukunftsweisende Arbeit – 1981 unter dem Titel »The inflationary Universe« veröffentlicht* – führte zu einer Revolution der kosmologischen Forschung.

* Anm. d. Übersetzerin: »The inflationary Universe« wurde 1999 in »Die Geburt des Kosmos aus dem Nichts« auf den neuesten Stand gebracht.

Der Prozeß der Inflation erklärt ganz natürlich, warum das Universum so groß und gleichförmig ist, und führt auch zu der heute beobachteten Glätte der Geometrie der Raumzeit. Der Grundgedanke der Inflation ist einfach: Das Universum hat sich zu Beginn seiner Geschichte plötzlich enorm stark ausgedehnt. Um zu einem Universum zu werden, das unserem eigenen ähnlich ist und die heute beobachteten Eigenschaften aufweist, mußte sich das Universum der Urzeit um einen Faktor von mindestens 10^{28} ausdehnen. Man bekommt ein Gefühl für die enorme Größe dieser Zahl, wenn man bedenkt, daß das heute beobachtbare Universum einen Durchmesser von etwa 10^{28} Zentimetern hat. Von der Größe eines Kieselsteins wird das Universum durch die Inflation also bis zu der heute beobachtbaren Größe oder sogar noch weiter aufgeblasen, und das alles im winzigen Bruchteil einer Sekunde. Diese extrem rasche Ausdehnung spielt sich zu einer Zeit ab, in der die Energiedichte des Universums von der Vakuumenergiedichte beherrscht wird. Diese geheimnisvolle Größe hat die merkwürdige Eigenschaft, negativer Druck zu sein; er blies das Universum damals, als er die Energiedichte beherrschte, so stark auf, wie es zur Erklärung der Eigenschaften unseres Universums nötig ist.

Auf den ersten Blick scheint der Begriff der Vakuumenergiedichte ein Widerspruch in sich zu sein. Wir stellen uns ein Vakuum gewöhnlich als vollständig leer vor. Wie kann etwas, das mutmaßlich leer ist, überhaupt Energie haben und sogar die Energiedichte des gesamten Universums beherrschen? Nach der quantenmechanischen Beschreibung des Vakuums aber ist es gar nicht wirklich leer. Das folgt aus dem nach Werner Heisenberg, einem der Pioniere der Quantenmechanik, benannten Unschärfeprinzip. Diese Grundtatsache der Quantenmechanik ist eine Folge der Wellennatur der physikalischen Wirklichkeit im Kleinen und führt zu der Möglichkeit der Vakuumenergie.

Betrachten wir beispielsweise ein Elektron. Nach Heisenbergs Unschärfeprinzip können wir Impuls und Ort des Teilchens nicht gleichzeitig beliebig genau bestimmen, müssen uns bei der gleichzeitigen Bestimmung von Impuls und Ort also mit einer gewissen Unschärfe abfinden. Diese gemeinsame Unschärfe muß größer sein als eine feste Zahl, die gewöhnlich $\hbar$ genannt wird. Diese Zahl $\hbar$, das sogenannte Plancksche Wirkungsquantum, ist eine Naturkonstante. Ein zum Unschärfeprinzip analoges Gesetz besagt, daß die Unschärfe der Energie und die der Zeit nicht beide zugleich beliebig klein gemacht werden können. Dieses Unschärfeprinzip hat die wichtige Folge, daß die Natur das Gesetz von der Energieerhaltung verletzen kann, falls der verbrecherische Akt der Nichterhaltung nach hinreichend kurzer Zeit abgeschlossen ist.

Aus der Perspektive unserer alltäglichen Erfahrung gesehen ist die Konstante $\hbar$ fast verschwindend klein. Bei einem die Straße entlangfahrenden Auto lassen sich Ort und Geschwindigkeit des Autos mühelos gleichzeitig hinreichend genau bestimmen. Die notwendige Genauigkeit gewöhnlicher Messungen (etwa zwei Zentimeter bei der Ortsbestimmung des Autos und etwa ein Stundenkilometer bei der Geschwindigkeit) wird von der intrinsischen Unbestimmtheit, über die wir durch Heisenbergs Unschärfeprinzip wissen, überhaupt nicht berührt.

Das Unschärfeprinzip hat wichtige Konsequenzen für den Begriff des Vakuums. Quantentheoretisch gesehen kann das Vakuum nicht wirklich leer sein. Man stelle sich einen Bereich des Raums vor, der keine Materie enthält, einen Bereich, den wir normalerweise »leer« nennen würden. Wegen des Unschärfeprinzips ist dieser scheinbar leere Raum voller Teilchen, die kurz ins Sein flattern und wieder verschwinden. Die zur Herstellung dieser Teilchen nötige Energie wird dem Vakuum entliehen und sofort zurückgezahlt, wenn die Teilchen einander vernichten und wieder ins Nichts verschwinden. Solche Teilchen werden virtuelle Teilchen genannt, weil sie kein wirkliches Leben haben. Sie borgen sich ihre Lebenszeit aus und verschwinden sofort wieder, nachdem sie spontan aus dem Vakuum aufgetaucht sind. Diese virtuellen Teilchen wimmeln wie geisterhafte Wesen im sonst leeren Raum herum und versorgen das Vakuum mit einer effektiven Energiedichte, die es sonst nicht haben würde. So führt also Quantenverhalten ganz von selbst dazu, daß dem leeren Raum eine Energiedichte zugeschrieben werden kann.

Das Vakuum kann aber auch unterschiedliche Energiezustände annehmen. Damit sich das Universum in den ersten Momenten der Zeit aufblähen kann, muß der Vakuumzustand ziemlich hochenergetisch sein, wesentlich energiereicher als der des heutigen Universums. Das Vakuum spielt für die Dynamik des Universums heute keine wichtige Rolle, denn sonst würde es sich ganz anders ausdehnen als jetzt. Damit das Bild vom inflationären Universum zutrifft, muß die Vakuumenergiedichte des Universums in seiner Frühgeschichte unglaublich hoch gewesen sein, jetzt aber ist sie sehr klein (oder null). Falls die Vakuumenergie heute nicht genau Null ist, hätte das jedoch, wie wir weiter unten sehen werden, dramatische Folgen für die Zukunft.

Im frühen Universum beherrscht die Vakuumenergiedichte dann das Universum, wenn die Hintergrundtemperatur so hoch ist, daß die starken, schwachen und elektromagnetischen Kräfte vereinheitlicht sind. Wenn aber das Vakuum vorherrscht, kann die Inflation beginnen, und dann dehnt sich das Universum rasch aus. Wenn diese inflationäre Phase der Ausdehnung lange genug dauert, weitet sich das Universum um den magischen Faktor von 10^{28}, also so stark wie nötig, um unser heutiges Universum zu erzeugen, und vielleicht noch um viel mehr.

Die Vakuumenergie kann das Universum auf viele Weisen beherrschen. Einige Teilchentheorien nehmen an, daß die Natur sogenannte Skalarfelder enthält. Diese quantenmechanischen Felder entsprechen etwa dem elektrischen Potential, das zu der vertrauteren elektrischen Kraft führt. Die Energie von Skalarfeldern kann jedoch weit größer als die Energien sein, über die die heutigen Teilchenbeschleuniger verfügen. Deshalb bleiben diese Skalarfelder ein rein theoretisches Konstrukt, denn sie können nicht unmittelbar durch Experimente bestätigt werden. Die den Skalarfeldern zugeschriebene potentielle Energie kann so viel zur Vakuumenergie beitragen, daß sie die Energiedichte des Universums zu sehr frühen Zeiten beherrscht. Beispielsweise enthielte ein Kubikzentimeter Vakuum bei der Energiedichte, die zur großen Vereinheitlichung der Kräfte erforderlich ist, mehr Energie als das gesamte heute beobachtbare Universum!

Die dem Vakuum zugeschriebene Energie hat erheblichen Einfluß auf die Ausdehnung des Universums. Nach Einsteins berühmter Formel $E = mc^2$ sind Energie und Masse äquivalent, und deshalb entsprechen diesen großen Vakuumenergien auch große Gravitationswirkungen. Einer großen Energiemenge entspricht eine große Masse, deren Schwerkraft die Materie zusammenhält und die Ausdehnung eher verlangsamt als beschleunigt. Die Vakuumenergie übt aber seltsamerweise einen negativen Druck aus, der größer als die Massenenergie ist und deshalb die Ausdehnung überwindet. Gewöhnlich schreiben wir dem Druck keine Gravitationswirkung zu, aber genau das fordert die Allgemeine Relativitätstheorie. Der gewöhnliche positive Druck drängt nach außen, die Schwerkraft jedoch zieht nach innen. Andererseits drängt die Schwerkraft eines negativen Drucks nach außen, wirkt also auf eine beschleunigte Ausdehnung des Universums hin. Insgesamt führt dieser überwältigend große negative Druck in einem winzigen Bruchteil einer Sekunde zu einer enormen Vergrößerung des Universums. Nach Abschluß dieser Inflation hat der Kosmos diese heute beobachteten Eigenschaften der Flachheit und Gleichförmigkeit.

Das Horizontproblem und das Flachheitsproblem

Das Universum hat die wichtige Eigenschaft, daß es in allen Richtungen gleich aussieht. Insbesondere ist die Temperatur der kosmischen Hintergrundstrahlung in allen Himmelsrichtungen fast identisch, obwohl diese Strahlung von unterschiedlichen Bereichen des Universums ausgesandt wurde, die, da sie haargenau dieselbe Temperatur haben, miteinander in Beziehung gestanden haben müssen. Außerdem müssen sie sich verständigt haben, bevor das Universum 300 000 Jahre alt war, also vor dem Ende der Wechselwirkungen mit dieser Strahlung. Wenn es keine Inflation gäbe, könnten sich solche Bereiche nicht miteinander verständigen, und dann hätte das Universum das Horizontproblem zu lösen. Wie wir sehen werden, löst das inflationäre Universum diese Schwierigkeit geradezu elegant.

Bei der Ausbreitung des Universums stellen sich gleichzeitig zwei Effekte ein. Erstens dehnt sich das Universum insgesamt aus, was nur bedeutet, daß seine Raumzeit größer wird. Zweitens wird das Universum älter, so daß Lichtsignale längere Wege zurücklegen können, also größere Bereiche des Universums in kausalem Kontakt sein können. Wenn ein Ereignis, das sich an einem Ort und zu einer Zeit abspielt, etwas beeinflussen kann, das sich an einem anderen Punkt in Raum und Zeit abspielt, sagt man, diese beiden Ereignisse seien in kausalem Kontakt. Die Ereignisse beispielsweise, die sich in dem Raum, in dem Sie dieses Buch lesen, in der nächsten Minute abspielen werden, können Sie selbst beeinflussen – etwa indem Sie ein Feuer anzünden und das Zimmer ausbrennen lassen. Sie haben jedoch keinerlei Möglichkeit, das zu beeinflussen, was in der nächsten Minute auf dem Planeten Mars geschieht, denn Mars ist mehr als eine Lichtminute von uns entfernt, und es gibt kein Signal, das sich schneller als mit Lichtgeschwindigkeit fortpflanzt.

Wenn sich das Universum nicht aufbläht, heißt das, daß es sich mit »weniger als der Lichtgeschwindigkeit« ausdehnt. Andererseits nimmt der Teil des Universums, der in kausalem Kontakt sein kann, mit Lichtgeschwindigkeit zu, weil die effektive Größe des Universums durch die Geschwindigkeit bestimmt wird, mit der sich das Licht ausbreitet. Insgesamt folgt aus diesen beiden Tatsachen, daß das Universum innerhalb des kausalen Horizonts im Lauf der Zeit größer wird. Anders gesagt, kommt zu dem, was wir für das beobachtbare Universum halten, im Lauf der Zeit fortwährend neue Materie hinzu. Die Zeitskala, auf der sich das Universum in dieser Weise verändert, beträgt jetzt Milliarden Jahre, ist also grob vergleichbar mit dem heutigen Alter des Universums. Das Universum wächst zwar weiter, aber solche Veränderungen lassen sich während eines Menschenlebens nicht entdecken.

Jetzt können wir das Horizontproblem genauer fassen. Wenn wir die kosmische Hintergrundstrahlung beobachten, schauen wir effektiv in die Zeit zurück, zu der das Universum etwa 300 000 Jahre alt war. Während dieser Epoche konnte die Hintergrundstrahlung noch mit Materie wechselwirken; seit dieser Zeit jedoch strömen die Hintergrundphotonen, die wir heute sehen, ungehindert durch den Raum. Die Sphäre, die sich mit Lichtgeschwindigkeit ausbreitet und die Kausalitätsgrenze bestimmt, hatte also damals, als die kosmische Hintergrundstrahlung ausgesandt wurde, einen Durchmesser von nur 300 000 Lichtjahren. Weil sich das Universum seit dieser Zeit ausgedehnt hat, haben diese Bereiche zur jetzigen Zeit einen Durchmesser von etwa 300 Millionen Lichtjahren. Wenn wir die kosmische Hintergrundstrahlung beobachten, indem wir in entgegengesetzte Himmelsrichtungen blicken, sehen wir jedoch Bereiche, die so weit voneinander getrennt sind, wie das ganze heute beobachtbare Universum groß ist, also um mehr als 20 Milliarden Lichtjahre. Diese Entfernung ist viel größer als der Durchmesser der Bereiche, die kausalen Kontakt haben können, aber die beobachteten Temperaturen der kosmischen Hintergrundstrahlung sind praktisch bis auf wenige Hunderttausendstel identisch. A priori gibt es keinen Grund, warum die Temperaturen von

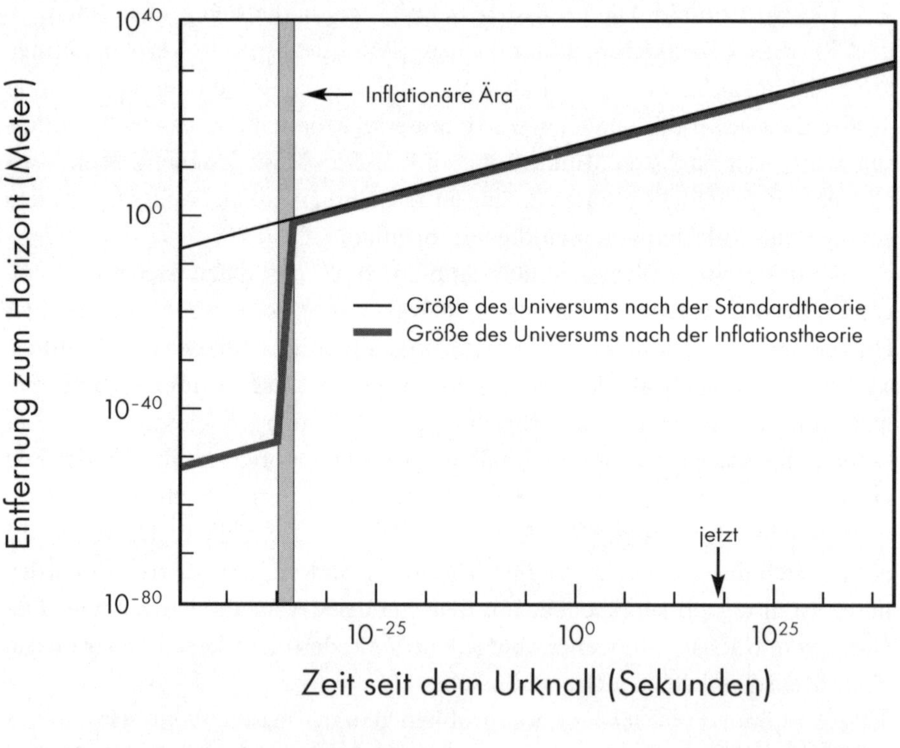

Diese Abbildung zeigt die Größe des Universums sowohl nach der herkömmlichen Urknalltheorie als auch nach der abgeänderten Fassung, die eine inflationäre Ausdehnung berücksichtigt. Das inflationäre Modell löst das Horizontproblem, weil ein inflationäres Universum in sehr ferner Vergangenheit sehr viel kleiner gewesen sein könnte als eines ohne Inflation. Dieses kleinere Universum kann in der Frühzeit seiner Geschichte in kausalem Kontakt mit sich selbst gewesen sein und dadurch die extreme Gleichförmigkeit bewirkt haben, die wir heute in unserem Universum beobachten.

Bereichen, die überhaupt keinen Kontakt hatten, so gleichförmig sein sollten. Dieses Dilemma wird als Horizontproblem bezeichnet.

Dieses Horizontproblem läßt sich mit Hilfe der Inflation leicht lösen. Man stelle sich einen winzigen Teil des Universums vor, der unmittelbar vor dem Beginn der inflationären Periode der Ausdehnung mit sich selbst in kausalem Kontakt ist. Nach Definition muß der Durchmesser eines solchen kleinen Bereichs, der später überwältigend groß werden soll, kleiner sein als das Produkt aus der Lichtgeschwindigkeit und dem Alter des Universums bei Beginn der Inflation. Wenn der Wachstumsfaktor groß genug ist, kann das gesamte heute beobachtbare Universum kausalen Kontakt mit dem Bereich gehabt haben, von dem wir ausgegangen sind. Die Größe dieses Bereichs muß dann von der uns schon bekannten Größenordnung 10^{28} sein. In einem Universum, das eine Inflation durchgemacht hat, sind die Bereiche, die in kausalem Kontakt waren und also möglicherweise gleiche Kennzeichen haben, viel größer als in einem ohne Inflation (siehe Abbildung S. 42).

Einer Kosmologie ohne Inflation stellt sich auch das gewöhnlich als *Flachheitsproblem* bezeichnete Dilemma. Das Problem besteht darin, daß wir die räumliche Geometrie des Universums heute als ganz flach wahrnehmen, was bedeutet, daß die Dichte des Universums nahe an einem kritischen Wert liegt. Ein flaches Universum hat genau diese kritische Dichte und ist dazu bestimmt, sich stets, aber immer langsamer, weiter auszudehnen. Damit das heutige Universum diese Eigenschaft haben kann, müßten die Anfangsbedingungen für die Ausdehnung des Universums sehr speziell und damit einigermaßen unwahrscheinlich sein.

Ein expandierendes Universum kann offen, geschlossen oder flach sein. Bei einem flachen Universum dehnt sich das Universum nur wenig, aber unaufhörlich aus. Messungen zur Bestimmung der Menge der Materie in unserem Universum zeigen, daß das Universum nahezu flach ist. Die Dichte des Universums hat bis auf einen Faktor zwei oder drei den kritischen Wert – den Wert, der nötig ist, damit das Universum flach ist. Genauer liegt das Verhältnis Ω_0 der gesamten Energiedichte des Universums zum kritischen Wert anscheinend im Bereich $0{,}3 < \Omega_0 < 2$, also einem Bereich, zu dem auch der Fall des flachen Universums $\Omega_0 = 1$ gehört.

Wo liegt also das Problem? Die Schwierigkeit ergibt sich, weil sich das Verhältnis Ω, also das Maß dafür, wie weit das Universum vom kritischen flachen Fall abweicht, im Lauf der Zeit verändert. Wenn das Universum in einem bestimmten kosmologischen Zeitpunkt ein wenig unter der kritischen Dichte ($\Omega < 1$) liegt, gewinnt die Ausdehnung des Universums den Kampf mit der Schwerkraft. Im Lauf der Zeit sorgt die rasche Ausdehnung dafür, daß das

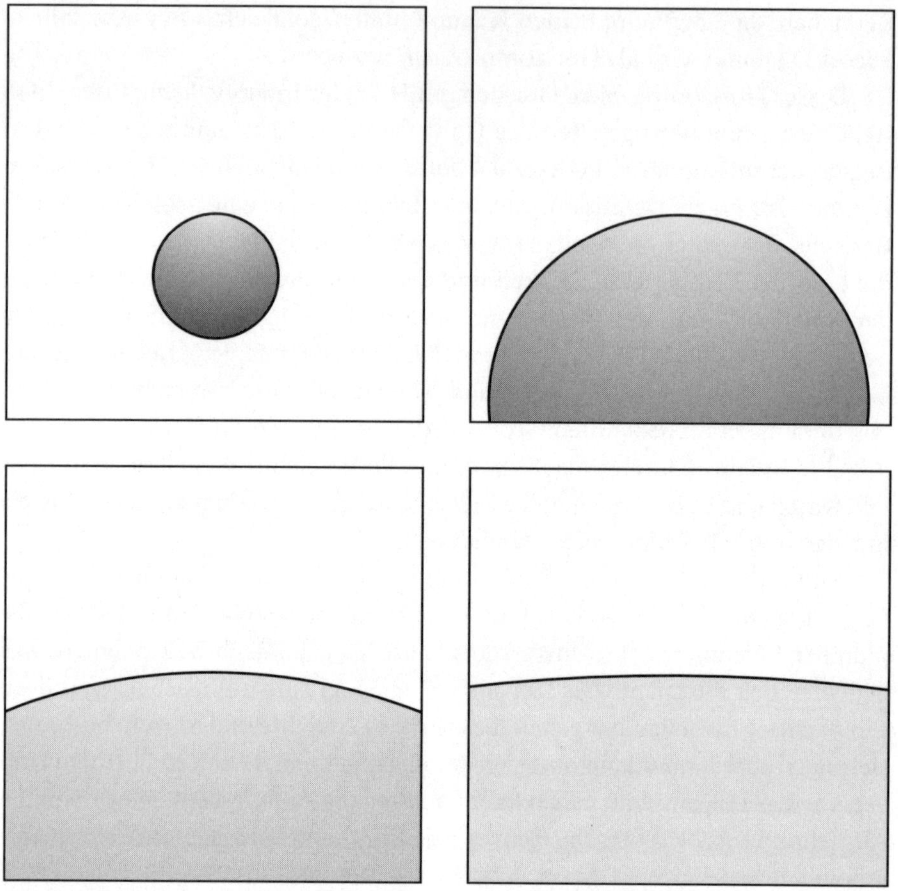

Diese vier Bilder zeigen die Oberfläche einer Kugel, wobei die Krümmung der Oberflächen die Krümmung der Raumzeit des Universums veranschaulicht. Der Radius der Kugel nimmt bei jedem Schnappschuß um das Dreifache zu. Die auf dem ersten Bild angedeutete Oberfläche ist klein und deutlich gekrümmt, während die auf dem vierten und letzten nur schwer von einer Ebene zu unterscheiden ist. Ähnlich trägt die Ausdehnung des Universums durch die Inflation zur Abflachung des Universums bei. Die Inflation löst also das Flachheitsproblem, vergrößert aber das Universum um mehr als das 10^{28}fache, also um unvergleichlich viel mehr als die bescheidene hier gezeigte 27fache Vergrößerung.

Universum noch weniger dicht ist und erzwingt einen noch niedrigeren Wert von Ω. Wenn das Universum also zu einer bestimmten Zeit unterdicht ist, wird der Wert von Ω bald darauf extrem klein, viel kleiner als der kritische Wert Eins. Damit der Wert von Ω zur heutigen Zeit in der Nähe von Eins ist, muß das Universum früher einen Wert Ω gehabt haben, der dem kritischen Wert Eins außerordentlich nahe, aber doch etwas kleiner war. Zu der Zeit, in der die Anfangsbedingungen für das Weltall festgelegt wurden, also erst weniger als 10^{-43}

Sekunden vergangen waren, muß der Wert von Ω geradezu beängstigend genau, nämlich bis auf $1/10^{60}$, gleich eins gewesen sein. Es läßt sich nur schwer sehen, warum das Universum diesen unerhört genauen Wert der Energiedichte erzeugt haben sollte, der nötig ist, damit Ω heute so nahe an Eins liegt. Entsprechend gewinnt die Schwerkraft den Kampf mit der Ausdehnung, wenn das Universum etwas überdicht ist; der Bruchteil Ω wächst dann rasch zu einem Wert an, der viel größer ist als Eins.

Auch das kosmologische Flachheitsproblem läßt sich mit Hilfe einer kolossalen inflationären Expansion des Universums beheben. Zur Veranschaulichung blasen wir einen Luftballon auf und betrachten ihn als ein zweidimensionales Modell des Weltalls. Die Oberfläche eines Ballons ist gekrümmt, und diese Krümmung stellt die Krümmung der Raumzeit dar. Wenn wir den Ballon ganz ungeheuer stark aufblasen, so daß sein Radius gewaltige 10^{28} Mal größer wird, erscheint die Oberfläche des Ballons viel flacher. Wenn der Luftballon zunächst einen Radius von etwa zehn Zentimeter gehabt hätte, wäre der aufgeblasene Ballon größer als das gesamte heute beobachtbare Universum. Genau wie die Oberfläche des Ballons unter der Wirkung der extremen Ausdehnung flacher wird, wird auch die Krümmung der Raumzeit flacher, wenn das Universum so enorm aufgeblasen wird (siehe Abbildung S. 44).

Das expandierende Universum

In den zwanziger Jahren konnte Edwin Hubble mit dem Spiegel mit 2,3 Meter Durchmesser des Mount-Wilson-Observatoriums die Ausdehnung des Universums nachweisen. Diese Entdeckung war wahrhaftig epochal. Vor diesem Durchbruch, genaugenommen eine Fortführung der Arbeit von Vesto Slipher, hatten Wissenschaftler allgemein angenommen, das Universum sei statisch und bliebe immer gleich. Die Erkenntnis, daß wir in einem sich ausdehnenden Universum leben, hat unsere kosmische Perspektive stark verändert.

Hubble beobachtete, daß sich mit Ausnahme unserer nächsten Nachbarn alle Galaxien von unserer Galaxis – dem Milchstraßensystem – entfernen. Hubble zeigte auch, daß sich eine Galaxie um so rascher von uns entfernt, je weiter sie von uns weg ist. Diese Beziehung zwischen Entfernung und Geschwindigkeit wird jetzt als Hubble-Gesetz bezeichnet. Sie ergibt sich ganz von selbst, wenn man ein sich ausdehnendes Universum von innen beobachtet.

Zur Veranschaulichung der Ausdehnung betrachten wir ein einfaches Modell des Universums, nämlich einen großen Rosinenkuchen, bei dem die Rosinen die Galaxien darstellen. Wenn sich der Teig beim Backen ausdehnt, entfernen sich alle Rosinen im Kuchen von allen anderen Rosinen. Im Unterschied zum Kuchen hat das Universum aber keinerlei Rand, jedenfalls keinen, den wir kennen. Deshalb müssen wir uns das Universum als einen sehr großen Gugelhupf vorstellen, in dem unsere Rosine – das Milchstraßensystem – weit von jeder Grenze entfernt ist.

Die Ausdehnung und Evolution des Universums wird von Einsteins Allgemeiner Relativitätstheorie beschrieben, die die Schwerkraft in eine grundlegende Beschreibung der Raumzeit einbezieht. Die kosmische Ausdehnung folgt in diesem Rahmen ganz selbstverständlich aus der Theorie. Als Einstein jedoch merkte, daß seine Theorie ein sich ausdehnendes Universum bedingt, nahm er zunächst an, seine Theorie sei falsch, denn damals hatten die Astronomen die Hubble-Ausdehnung noch nicht beobachtet und vertraten fast einheitlich die vorsintflutliche Meinung, das Universum müsse statisch und unveränderlich sein. Einstein ging sogar so weit, seine Theorie unnötig zu komplizieren, um sie einem statischen, also nicht expandierenden Universum entsprechen zu lassen. Als jedoch die Ausdehnung entdeckt worden war, begriffen die Kosmologen bald, daß die Lösungen von Einsteins ursprünglichem Gleichungssystem die beste Beschreibung unseres sich unaufhaltsam ausdehnenden Universums liefern.

Das Universum gehorcht einer Grundannahme, dem sogenannten kosmologischen Prinzip, das das mögliche Verhalten des Kosmos strukturiert und

Weil jeder der Punkte auf diesen Linien von einem Mittelpunkt ausgeht, ist dieses System (links) isotrop in bezug auf den Mittelpunkt, aber nicht homogen, denn der Mittelpunkt hat eine Sonderstellung. Die Strahlen jedoch bevorzugen keine Richtung oder Anordnung. Die Anordnung rechts ist zwar genau genommen weder homogen noch isotrop, weil aber keines der Blätter in diesem Muster einen besonderen Platz hat und die Blätter vorzugsweise in zwei Richtungen angeordnet sind, ist die Anordnung näherungsweise homogen, aber gar nicht isotrop.

vereinfacht. Danach ist das Universum sowohl homogen als auch isotrop. In einem homogenen Universum sind alle Raumpunkte gleichberechtigt, und kein Punkt ist vor einem anderen ausgezeichnet (siehe Abbildung S. 46 rechts). Entsprechend sind in einem isotropen Universum alle Richtungen gleichberechtigt. Ein isotropes Universum sieht also unabhängig davon, wohin wir von unserer Galaxis aus blicken, immer gleich aus (siehe Abbildung S. 46 links). Das kosmologische Prinzip ist eine natürliche Verallgemeinerung des kopernikanischen Gesichtspunkts. Kopernikus zeigte, daß die Erde und damit die Menschheit in unserem Sonnensystem keinen besonderen Ort einnehmen. Weil das Universum homogen und isotrop ist, kommt unserer Galaxis keine besondere Stellung zu. Insbesondere leben wir nicht in der Mitte des Universums.

Unser expandierendes Universum kann nicht unendlich alt sein, sondern muß ein ganz bestimmtes Alter haben, denn wenn wir von der heute beobachteten Ausdehnung des Universums ausgehend »die Uhr zurückdrehen«, um die Bewegung zu früheren Zeiten zu erschließen, kommen wir schließlich zu einem Zeitpunkt, an dem alle Materie der Welt zu unendlicher Dichte zusammengepreßt ist. Dieser singuläre Punkt stellt den Urknall selbst dar, der den Beginn der Zeit definiert. Die Zeitspanne, die an diesem Punkt beginnt und mit dem jetzigen Zeitalter endet, ist das heutige Alter des Universums, etwa zehn Milliarden Jahre.

Das mögliche Schicksal eines expandierenden Universums

Ein expandierendes Universum hat auf lange Sicht mindestens drei Möglichkeiten. Im ersten Fall geht die Ausdehnung unaufhaltsam weiter; dann nennen wir das Universum offen. Falls aber die Ausdehnung irgendwann einmal aufhört und das Universum wieder zusammenfallen muß, heißt es geschlossen. Ein Universum, dessen Ausdehnung genau auf der Kippe zwischen einem offenen und geschlossenen Universum ist, heißt flach. In einem flachen Universum geht die Ausdehnung zwar stets weiter, wird aber immer langsamer. Das Universum wird unendlich alt, und die Ausdehnung kommt allmählich zum Stillstand.

Das langfristige Schicksal des Universums hängt entscheidend davon ab, ob das Universum offen, geschlossen oder flach ist, und das wird jeweils durch die Energiedichte des Universums bestimmt. Nach unserem besten astronomischen Wissen reicht die Energiedichte unseres Universums nicht aus, es zu schließen, und deshalb sollte sich der Kosmos immer weiter ausdehnen. Falls das Universum wirklich offen oder flach ist, wird es sehr lange existieren, und es können sich in ihm noch faszinierende Dramen abspielen. Ein geschlossenes Universum dagegen hätte viel weniger Möglichkeiten.

Zunächst können wir uns die drei unterschiedlichen Arten von Universen an einem einfachen Vergleich veranschaulichen. Stellen wir uns eine Rakete vor, die von der Oberfläche eines Planeten startet und mit großer Anfangsbeschleunigung von der Erde abhebt. Dann wird der Motor abgestellt. Was passiert? Die Antwort hängt davon ab, welche Geschwindigkeit die Rakete hat, oder, anders gesehen, welche Masse Planet und Rakete zusammen haben. Wenn die Rakete zu langsam ist oder wenn der Planet zuviel Masse hat, kann die Rakete dem Schwerefeld nicht entkommen und muß wieder zurückfallen. Wir können uns Rakete und Planeten als geschlossenes physikalisches System vorstellen, in dem Rakete und Planet aufeinander fallen oder rekollabieren. Das ist genauso, wie wenn ein hochgeworfener Ball zur Erde zurückfällt. Wenn die Rakete in unserem Beispiel mit hinreichend großer Geschwindigkeit startet, kann sie der Schwerkraft des Planeten entkommen und auf ihrer Bahn weiterfliegen. Diese Situation entspricht ebenso einem offenen physikalischen System wie ein offenes Universum, das sich unaufhörlich ausdehnt.

Sowohl beim Universum als auch bei unserem einfachen System Planet–Rakete gibt es ein wichtiges Zwischenstadium, das wir flach nennen. Die Rakete könnte mit einer Geschwindigkeit starten, die ihr gerade genug Energie gibt, um dem Planeten zu entkommen, aber immer langsamer werden, bis sie zum Stillstand kommt, wenn sie schließlich einen unendlich weit vom Planeten entfernten Punkt erreicht. Natürlich braucht die Rakete unendlich lange, bis sie an diesem Punkt ankommt. Ein flaches Universum verhält sich qualitativ ähnlich. Alle Galaxien entfernen sich voneinander, werden aber im Lauf der Zeit immer langsamer. Wenn das Universum unendlich alt wird, nähern sich die Galaxien dem statischen Zustand – dem völligen Stillstand.

Obwohl sich im Rahmen dieses Modells gut über offene, flache und geschlossene Universen sprechen läßt, besteht doch ein wichtiger Unterschied. Die Rakete und der Planet durchqueren den Raum, genau wie wir es tun, wenn wir eine Reise machen. Beim Universum jedoch dehnt sich der Raum aus, während die Galaxien lokal in Ruhe sind. Das System Rakete–Planet ist ein Beispiel für ein klassisches System, ein expandierendes Universum dagegen ist ein Beispiel für eine allgemein relativistische Raumzeit.

Die kosmische Hintergrundstrahlung

Das Universum ist überall von einem Meer von Strahlung durchdrungen, das früher, als das Universum weniger ausgedehnt war, kleiner, dichter und heißer gewesen sein muß. Bei extrem hohen Temperaturen stellt sich eine Art Gleichgewicht zwischen Teilchen und Strahlung ein. Während der dichten heißen Frühphase war die Strahlung sehr stark; mit der Ausdehnung und Abkühlung des Universums verlor sie Energie und konnte schließlich nicht mehr mit Teilchen wechselwirken. Von dieser Strahlung ist bis heute ein Teil übrig geblieben, der in Form von Mikrowellen frei durch den Raum strömt. Diese Hintergrundstrahlung hat zwar keine Auswirkungen mehr, bleibt aber aufspürbar und berichtet unmißverständlich von der glühend heißen Vergangenheit.

Die Mikrowellenhintergrundstrahlung wurde 1965 von Arno Penzias und Robert Wilson von den AT&T Bell Laboratorien entdeckt, als sie auf der Suche nach atmosphärischen Störungen – also nach weißem Rauschen – sorgfältig alle Hintergrundquellen durchmusterten. Dieser glückliche Zufall – sie hatten überhaupt nicht erwartet, niederenergetische Mikrowellen aus dem Weltraum zu finden – brachte ihnen den Nobelpreis für Physik ein.

Wie können wir sicher sein, daß dieser schwache Mikrowellenhintergrund tatsächlich ein Fossil des Urknalls ist? Schließlich erzeugen auch viele andere physikalische Vorgänge Strahlung, was ja vielen Menschen Sorgen macht, die wissen, daß Kernkraftwerke und Fernseh- und Radiostationen fortwährend niederenergetische Strahlung in den Raum aussenden. Auch Sterne pumpen fortwährend enorme Mengen von Strahlung in die Galaxis.

Zu Beginn der kosmischen Geschichte war das Universum dicht und heiß. Unter diesen Bedingungen, ganz anderen als denen der heutigen kalten intergalaktischen Leeren, war das den Raum erfüllende Strahlungsfeld in einem thermodynamischen Gleichgewicht. In einem solchen Gleichgewichtszustand nimmt das Spektrum der Strahlung, also die bei einer bestimmten Wellenlänge ausgesandte Energiemenge, eine als Schwarzkörperspektrum bezeichnete Form an. Die Wellenlänge der Strahlung ist räumlich genauso verteilt wie die eines vollkommen schwarzen, also undurchsichtigen und nicht reflektierenden Körpers, der bei einer bestimmten Temperatur im thermischen Gleichgewicht ist. Jedes Schwarzkörperspektrum entspricht einer ganz bestimmten Temperatur. Beispielsweise sendet die Sonnenoberfläche ein Spektrum aus, das nahezu dasselbe ist wie das eines Schwarzen Körpers mit einer Temperatur von 5800 Kelvin. Auch die Hintergrundstrahlung des Universums hat eine Temperatur. Wenn sich das Universum ausdehnt und abkühlt, nimmt diese Temperatur ab, die Verteilung der Wellenlängen jedoch bleibt die der Schwarzkörperstrahlung.

Heute hat die kosmische Hintergrundstrahlung eine Temperatur von 2,73 Kelvin, und das Spektum stimmt auf ein Zehntausendstel genau mit dem der Schwarzkörperstrahlung überein. Die besten Messungen dieses Spektrums wurden Ende der achtziger Jahre von COBE gemacht, einem Satelliten, der aus-

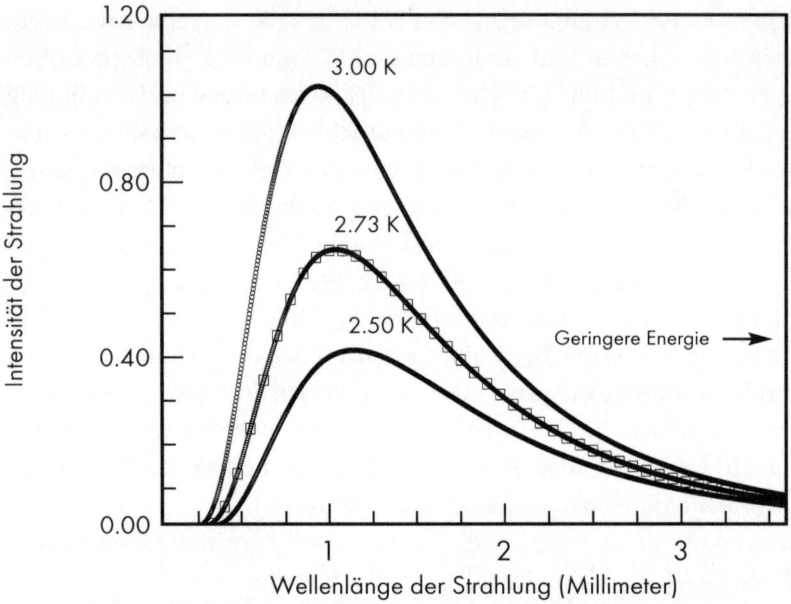

Die Messungen des Spektrums der kosmischen Hintergrundstrahlung, die dem COBE-Satelliten zu verdanken sind; jedes kleine Quadrat stellt eine Einzelmessung dar. Die drei Kurven zeigen die Intensität der Schwarzkörperstrahlung im Verhältnis zur Wellenlänge bei drei Temperaturen. Man beachte, wie genau die COBE-Messungen der von der Urknalltheorie vorhergesagten Schwarzkörperstrahlungskurve bei 2,73 Kelvin entsprechen.

drücklich zur Erforschung der kosmischen Hintergrundstrahlung bestimmt war (siehe Abbildung oben) und der damit eine aufregende Bestätigung der Urknalltheorie lieferte.

In der glühend heißen Vergangenheit des frühen Universums wurde der heute beobachteten Hintergrundstrahlung außerdem aufgeprägt, daß sie in allen Richtungen fast gleich aussieht. Wie oben beschrieben, hat das Strahlungsfeld eine Schwarzkörperform und kann durch eine einzelne Temperaturangabe gekennzeichnet werden. Diese Temperatur nun ist fast in allen Teilen des Himmels mit äußerst großer Genauigkeit gleich. Dieses Ergebnis entspricht dem kosmologischen Prinzip, wonach das Universum homogen und isotrop sein muß.

Trotzdem konnte COBE 1992 winzige Schwankungen in der Temperatur der kosmischen Hintergrundstrahlung beobachten. Diese Schwankungen betragen nur etwa $^{1}/_{30}$ von einem Millionstel einer Amplitude, sind aber sehr folgenreich. Der Strahlungshintergrund konnte zuletzt mit der Materie wechselwirken, als das Universum 300 000 Jahre alt war. Dieser wohldefinierte Wendepunkt, die sogenannte Rekombination, entspricht der Zeit, zu der das Uni-

Die Dunkelheit des Nachthimmels

Die Lösung des klassischen Problems: »Warum ist der Nachthimmel dunkel?« liegt im endlichen Alter, das die moderne Kosmologie dem Universum zuschreibt. Vermutlich erfaßte Johannes Kepler um 1600 als erster die Bedeutung dieser Frage, die jedoch erst im 19. Jahrhundert weithin bekannt wurde, als der Bremer Arzt und Liebhaberastronom Wilhelm Olbers 1823 eine Arbeit über das Thema vorlegte, das später als Olberssches Paradoxon bekannt wurde.

Auf den ersten Blick scheint die Antwort offensichtlich – der Nachthimmel muß dunkel sein, weil nachts die Sonne nicht scheint! Bei genauerem Nachdenken wird das Problem aber komplexer. Betrachten wir das Weltbild des 19. Jahrhunderts: ein statisches unendliches Universum mit der uns vertrauten dreidimensionalen euklidischen Geometrie. Wenn wir den Nachthimmel betrachten, müßten wir in jeder Blickrichtung schließlich einen Stern sehen. Und Sterne sind hell. Der Nachthimmel sollte also mit der Leuchtkraft von Sternen strahlen und sonnenhell sein.

Wir können das Thema auch anders angehen. In diesem veralteten Modell des Universums sind unendlich viele Sterne über den Himmel verstreut. Je weiter die Sterne von der Erde entfernt sind, um so schwächer erscheinen sie uns. Das Licht der Sterne wird mit dem Quadrat der Entfernung (r^2) von Beobachter schwächer. Das Volumen des Universums und damit die Gesamtzahl der Sterne wächst mit der dritten Potenz (r^3) der Entfernung. Die mit zunehmender Entfernung abnehmende scheinbare Helligkeit wird durch die zunehmende Anzahl der Sterne kompensiert. Wenn dieses Modell das richtige ist, sollte der Nachthimmel ebenfalls sehr hell sein.

Wir wissen jetzt, daß dieses altmodische Paradigma eines unendlichen statischen Universums schlichtweg falsch ist. Das Universum hat sowohl ein endliches Alter als auch eine nicht euklidische Raumzeit-Geometrie. Weil bisher nur zehn Milliarden Jahre vergangen sind, können wir nur bis zu einer großen, aber doch sehr endlichen Entfernung von zehn Milliarden Lichtjahren Sterne beobachten. Das beobachtbare Volumen des Universums enthält zwar sehr viele, aber doch nur endlich viele Sterne, etwa 1000 Milliarden Milliarden (10^{21}). Diese Sterne tragen zu der beobachteten Helligkeit des Nachthimmels bei, der sehr schwach glüht. Der Nachthimmel ist jedoch viel dunkler als die Oberfläche eines Sterns.

Auch die Ausdehnung des Universums verdunkelt den Nachthimmel. Weil sich die Raumzeit ausdehnt, tragen die fernen Sterne weniger zur Helligkeit des Himmels bei als die obige Überlegung aufgrund der euklidischen Geometrie vermuten läßt. Ferne Sterne in fernen Galaxien entfernen sich von uns mit nahezu Lichtgeschwin-

(weiter nächste Seite)

digkeit. Das Sternenlicht aus den fernsten Bereichen des beobachtbaren Universums ist stark gedehnt und deshalb weniger hell.

Die Dunkelheit des Nachthimmels hat weitreichende Konsequenzen für Entstehung und Fortbestand des Lebens. Würde der Nachthimmel dann, wenn das Universum weder ein endliches Alter hat noch sich ausdehnt, wirklich sonnenhell sein? Die Sternentwicklung würde unter solchen Bedingungen ganz anders verlaufen, und die Entstehung von Leben auf Planeten wäre praktisch unmöglich. Wenn unser Sonnensystem in ein solches hypothetisches helles Universum versetzt würde, würden Sonne und Planeten plötzlich in einem thermischen Strahlungsmeer baden, dessen effektive Temperatur so hoch wäre wie die eines Sterns. Weil Wärme nach dem zweiten Hauptsatz der Thermodynamik von heißeren Bereichen zu kühleren fließen muß, würde die Sonne sich erwärmen und ihre Energie in den Raum senden. Selbst die Planeten würden auf Sterntemperaturen, Tausende Kelvin, gekocht und allmählich durch den erbarmungslosen und energiereichen Strom des Hintergrundlichts vernichtet.

Die beobachtete Dunkelheit des Nachthimmels läßt stark auf ein endliches Alter des Universums schließen. Diese Erkenntnis ist wirklich bemerkenswert. Es ist fast genauso erstaunlich, daß dieser wichtige Hinweis von den Wissenschaftlern übersehen wurde, die sich vor dem 20. Jahrhundert mit dem Olbersschen Paradoxon beschäftigten. Die Vorstellung eines statischen und unveränderlichen Universums war so tief in der Kultur verankert, daß die einfache und richtige Lösung des Paradoxons erst erkannt wurde, als Hubble die Ausdehnung des Universums entdeckte und Einstein die Theorie niederschrieb, die eine expandierende Raumzeit zuließ und sogar vorhersagte.

versum so kühl wurde, daß sich Elektronen und Kerne zu Atomen zusammenfinden konnten. – Man sollte besser von einer »ersten Kombination« sprechen statt von einer »Rekombination«, weil die Elektronen und die Kerne früher niemals gebunden waren. – Vor der Rekombination waren Strahlung und Materie des Universums eng gekoppelt und dauernd in Wechselwirkung. Als sich Atome bildeten, wurde das Universum jedoch plötzlich für die Hintergrundstrahlung durchsichtig. Die Schwankungen, die wir im heutigen kosmischen Hintergrund beobachten, sind gleichsam der Abdruck der Schwankungen der Materiedichte, die vorlagen, als Strahlung und Materie zuletzt in Berührung waren. Weil die Schwankungen in der Materiedichte schließlich zu Galaxien und Galaxienhaufen führten, können wir aus den Schwankungen im

Mikrowellenhintergrund ablesen, welches die Anfangsbedingungen für die Bildung von Galaxien und größeren Strukturen waren.

Quarks und Antiquarks

In den ersten Mikrosekunden der kosmischen Geschichte steckte die Materie des Universums in den Quarks und ihren antimateriellen Entsprechungen, den Antiquarks. Diese recht geheimnisvollen Teilchen sind Komponenten der vertrauteren Protonen und Neutronen, aus denen der größte Teil der uns heute bekannten Materie besteht. Bei hohen Temperaturen jedoch bevorzugt die Materie das Leben als freie Quarks und bindet sich nicht zu größeren Einheiten, wie es Protonen sind. Obwohl die meisten dieser ersten Quarks zur Vernichtung bestimmt waren, konnte ein kleiner Teil von ihnen überleben; er macht die Materie des heutigen Universums aus. Lange bevor es Protonen und Neutronen gab, haben also höchst bedeutsame mikroskopische Ereignisse den zukünftigen Materiegehalt des Universums bestimmt.

Unser heutiges Universum besteht vor allem aus Materie und nicht aus Antimaterie. Wenn Materie und Antimaterie einander hinreichend nahekommen, vernichten sie sich gegenseitig und setzen energiereiche Strahlung frei. Bei einem solchen Ausbruch von Strahlung wird praktisch die gesamte Masse in Energie umgewandelt. Aber noch sind wir nirgendwo auf unserem Planeten Zeuge einer solchen Vernichtung geworden. Warum nicht? Weil die Erde fast ausschließlich aus Materie besteht und nicht aus Antimaterie. Die Tatsache, daß NASA-Sonden auf dem Mond und sogar auf dem Mars landen konnten und nicht in einem gewaltigen Ausbruch von Strahlung endeten, weist deutlich darauf hin, daß auch das Sonnensystem aus Materie besteht und praktisch keine Antimaterie enthält. Auch aus der Beobachtung großräumiger Strukturen wie der Galaxis und dem Universum schließen wir auf die Vorherrschaft der Materie und eine auffällige Abwesenheit von Antimaterie. Grob gesagt enthält unser Universum etwa 1078 Protonen und Neutronen und vernachlässigbar wenig Antiprotonen und andere Antiteilchen.

Trotz dieser in unserem Universum beobachteten überwältigenden Asymmetrie bevorzugen die Naturgesetze erstaunlicherweise keineswegs die Materie gegenüber der Antimaterie. Nach unzählig oft in Laborversuchen bestätigten Grundgesetzen sind Materie und Antimaterie im Grunde gleichberechtigt. Und doch sind sie im Universum im Ungleichgewicht. Offensichtlich ist da etwas Merkwürdiges im Spiel.

Teilchen wie Protonen und Neutronen, die aus gewöhnlicher Materie bestehen, heißen Baryonen, und Teilchen, die aus Antimaterie bestehen, entsprechend Antibaryonen. Wir können unserem Universum eine Gesamtbaryonenzahl zuschreiben, die als Gesamtzahl der Baryonen minus der Gesamtzahl der Antibaryonen definiert ist. Wenn man aber annimmt, daß zunächst gleich viel Teilchen und Antiteilchen erzeugt wurden, müssen die Naturgesetze einen Vorgang zulassen, der die Baryonenzahl nicht erhält. Die Existenz dieses Vorgangs – also eines Vorgangs, der das Gesetz von der Erhaltung der Baryonenzahl verletzt – hat große Auswirkungen sowohl für die Entstehung der Materie im frühen Universum als auch für das langfristige Schicksal der Materie in der fernen Zukunft.

Für die Zukunft folgt aus der Nichterhaltung der Baryonenzahl, daß Protonen, Neutronen und alle Teilchen gewöhnlicher Materie zum Untergang bestimmt sind. Wenn wir aber lange genug warten, führt dieser relativ schwache Prozeß der Verletzung der Baryonenzahl schließlich zum Zerfall und zur Zerstörung aller gewöhnlichen Materie. Weil dieser Vorgang relativ ineffizient ist, erhält dieser Teil der Geschichte jedoch erst nach ziemlich langer Zeit – vielleicht erst nach Billionen Billionen Billionen Jahren – eine gewisse Aktualität.

Physikalische Vorgänge, die die Baryonenzahl nicht erhalten, begannen ihr Werk schon in den allerersten Momenten der kosmischen Geschichte, lange bevor das Universum auch nur eine Mikrosekunde alt war. Bei den hohen Temperaturen dieses Zeitalters waren Vorgänge, die die Baryonenzahl verletzten, viel effektiver als bei den niedrigen Temperaturen des heutigen Universums. Die sich daraus ergebenden mikroskopischen Reaktionen führten in einigen Bereichen des Universums zu einem Überschuß an Quarks und in anderen Universen möglicherweise zu einem Überschuß an Antiquarks. Während sich unser Universum ausdehnte und abkühlte, hörten die Reaktionen auf, und die relativen Anteile von Quarks und Antiquarks wurden eingefroren. Danach konnte der Kosmos durch Baryogenese mehr Materie erzeugen als Antimaterie.

Es gibt mehrere Modelle für diesen Prozeß, und noch ist nicht entschieden, welches das richtige ist. Unsere Erörterung muß hier etwas vage sein, aber der Vorgang der Baryogenese im allgemeinen ist schon recht gut verstanden. Damit sich das Produktionsverfahren nicht etwa umkehrt und die überschüssigen Quarks zerstört, müssen sich die Reaktionen außerhalb des Gleichgewichts abspielen, so daß einige der neugebildeten zusätzlichen Quarks intakt bleiben. Die Ausdehnung des Universums erleichtert das Ungleichgewicht der Reaktionen, weil sie den Hintergrund immer wieder verändert. Als weitere Bedingung dürfen die mikroskopischen Reaktionen, die zu einem Überschuß an Baryonen führen, nicht – wie die meisten Prozesse, an denen Elementarteilchen beteiligt sind –, genau zeitumkehrbar sein, sondern sie müssen die Zeitrichtung, die durch die Ausdehnung des Universums vorgegeben ist, bemerken oder ihr

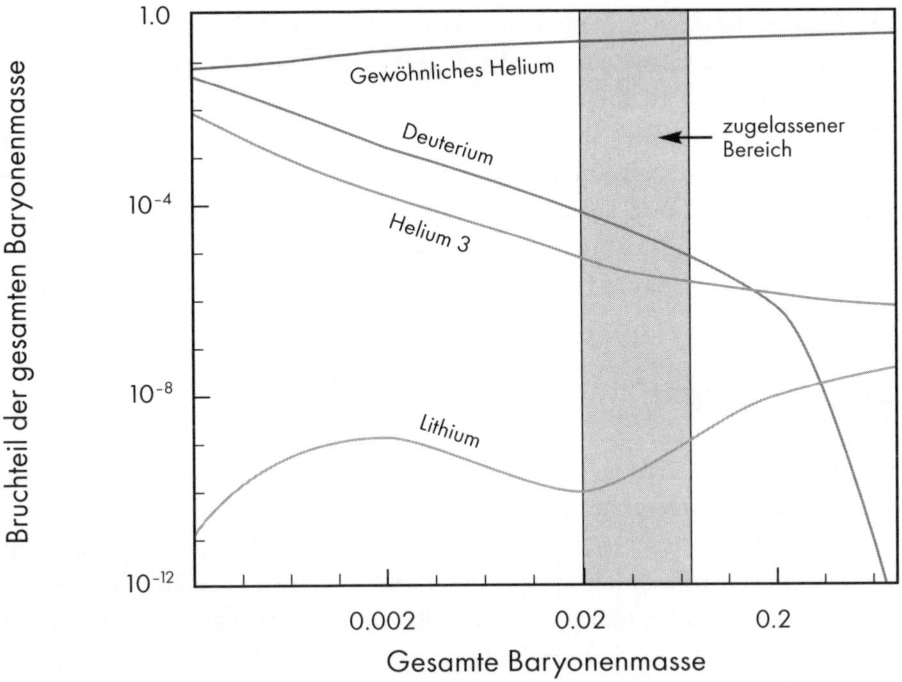

Die hier gezeigten Kurven zeigen die vorhergesagten Mengen der leichten Elemente Helium, Deuterium und Lithium, die sich in den ersten Minuten der Existenz des Universums durch Kernverschmelzung ergaben, im Verhältnis zur Häufigkeit der gewöhnlichen baryonischen Materie. Die gesamte Baryonenmasse ist als Bruchteil der kritischen Dichte angegeben, so daß ein Wert größer als eins nötig ist, um das Universum zu schließen. Da die erlaubten Werte für die gesamte Baryonenmasse viel niedriger sind als die gesamte in unserem Universum beobachtete Masse, muß es auch nichtbaryonische Materie geben.

folgen können. Damit also ein Überschuß an Materie erzeugt wird, muß das Universum Reaktionen ermöglichen, die die Baryonenzahl verletzen, die sich außerhalb des Gleichgewichts abspielen und die nicht zeitumkehrbar sind.

Die Zahl der auf diese Weise produzierten überschüssigen Baryonen ist fast peinlich klein. Auf je 30 Millionen existierende Antiquarks enthielt das Universum früher 30 Millionen und ein Quark, aber dieser außergewöhnlich kleine Überschuß – 1 zu 30 Millionen – ist entscheidend wichtig. Im Lauf der Ausdehnung und Abkühlung des Universums vernichteten Quarks und Antiquarks einander gegenseitig, bis nur jene Quarks übrigblieben, die keinen Partner fanden und schließlich unser Universum mit Materie füllten.

Als das Universum kühl genug war, kondensierten die Quarks zu zusammengesetzten Teilchen, sogenannten Hadronen, zu denen die Protonen und Neutronen gehören, die wir heute kennen. Dieser Phasenübergang trat ein, als die Temperatur des Universums unter eine Billion Kelvin sank und das Universum so dicht war wie ein Atomkern, also eine Billiarde Mal dichter als Wasser. Unter solchen Bedingungen platzen Protonen und Neutronen ins Sein. Diese Grundbausteine, die sich während der ersten Mikrosekunde der Geschichte zusammengefunden haben, konnten nicht nur bis heute, einige zehn Milliarden Jahre später, überleben, sondern werden bis in die ferne Zukunft existieren. Sie werden sicher zehn Milliarden Billionen (10^{22}) Mal länger Bestand haben als das Universum heute alt ist, vielleicht sogar noch länger.

Kernsynthese

Die nächste große Errungenschaft des jungen Universums war die Herstellung kleiner zusammengesetzter Kerne wie der von Helium, Deuterium und Lithium. Die Kerne dieser leichteren Elemente wurden in den ersten Minuten der Zeit durch Kernverschmelzung erzeugt. Größere Kerne, auch die von Kohlenstoff und Sauerstoff, die die Grundlage des Lebens darstellen, entstanden viel später im heißen Inneren von Sternen, wie im nächsten Kapitel dargestellt. Die Erzeugung schwerer Elemente aus leichteren, die sogenannte Kernsynthese, hat den Materiegehalt des Universums stark verändert.

Das Wesentliche dieser Kernverschmelzung ist die Freisetzung von Energie. Bis zu einem gewissen Punkt haben größere Kerne pro Teilchen weniger Ruhemasse als ihre Bestandteile zusammen. Beispielsweise ist die Ruhemasse eines Heliumkerns, der aus zwei Protonen und zwei Neutronen besteht, kleiner als die Summe der Ruhemasse der vier Teilchen für sich, was dazu führt, daß diese Massendifferenz bei der Kernverschmelzung, die den Heliumkern erzeugt, entsprechend Einsteins berühmter Formel $E = mc^2$ als Energie freigesetzt wird. Die Kernverschmelzung ist der Mechanismus, auf dem Wasserstoffbomben, die Energieerzeugung in der Sonne und die Kernsynthese im frühen Universum beruhen.

Die Protonen und Neutronen werden im Atomkern durch die starke Kraft zusammengehalten, die die Bestandteile anzieht, aber nur sehr kurze Reichweite hat. Im größeren Maßstab ist die elektromagnetische Kraft stärker, weil sie weiter reicht. Wenn beispielsweise ein Proton mit einem Deuteron wechselwirkt – ein Deuteron ist ein Atomkern aus einem Proton und einem Neutron – wirkt die elektromagnetische Kraft abstoßend und behindert die Verschmelzung, indem sie die Teilchen auseinanderdrängt. Damit das Proton und das Deuteron verschmelzen können, müssen sie einander so nahe kommen, daß die starke Kraft die elektromagnetische überwiegt. Bei entsprechend hohen Temperaturen kann die kinetische Energie die Teilchen zusammenbringen. Die Temperatur darf jedoch nicht zu hoch sein, sonst fliegen die eben verschmolzenen Teilchen gleich nach ihrer Entstehung wieder auseinander. Deshalb ist die Kernverschmelzung nur in bestimmten Temperaturbereichen möglich.

Die Hintergrundtemperatur des Universums fiel schon relativ früh in der kosmischen Geschichte, etwa eine Sekunde nach dem Urknall, auf zehn Milliarden Kelvin. Das Universum war dann 200 000 Mal so dicht wie Wasser und kühl genug, um aus Protonen und Neutronen stabile leichte Atomkerne zu bilden. Damals entstand vor allem viel Helium, aber auch etwas Deuterium und Lithium. Diese Kernbildung hielt nur recht kurz an, etwa drei Minuten. Dann fiel die Temperatur des sich immer weiter ausdehnenden Universums auf eine Milliarde Kelvin, die Dichte sank auf das Zwanzigfache der Dichte von Wasser, die Kernreaktionen hörten plötzlich auf und die Phase der Kernsynthese hatte ein Ende.

Die Kernsynthese hat zwar den größten Teil des heute existierenden Heliums erzeugt, aber die Verschmelzung von Kernen war nach diesen drei Minuten noch nicht beendet. Der größte Teil der Materie des Universums, etwa 75 Prozent, blieb weiterhin unverarbeitet und hatte die Form einzelner Protonen (Wasserstoffkerne). Die Geschwindigkeit von Kernreaktionen wird durch die Temperatur und Dichte des Universums bestimmt. Wenn sich das Universum ausdehnt und abkühlt, laufen die Kernreaktionen immer langsamer ab, bis sie schließlich ganz aufhören. Bei niedrigen Temperaturen spielen sich fast keine Kernreaktionen mehr ab – bei Zimmertemperatur ist ihre Abwesenheit augenfällig. Die primordiale Kernsynthese war also eine Art kosmischer Wettlauf. Der Startschuß ging los, als das Universum etwa eine Sekunde alt war und die Temperatur erstmals so niedrig, daß Kerne stabil sein konnten. Dann begann der Vorgang der Kernsynthese und damit die Herstellung der Elemente. Das Rennen endete etwa drei Minuten später – es dauerte nicht ganz so lange wie ein olympischer 1500-Meter-Lauf –, als die Wärme des expandierenden Universums nicht mehr zur Kernverschmelzung ausreichte.

Wenn die Kernverschmelzung im frühen Universum immer weiter gegangen wäre, würden alle Protonen und Neutronen schließlich zu Eisen verbrannt worden sein. Warum zu Eisen und nicht zu noch schwereren Kernen? Weil zwar dann Energie freigesetzt wird, wenn sich kleine Kerne zu größeren zusammenfinden, Kerne jedoch, die schwerer sind als Eisen, Energie freisetzen, wenn sie sich in kleinere Kerne aufspalten. Das passiert bei der Uranspaltung, einer Energiequelle sowohl für elektrische Kraftwerke als auch für Atomwaffen. Da Energie sowohl bei der Verschmelzung leichter Kerne als auch bei der Spaltung großer Kerne freigesetzt wird, muß es einen mittelgroßen Kern geben, der die kleinstmögliche Energie hat, und dieser vom Energiehaushalt besonders begünstigte Kern ist Eisen.

Wie die Abbildung auf S. 55 zeigt, macht die Theorie der Kernsynthese eine wichtige Vorhersage. Die Häufigkeiten der Elemente, die vom frühen Universum hergestellt wurden, hängen von der Gesamtmenge der gewöhnlichen baryonischen Materie ab. Damit die vorhergesagten Mengen an leichten Elementen mit den tatsächlich beobachteten Werten übereinstimmen, muß die gesamte Häufigkeit der Baryonen – der Protonen und Neutronen, aus denen die Kerne bestehen – im Universum in einem einigermaßen engen Bereich liegen. Damit die Vorhersagen der Kernsynthese widerspruchsfrei sind, muß die Baryonenhäufigkeit zwischen zwei und acht Prozent der Dichte liegen, die nötig ist, um das Universum zu schließen. Wenn die Häufigkeit der Baryonen im Universum acht Prozent dieses Wertes übersteigen würde, wäre im frühen Universum mehr Helium erzeugt worden, als wir heute sehen. Entsprechend wäre die Heliumhäufigkeit dann zu gering, wenn es weniger als zwei Prozent Baryonen gäbe. Es ist bemerkenswert, daß ein kleiner Bereich von Werten für die Baryonenhäufigkeit zu den richtigen Werten für Helium, Deuterium und Lithium führt.

Dunkle Materie

Der relativ schmale erlaubte Bereich für die Gesamthäufigkeit von Baryonen hat wichtige Konsequenzen für den Materiegehalt des Universums. Materie, die aus Protonen und Neutronen besteht, ist baryonisch; sie ist der Stoff, mit dem wir leben, der aus dem Staub, Menschen und die Erde selbst bestehen. Woraus aber besteht die restliche Materie, wenn uns die Kernsynthese sagt, daß diese gewöhnliche Materie in einem flachen Universum weniger als etwa acht Prozent der Gesamtmasse des Universums ausmacht? Die Antwort lautet: Sie ist dunkle Materie, ein exotischer Stoff, dessen Rolle mit dem Alter des Universums immer wichtiger wird.

Die Menge der Materie im Universum läßt sich auf mehrere voneinander unabhängige Weisen bestimmen. Betrachten wir zunächst die Masse, die in Sternen enthalten ist. Sterne sind die offensichtlichste Quelle für Materie und selbst in fernen Galaxien relativ leicht an dem von ihnen ausgesandten Licht zu entdecken. Außerdem sind wir mit den Eigenschaften von Sternen gut vertraut. Die Gesamtmenge der in Sternen gebundenen Masse im Universum scheint jedoch überraschend klein zu sein und entspricht weniger als einem Prozent der Dichte, die nötig ist, um das Weltall zu schließen. Es folgt aus Beobachtungen an Sternen und der Theorie der Kernverschmelzung, daß das Universum zwei- bis achtmal mehr baryonische Masse enthalten muß, als in gewöhnlichen Sternen steckt. Deshalb muß ein Teil der baryonischen Materie des Universums dunkel sein, also keine oder wenig Strahlung aussenden. Anders gesagt, muß es im Universum außer der möglicherweise vorhandenen dunklen Materie, die sehr exotisch und nicht baryonisch ist, auch dunkle baryonische Materie geben.

Wenn wir zu größeren Maßstäben übergehen, können wir abschätzen, wieviel Masse in Galaxien steckt. Astronomen können messen, mit welcher Geschwindigkeit Sterne die Mitten anderer Galaxien umrunden, und daraus mit Hilfe der Gravitationsgesetze abschätzen, wieviel Materie sie enthalten. Die Masse muß um so größer sein, je größer die beobachtete Bahngeschwindigkeit ist. Nach diesen Berechnungen steckt der größte Teil der Masse, der zu Galaxien gehört, in ihren Halos. Da diese galaktischen Halos 100 Mal mehr Masse haben als die Sterne in einer Galaxie, liefert die Gesamtmasse dieser Halos etwa zehn Prozent der zum Schließen nötigen Dichte. Das ist etwas mehr Masse, als die Theorie der Kernsynthese in baryonischer Form zuläßt, und deshalb haben wir den starken Verdacht, daß ein Bruchteil der Masse in galaktischen Halos exotische Formen hat und nicht aus gewöhnlicher baryonischer Materie besteht.

Aufgrund astronomischer Beobachtungen läßt sich auch bestimmen, wieviel Materie über Bereiche verteilt ist, die so groß sind wie Galaxienhaufen. In diesem Fall messen wir, wie rasch die Galaxien die Zentren der Haufen umlaufen. Wir können auch messen, wie stark Galaxienhaufen Lichtstrahlen ablenken, die durch sie hindurchgehen. Obwohl diese Messungen etwas unsicher sind, zeigen sie an, daß Galaxienhaufen etwa 30 Prozent der Masse enthalten, die zum Schließen nötig ist. Damit haben sie 4 bis 15 Mal mehr Masse als die Gesamtmenge der baryonischen Materie, was wiederum bedeutet, daß ein wesentlicher Bruchteil der Materie im Universum in nichtbaryonischer Form vorliegen muß. Im allgemeinen macht sich die dunkle Materie um so stärker bemerkbar, je größer die Volumen des Universums sind, die wir auf die Waagschale legen.

Was nun ist diese dunkle Materie? Obwohl es noch keine endgültige Antwort gibt, haben wir einige Hinweise darauf, daß die Teilchen der dunklen Materie möglicherweise schwach wechselwirken, also nur die Schwerkraft und die schwache Kernkraft spüren und unempfindlich sind für die starke und die elektromagnetische Kraft. Aus dieser Bedingung und der Tatsache, daß diese Teilchen bis heute überlebt haben, folgen starke Einschränkungen für die Massen der dunklen Teilchen.

Diese dunklen Teilchen lassen sich nach ihren Massen in zwei Kategorien einteilen. Zur ersten gehören Teilchen, die etwa 10 bis 100 Mal so viel Masse haben wie ein Proton. Solche schweren Teilchen bewegen sich relativ langsam und heißen im allgemeinen kalte dunkle Materie. Zur zweiten Gruppe gehören leichtere Teilchen, die näherungsweise eine Milliarde Mal weniger Masse haben. Diese leichten Teilchen, die im allgemeinen relativistische Geschwindigkeiten haben, wenn ihre Häufigkeit bestimmt wird, werden als heiße dunkle Materie bezeichnet. Unser Universum könnte beide Arten von Teilchen enthalten, aber noch sind die Anteile nicht bekannt. Es ist zu hoffen, daß jetzt im Gang befindliche Experimente Licht auf diese Frage der dunklen Materie werfen können.

Zur heutigen Zeit beeinflussen die schwach wechselwirkenden Teilchen dunkler Materie das Universum vor allem durch ihre Gravitationsanziehung. Mittels der Schwerkraft bewirkt die dunkle Materie die Bildung von Galaxien und Galaxienhaufen und ihre heutigen Bahnbewegungen. Weil die Zeit, die für die Wechselwirkung mit dunkler Materie erforderlich ist, das heutige Alter des Universums weit übersteigt, sind diese dunklen Teilchen heute größtenteils träge. Die Wechselwirkungen der Teilchen dunkler Materie werden, wie wir weiter unten sehen, um so wichtiger, je älter das Universum wird. In ferner Zukunft werden diese Teilchen einmal die Energieerzeugung des Universums bestimmen.

2

Das Zeitalter der leuchtenden Sterne

$6 < \eta < 14$

Sterne werden geboren, wachsen heran, versorgen das Universum durch ihre Kernreaktionen mit Energie und verschwinden dann, entweder mit einem grossartigen Feuerwerk oder indem sie langsam verblassen.

11. Juli 1991, El Pescadero, Baja California Sur, Mexiko:

Die Phase der partiellen Sonnenfinsternis, die der totalen Finsternis vorangeht, dauerte schon über eine Stunde. Auch als der Mond einen immer größeren Teil der Sonne verdeckte, veränderte sich der Lichteinfall so allmählich, daß sich die Augen mühelos anpassen konnten. Erst etwa fünfzehn Minuten vor der Totalität, als schon über 90 Prozent der Sonnenoberfläche verdunkelt waren, nahm das Tageslicht merklich ab.

Weil jetzt ein Bereich der Erde, dessen Durchmesser so groß war wie der des Mondes, nur noch wenig Sonnenlicht erhielt, war dieser mexikanische Julimorgen ungewöhnlich kühl. Um zehn Uhr zeigte das Thermometer weniger als 20 Grad an und sank während der Finsternis langsam weiter. Mit der deutlichen Abnahme des Tageslichts schien die Luft fast frostig. Das Meer war trüb und flach, aber nicht schiefergrau wie an bewölkten Tagen. Über fernen Bergketten zogen wie in einem Zeitrafferfilm Cumuluswolken dahin.

Ähnlich wie der Boden eines Schwimmbads am Mittag wurden die Dünen plötzlich von dunklen, sich kräuselnden Schattenlinien überflutet. Die Wellen trieben langsam über den Sand, ihre Kontraste flackerten. Diese Schattenbänder, sehr seltene Naturerscheinungen, entstehen, wenn die Sonnenscheibe größer wird und sich gleichzeitig in der oberen Atmosphäre ungewöhnliche Turbulenzen ausbilden. Die Bänder hatten weniger als eine Minute Bestand; dann schienen sie zu verdunsten. Der Wind wurde stärker.

Eine Minute vor der Sonnenfinsternis wurde der Himmel mit jeder Sekunde dunkler. Plötzlich flatterten Flughunde über den Himmel, die die unnatürliche Dämmerung ins Freie gelockt hatte. Ein gefährlicher rascher Blick auf die Sonne zeigte einen Augenblick lang einen sternähnlichen Punkt. Fünf Sekunden vor der Totalität fegte der schwarze Schatten der verdunkelten Sonne mit fast 2000 Stundenkilometern über das Wasser.

Dann schob sich die Mondscheibe weiter vor die funkelnde Sonne, bis sie ganz verdeckt war. Die Sonne sandte einen letzten, flüchtigen, hellen Lichtblitz durch ein Tal am Rand des Mondes. Jetzt war die Sonnenfinsternis total, die Sterne leuchteten, und über der schwarzen Scheibe bildete der Nebel der elektrischen Korona einen blauen Lichtbogen.

Das große Drama einer totalen Sonnenfinsternis bewegt unser Gemüt, weil die Menschheit vollkommen auf das Licht und die Wärme der Sonne angewiesen ist. Die Sonne hat die Evolution des Lebens auf unserem Planeten ermöglicht und erhält weiterhin unsere Biosphäre. Seit altersher finden wir den Gedanken sehr beruhigend, daß nichts, was wir auf der Erde tun können, auch nur die geringste Auswirkung auf die Sonne haben kann. Sie wird auch morgen scheinen. Sie wird scheinen, so lange wir leben, und sie wird noch lange scheinen, wenn es uns nicht mehr gibt. Aber die Sonne wird nicht immer scheinen.

Die zwölf Milliarden Jahre der Lebenszeit der Sonne sind schon fast halb verstrichen. Nach weiteren etwa sechs Milliarden Jahren wird die Sonne den in ihrem Kern gespeicherten Wasserstoff erschöpft haben, und ihr langwährender Kampf gegen die Schwerkraft wird in eine neue, verzweifeltere Phase des Wettstreits eintreten. Wenn der Wasserstoffvorrat der Sonne zur Neige gegangen ist, wird ihr Inneres unter seinem eigenen Gewicht zusammengedrückt, während sich die äußeren Schichten bis zur Bahn der Venus ausbreiten und die starke Strahlung von der Sonnenoberfläche die Erde vollständig sterilisiert.

Das Schicksal der Sonne hat offensichtliche Auswirkungen auf die langfristige Zukunft der Menschheit. Im Universum ist die Sonne jedoch nur ein Stern unter Milliarden Billionen Sternen innerhalb unseres kosmologischen Horizonts. Diese leuchtenden Sterne sind heute die wichtigsten Bausteine des Universums. Sie erhellen den Nachthimmel und bilden Galaxien. Sie sind die Schmieden für den Sauerstoff, das Silizium und das Eisen, die Stoffe, aus denen die Erde überwiegend besteht. Fast alles, was wir über den heutigen Zustand des Universums wissen, verdanken wir dem Sternenlicht. Wir leben also mit-

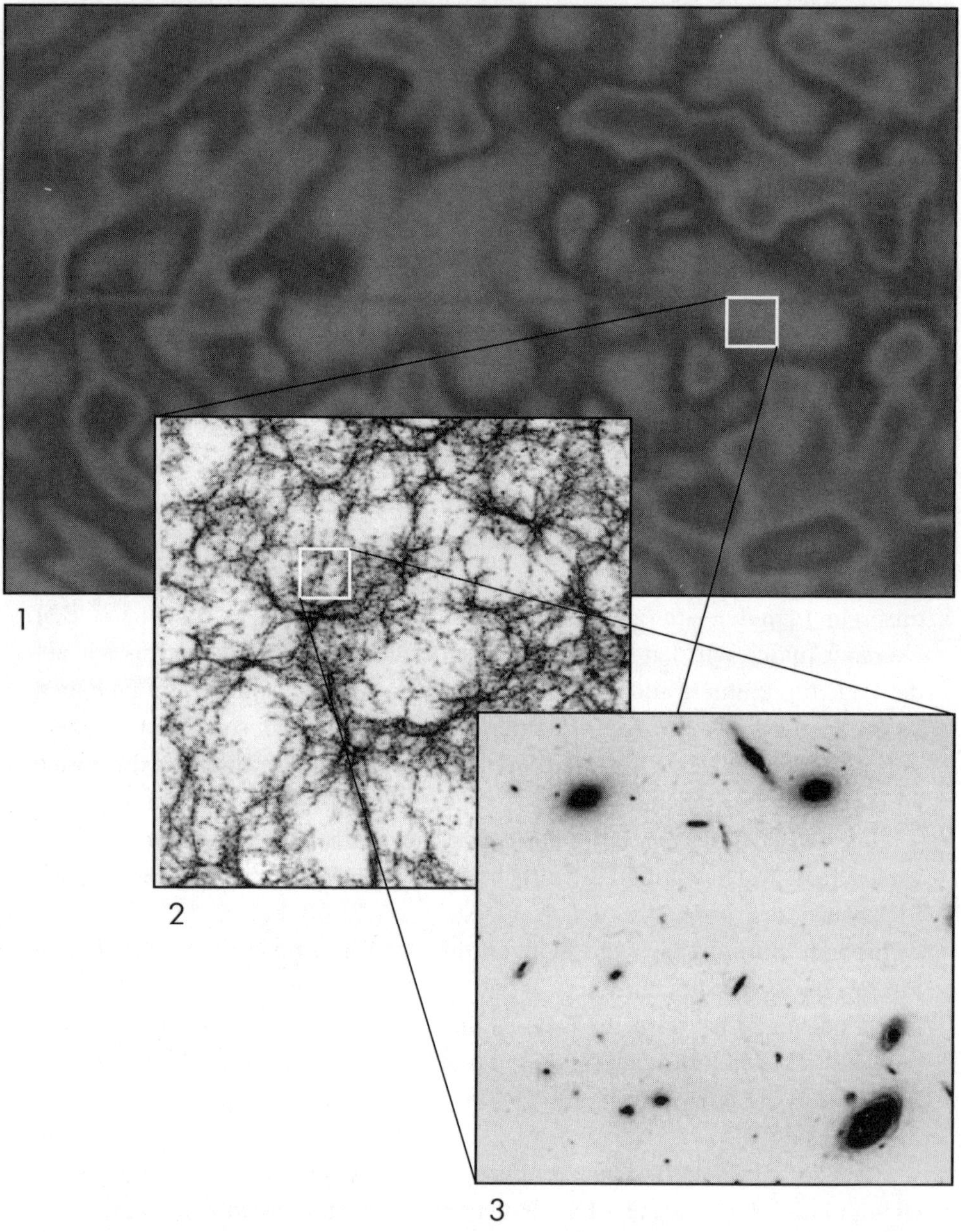

Der vom Urknall herrührende kosmische Feuerball enthielt Bereiche, die etwas dichter waren als ihre Umgebung. Diese Dichteschwankungen verraten sich als Gekräusel des kosmischen Mikrowellenhintergrunds (oberes Bild). Später kollabieren die dichteren Bereiche und bilden Schichten und Girlanden, wie sie die Computersimulation im mittleren Bild zeigt. Schließlich zerreißen die Schichten und Girlanden und kollabieren weiter zu den Galaxien und Haufen, die wir heute sehen (drittes Bild).

ten im Zeitalter der leuchtenden Sterne, das noch weitere 100 Billionen Jahre andauern wird, so lange wie gewöhnliche, Wasserstoff verbrennende Sterne die Hauptrolle spielen.

GALAXIENBILDUNG

Nach dem Feuerwerk der ersten drei Minuten stellte sich im Universum ein Zustand relativen Gleichgewichts ein. In den nächsten 300 000 Jahren war der Raum erfüllt von einem ziemlich faden Meer aus Wasserstoff- und Heliumkernen, Photonen und freien Elektronen, die alle fortwährend miteinander in Wechselwirkung waren. Unter den friedlichen Bedingungen dieses sogenannten thermischen Gleichgewichts dehnte sich das Universum aus und kühlte sich ab, aber das alles durchdringende Lichtbad verhinderte das Wachstum von Strukturen jeder Art. In diesen glühenden Weiten gab es weder Galaxien noch Sterne, Planeten und Lebewesen. Die Monotonie wurde nur durch sehr geringe Schwankungen in der Hintergrunddichte unterbrochen, Überbleibsel aus dem frühen Universum, höchstwahrscheinlich aus der inflationären Phase der fernen Vergangenheit.

Dieses unkomplizierte Zeitalter fand ein plötzliches Ende, als sich das Universum auf eine Temperatur von etwa 3000 Kelvin abgekühlt hatte. Bei dieser Temperatur finden sich Elektronen und Atomkerne zu gewöhnlichen Atomen zusammen, vor allem zu Wasserstoff, weil die Photonen im Meer der Hintergrundstrahlung dann aufgrund der Ausdehnung des Universums plötzlich nicht mehr genug Energie haben, um den Kernen die Elektronen zu entreißen. Die Teilchen können also neutrale Atome bilden. Danach jedoch hat das Meer der Photonen fast keine weiteren Wechselwirkungen mit der Materie und strömt ungehindert durch den Raum. Die neugebildeten Wasserstoff- und Heliumatome wiederum finden sich unter dem Einfluß der Schwerkraft zusammen, und dieser Kollaps führt zu den gewaltigen Ansammlungen von Sternen, Gasen und anderen Materieformen, die wir jetzt als Galaxien bezeichnen.

Die Galaxienbildung ist begrifflich leicht zu fassen: Die Schwerkraft zieht Materie zu Strukturen von der Größe von Galaxien zusammen. Die Galaxien, die wir heute sehen, sind aus Bereichen entstanden, die ursprünglich nur wenig dichter waren als ihre Nachbarn. Grob gesagt halten Dissipation und Abkühlung den Kollaps eines etwas überdichten Bereichs mit der Masse einer Galaxie auf, sowie der Bereich etwa die Größe einer Galaxie hat. Die meisten der ersten Galaxienkeime rotierten ein wenig, hatten also einen geringen Drehimpuls. Da der Drehimpuls bei einem Kollaps erhalten bleibt, bilden sich ganz von selbst scheibenartige Strukturen. Diese galaktischen Scheiben bilden die

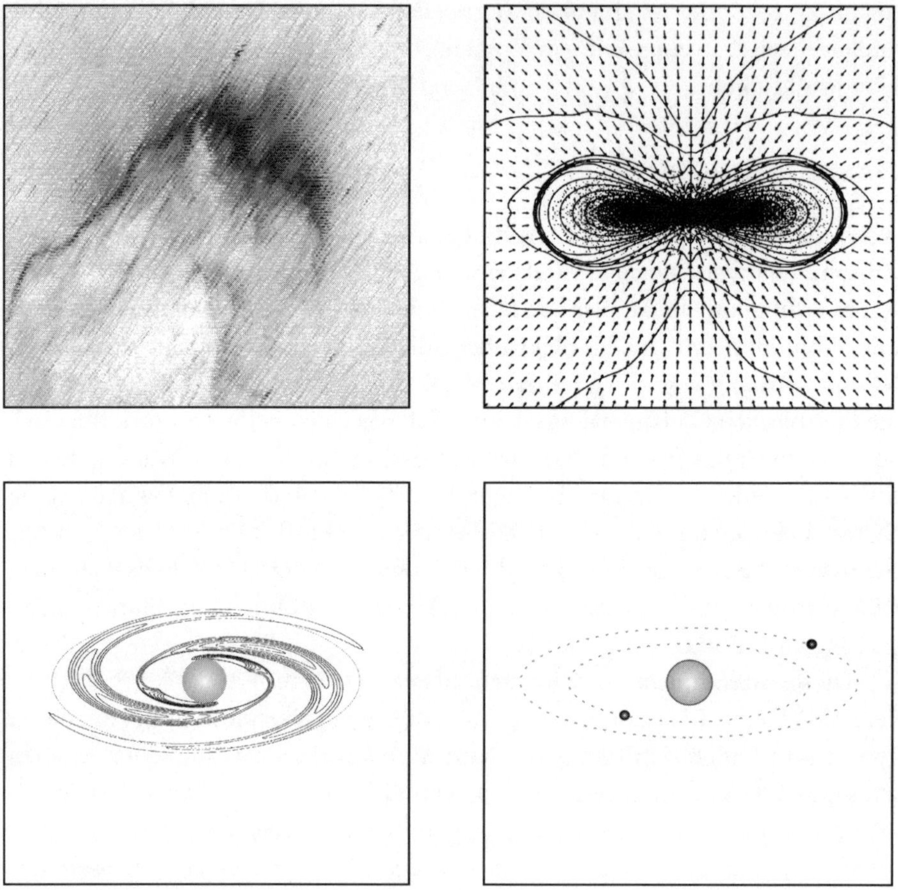

Im ersten Stadium der Sternbildung kondensieren die Kernbereiche molekularer Wolken zu Protosternen (hier im Bild oben rechts schematisch dargestellt). Der Kollaps des Kerns einer molekularen Wolke erzeugt einen zentralen Protostern, der von einer Scheibe umgeben ist, wie es hier eine Computersimulation zeigt (oben links). Die Scheibe hat zu Beginn sehr viel Masse und erzeugt spiralige Dichtewellen (unten links), die dem Stern weiteres Gas zuführen. Nach einigen 100 000 Jahren kann die in der Scheibe verbliebene Materie neue Planetensysteme bilden (unten rechts schematisch dargestellt).

schönen Spiralmuster aus, wie sie die Abbildung auf dieser Seite unten links zeigt, und die wir oft bei Galaxien finden.

Galaxien gab es schon gleich nach Beginn des Zeitalters der leuchtenden Sterne. Mit Instrumenten wie dem Hubble-Raumteleskop können wir Galaxien sogar in dem Zustand sehen, in dem sie waren, als das Universum erst eine Milliarde Jahre alt war. Dieser Blick in die Vergangenheit ist möglich, weil die Lichtgeschwindigkeit endlich ist. Wenn wir beispielsweise die Andromeda-

Galaxie betrachten, die an einem sehr dunklen Herbstabend mit dem bloßen Auge als kleiner verschwommener Lichtfleck zu finden ist, sehen wir Licht, das die Sterne dort vor etwa zwei Millionen Jahren ausgestrahlt haben. Dieses Licht war länger unterwegs, als es überhaupt Menschen gibt. Mit größeren Teleskopen, die uns noch fernere Galaxien zeigen, schauen wir buchstäblich in die Anfangszeit des Universums zurück. Das Sternenlicht der fernsten uns bekannten Galaxien ist seit mehr als dem doppelten Erdalter zu uns unterwegs!

Sternbildung

Die ersten Sterne wurden etwa gleichzeitig mit den ersten Galaxien geboren. Im jetzigen Zeitalter bilden sich Sterne in molekularen Wolken, gewaltigen Ansammlungen von Gasmolekülen in galaktischen Scheiben. Diese Molekülwolken haben oft die Masse von Millionen Sonnen und sind viel dichter und kälter als das sie umgebende interstellare Gas. In Sternkindergärten in benachbarten molekularen Wolken, etwa in dem in der Abbildung oben links auf Seite 66 gezeigten Adler-Nebel, sehen wir den Vorgang der Sternentstehung am Werk.

Sterne bilden sich beim Kollaps der Kernbereiche molekularer Wolken, den stärker kondensierten kleineren Bereichen, die über die viel größeren Wolken verteilt sind. Diese Kernbereiche sind durchzogen von Magnetfeldern, die eine wichtige Quelle des Drucks sind, der die Kernbereiche vor dem Gravitationskollaps bewahren hilft. Aber diese Bereiche können sich nicht beliebig lange gegen den Kollaps wehren, denn die Magnetfelder diffundieren allmählich nach außen, und die Zentralbereiche werden immer dichter. Wenn die Magnetfelder den Kernbereich verlassen, wird er dicht und schwer, kann sich nicht mehr aufrechterhalten und muß rasch zusammenfallen. Bald nach dem Beginn der unvermeidlichen Katastrophe bildet sich in der Mitte des kollabierten Stroms ein kleiner, vom Druck gestützter Protostern. Diesem Keim eines Sterns ist es bestimmt, sich zu einem richtigen Stern auszuwachsen.

Die Kernbereiche von Molekülwolken, die zur Geburt von Sternen führen, sind niemals vollständig in Ruhe, sondern rotieren extrem langsam, etwa einmal pro eine Million Jahre. Dadurch erhält das System einen ansehnlichen Drehimpuls. Damit dieser Drehimpuls erhalten bleibt, muß sich der Kern einer molekularen Wolke beim Kollabieren immer rascher drehen, und deswegen fällt nicht die gesamte Masse direkt auf den entstehenden Stern, sondern die Materie sammelt sich zum größten Teil in einer Scheibe von der Größe etwa unseres Sonnensystems an, die den Stern umgibt und begleitet. Diese Scheibe aus Gas- und Staubnebeln stellt eine Umwelt dar, in der sich Planeten bilden können.

Während des eigentlichen Kollapses sind der zentrale Protostern und seine Nebelscheibe von einer Gas- und Staubhülle umgeben, die nach innen strömt und so dick ist, daß sie keinen Blick auf den sich bildenden Stern zuläßt. Die Strahlung des Protosterns, die zunächst im sichtbaren Bereich ist, wird umgewandelt, so daß die entstehenden Sterne nur mit infraroten Wellenlängen beobachtet werden können, einer vom menschlichen Auge nicht wahrnehmbaren Strahlungsform. Aus diesem Grund konnten echte entstehende Sterne erst nach 1980 zweifelsfrei identifiziert werden, als Fortschritte in der Infrarot-Technologie ihre Entdeckung ermöglichten.

Wenn sich ein Protostern entwickelt, nehmen sowohl seine Masse als auch seine Leuchtkraft zu. Von dem sich bildenden Stern geht ein starker Sternenwind aus, der durch den auf den Stern einprasselnden stürmischen Gasregen hindurch nach außen bläst. Zunächst bildet dieser Wind nur zwei schmale Strahlen, während das meiste Gas noch zum Stern hin fällt. Dann aber wird der Strahl breiter und reißt die einfallende Materie mit. Im Lauf der Zeit ist der Stern immer weniger fest mit der Molekülwolke verknüpft, die nach außen gerichtete Strömung löst das junge Sonnensystem vom elterlichen Kern los, und damit ist der neue Stern geboren. Dieses nagelneue Sonnensystem läßt seine Scheibe, in der sich allmählich Planeten zu fremden Welten ansammeln, noch einige Millionen Jahre lang nicht los.

Obwohl neugebildete Sterne sehr hell leuchten, haben sie nicht von Anfang an die Beschaffenheit, die nötig ist, um durch das Verschmelzen von Wasserstoff zu Helium Energie zu erzeugen. Zu Beginn ihres Lebens beziehen Sterne den größten Teil ihrer Energie aus der gravitativen Kontraktion. Wenn der Stern aber weit genug schrumpft, erhitzt sich sein Kern, und schließlich kommt das Wasserstoffbrennen in Gang. Dann ist der Stern erwachsen.

Genau hier und gerade jetzt

Nach mehr als zehn Milliarden Jahren der Galaxien- und Sternbildung sind wir im Hier und Jetzt angekommen. Sie lesen diese Worte irgendwo auf oder jedenfalls nahe der Oberfläche eines Planeten mit 13 000 Kilometer Durchmesser, der einen gewöhnlichen Stern umläuft. Es lohnt sich, anzuhalten und die Umgebung zu betrachten.

Ein interessanter Blickwinkel bietet sich, wenn wir mit einem Flugzeug über unsere Heimat hinwegfliegen. Wir sehen dann den Fleck der Erde, auf dem wir leben. Wir alle sind gut vertraut mit dem Teil des Planeten, in dem sich unser Alltag abspielt, dem Kopfsteinpflaster einer bestimmten Straße, der Rinde eines

Die Anzahl der Sandkörner auf diesem Bild ist grob vergleichbar mit der Anzahl der Sterne, die in der jetzigen kosmologischen Dekade in dem von uns beobachtbaren Universum liegen.

Baums in unserem Garten oder auch einem schattigen Hinterhof. Wenn wir darüber hinwegfliegen, beobachten wir, wie alle diese persönlichen Mikrowelten zur gesamten Oberfläche der Erde verschmelzen. Vororte machen Feldern Platz, Autobahnen schlängeln in die Ferne. Aus der Luft erahnen wir die Größe der Erde, und wir können von dieser Position aus bestätigen, daß wir auf einer riesigen Kugel leben.

Machen wir nun in Gedanken einen riesigen Sprung und stellen uns vor, die gesamte Erde sei so groß wie ein Sandkorn. Ein einzelnes Sandkorn können wir gerade noch sehen, ein großes gerade noch fühlen. Diese Degradierung der Erde auf die Größe eines Sandkorns läuft auf eine 100milliardenfache Verkleinerung hinaus. In diesem Maßstab ist die Sonne so groß wie ein Pfennig, und die Entfernung von Sonne und Erde beträgt knapp zwei Meter. Auch Venus und Merkur, die zwischen Erde und Sonne liegen, sind Sandkörner. Jupiter ist erbsengroß und etwa neun Meter entfernt. Der äußerste Planet des Sonnensystems, Neptun*, liegt in etwa 65 Meter Entfernung. Jetzt machen wir einen zweiten, einfacheren Gedankensprung und lassen die pfenniggroße Sonne auf die Größe eines Sandkorns schrumpfen. Die im selben Maßstab verkleinerte Erde ist jetzt ein mikroskopisch kleiner Punkt, dessen Bahn etwa zwei Zentimeter Durchmesser hat, und der äußerste Planet ist etwa einen halben Meter entfernt. In diesem Maßstab ist das nächste Sternsystem – zu ihm gehören Proxima Centauri und Alpha Centauri A und B – drei Kilometer entfernt. Die Sterne der Galaxis sind wie Sandkörner, die kilometerweit auseinander liegen. Man kann sich die erbarmungslose Leere unseres Milchstraßensystems gar nicht groß genug vorstellen. Und doch ist die Galaxis eine Million Mal dichter als das Universum.

Unsere Galaxis enthält etwa 100 Milliarden Sterne. Wenn wir uns weiterhin vorstellen, daß jeder Stern so groß ist wie ein Sandkorn, passen alle Sterne der Galaxis in eine gewöhnliche Schuhschachtel. Aber sie sind darin nicht eng gepackt. Wir erhalten ein besseres Gefühl für das Ausmaß der Galaxis, wenn wir uns den Sand aus der Schuhschachtel über die Entfernung Erde – Mond verstreut denken. Fotografien von Galaxien geben einen irreführenden Eindruck, denn das Feuerrad der Sterne in einem solchen Bild ist das Ergebnis einer langen Belichtung mit einem leistungsstarken Teleskop. In Wirklichkeit sind Galaxien, selbst so nahe wie die Andromeda-Galaxie, so schwach, daß sie mit bloßem Auge kaum sichtbar sind.

Wenn wir uns die Größenordnung ein drittes Mal verkleinert denken, bekommen wir ein Gefühl für die Größe des sichtbaren Universums. Stellen wir

* Anm. d. Übersetzerin: Neptun und Pluto lösen sich dabei ab; seit kurzem ist Neptun ganz außen.

Für die langfristige Zukunft der Sterne spielen solche Kennzeichen wie Masse, Leuchtkraft und Temperatur eine wichtige Rolle. Ein nützliches Verfahren zur Abbildung des Verlaufs der Sternentwicklung ist das Hertzsprung-Russell-Diagramm, das zu Beginn des 20. Jahrhunderts von den Astronomen Henry Norris Russell und Ejnar Hertzsprung unabhängig voneinander entwickelt wurde. Im Hertzsprung-Russell-Diagramm wird die Leuchtkraft oder Leistung eines Sterns auf der vertikalen Achse aufgetragen und die Temperatur auf der horizontalen Achse. Aus historischen Gründen werden die Temperaturen entlang der horizontalen Achse rückwärts aufgetragen, nehmen also nach links hin zu.

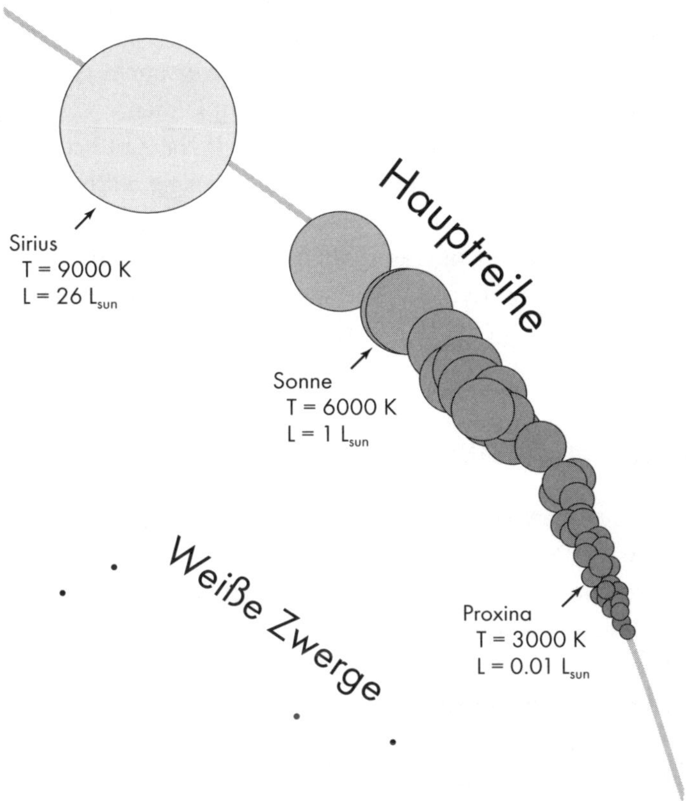

In diesem Hertzsprung-Russell-Diagramm nimmt die Leistung der Sterne nach oben hin zu und die Oberflächentemperatur der Sterne nach links. Die Abbildung zeigt die 50 nächsten uns bekannten Sterne, wobei ihre Größe durch die Größe der Scheiben angedeutet ist. Man beachte, daß die meisten Nachbarn der Sonne kleine Sterne sind – sogenannte rote Zwerge – und die Sonne deshalb im Vergleich zu diesen ziemlich hell ist.
Wenn viele Sterne unterschiedlicher Beschaffenheit in das Hertzsprung-Russell-Diagramm eingetragen werden, liegen viele auf einer Linie, der sogenannten Hauptreihe. Das ist kein Zufall. Die Sterne auf der Hauptreihe verbrennen nämlich aufgrund ihrer inneren Beschaffenheit Wasserstoff zu Helium, und da Sterne den größten Teil ihres Lebens Wasserstoff verbrennen, liegen die meisten Sterne auf der Hauptreihe.

uns vor, unsere galaktische Scheibe sei auf die Größe eines Speisetellers geschrumpft. Dann schwebt die Andromeda-Galaxie, ebenfalls so groß wie ein Eßteller, in einigen Metern Entfernung. Wir finden Galaxien in allen Himmelsrichtungen; gelegentlich bilden sie auch Haufen. Die Galaxien und Haufen wiederum finden sich zu Membranen und Blasenwänden zusammen, die dünn besiedelte Leeren umschließen, die bis zu einem Kilometer breit sein können. Das sichtbare Universum erstreckt sich in jede Richtung einige Kilometer weit. Zur jetzigen Zeit enthält das sichtbare Universum etwa dieselbe Anzahl Galaxien – 10 bis 100 Milliarden –, wie es Sterne in einer einzigen großen Galaxie gibt. Die Anzahl der Sterne im sichtbaren Universum entspricht also der Anzahl der Sandkörner der im Bild S. 73 gezeigten Dünen.

Das sichtbare Universum stellt das dar, was wir zur Zeit beobachten können, umfaßt aber nicht den gesamten Kosmos. Bereiche außerhalb des beobachtbaren Universums sind zwar zu weit entfernt, um uns irgendwie zu beeinflussen, aber sie existieren und enthalten vermutlich ähnliche Arten von Sternen und Galaxien. Wenn das Universum älter wird, weitet sich unser kosmologischer Horizont, und das sichtbare Universum wird größer. Je mehr sich die Zukunft entfaltet, um so mehr Kosmos kommt in Sichtweite.

Die Charaktere der stellaren Mitspieler

Das heutige Universum ist voller Sterne, und die Entstehung neuer Sterne ist in der Galaxis ein selbstverständlicher Vorgang. Aber nicht alle Gaskugeln sind zu Sternen bestimmt, denn wahre Sterne sind auf den eher engen Massenbereich von etwa einem Zehntel bis zu etwa 100 Sonnenmassen beschränkt – wobei der Ausdruck Sonnenmasse sich auf die Masse unserer Sonne bezieht.

Damit gasförmige Himmelskörper in ihrem Inneren Kernreaktionen aufrechterhalten können, müssen sie mindestens acht Prozent der Sonnenmasse haben. Deshalb gibt es im Zeitalter der leuchtenden Sterne viele ausgewachsene Himmelskörper, sogenannte braune Zwerge, die nicht leuchten, weil sie zu klein sind. Überall da, wo sich richtige Sterne bilden, entstehen gewöhnlich auch braune Zwerge. Wenn sie aus Molekülwolken kollabieren, sind sie zunächst dumpf rot, kühlen sich aber im Lauf von Milliarden Jahren langsam zu dunklen Himmelskörpern ab. Braune Zwerge sind gute Speicher für unverarbeiteten Wasserstoff; für sie wird sich der Aufwand der Lagerhaltung im Zeitalter der Entartung auszahlen, denn dann bergen sie die größten Wasserstoffreserven, und entsprechend steigen ihre Aktien.

Sterne am anderen Ende des Massenbereichs, die mehr als das Hundertfache der Sonnenmasse haben, sind dagegen sehr instabil. Sobald sich ein übermäßig massereicher Stern bildet, muß er sich unweigerlich auch selbst zerstören. Der Stern erzeugt entweder so viel Energie, daß er sich buchstäblich selbst zerreißt, oder er kollabiert unter seinem eigenen Gewicht und wird bei dieser Katastrophe zu einem Schwarzen Loch.

Der Bereich der Massen, die Sterne haben, ist viel kleiner als der gesamte denkbare Bereich. Sterne leben in Galaxien, die etwa 100 Milliarden (10^{11}) Sonnenmassen haben, und Sterne bestehen aus Wasserstoffatomen, die etwa 10^{-24} Gramm oder 10^{-57} Sonnenmassen haben. Im Prinzip könnten also Galaxien Körper mit 10^{-57} bis 10^{11} Sonnenmassen bilden, was einem Faktor von 10^{68} auf der Massenskala entspricht. Die Massen von Sternen jedoch liegen in einem Bereich, der nur um einen Faktor 1000 schwankt.

Wie beschränkt der Bereich der Sternmassen ist, zeigt sich im Vergleich mit den enormen Massenunterschieden bei irdischen Lebewesen. Ein Tuberkel-Bazillus hat eine Größe von etwa einem Mikron und eine Masse von näherungsweise 10^{-12} Gramm. Der Blauwal am anderen Ende des Spektrums bringt ein Gewicht von etwa einer Milliarde (10^{9}) Gramm auf die Waage. Die größten Pflanzen, wie die Waldgesellschaften der Mangroven, und die größten bekannten Pilze – in der oberen Halbinsel Michigans ist ein kilometerlanges unterirdisches Exemplar beheimatet – können noch mehr Masse enthalten. Die Massen von zwei irdischen Lebewesen können sich also um mehr als 21 Größenordnungen unterscheiden, um viel mehr als zwei Sterne.

Während der Phase des Wasserstoffbrennens sind massereiche Sterne viel heller als kleine Sterne. Ein Stern mit dem Zehnfachen der Sonnenmasse, wie etwa Spica im Sternbild Vega, ist 10 000 Mal heller als die Sonne, während ein gewöhnlicher kleiner Stern mit nur einem Fünftel Sonnenmasse, wie der Pfeilstern, ein naher roter Zwerg, über 100 Mal schwächer ist. Weil massereiche Sterne so viel heller und energiereicher sind als Sterne mit geringer Masse, beherrschen gewöhnlich sie die Lichtausstrahlung der Galaxien. An unserem Nachthimmel sind beispielsweise mit einer Ausnahme alle fünfzig hellsten Sterne massereicher als die Sonne.

Da die mit bloßem Auge sichtbaren Sterne fast alle mehr Masse haben als die Sonne, könnte man die Sonne für einen eher kleinen Stern halten. Diese an sich vernünftige Vermutung trifft jedoch nicht zu. Unter den fünfzig uns nächsten bekannten Sternen nimmt die Sonne den vierten Platz ein, ist also relativ groß.

Der Anzahl nach überwiegen bei weitem die Sterne mit geringer Masse, zumeist rote Zwerge mit weniger als halber Sonnenmasse. Sie enthalten auch den größten Teil der Gesamtmasse der Sterne. Trotz ihrer Allgegenwart schweben die massearmen Nachbarn der Sonne fast ungesehen durch den Himmel,

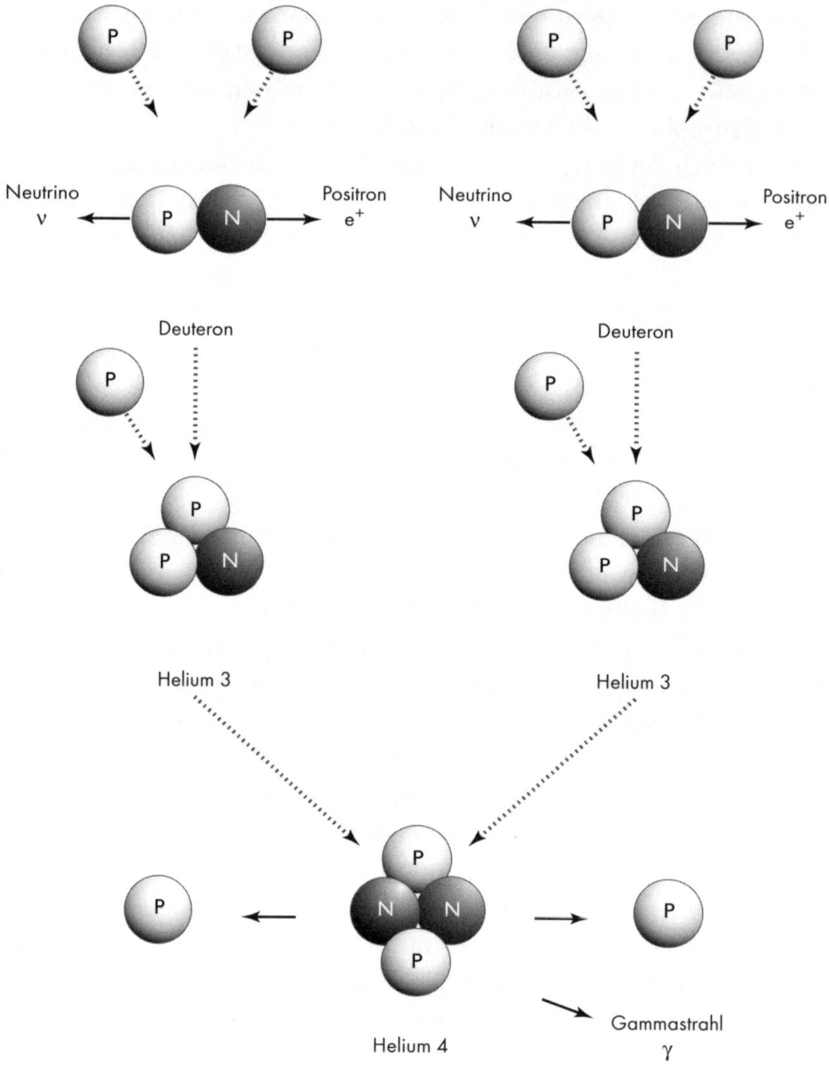

Der hier gezeigte Normalverlauf der Verschmelzung von zwei Protonen ist eine der wichtigen Kettenreaktionen, die die Sonne mit Energie versorgt. Insgesamt werden bei diesem Vorgang vier Protonen in einen Heliumkern umgewandelt; dabei bleibt genug Energie übrig, um die Sonne leuchten zu lassen.

weil ihr schwaches Licht im Vergleich mit den seltenen und fernen massereichen Sternen verblaßt.

Wir können Genaueres über die Massen innerhalb der Sternpopulation sagen, wenn wir die anfängliche Massenfunktion betrachten, also danach fragen, wieviele Sterne bei ihrer Geburt jedem Massenbereich jeweils zuzuordnen sind. Diese Massenverteilung bestimmt, wieviel Licht eine Galaxie abgibt, welche chemischen Elemente sie enthält und letztlich auch, was am Ende des Zeitalters der leuchtenden Sterne von den Sternen übrig bleibt.

Alle Sterne vergeuden ihr Licht in ihrer Jugend, als ob sie Pyromanen wären, indem sie unablässig Wasserstoff zu Helium verbrennen. Masseärmere Sterne verbrauchen ihren Wasserstoffbrennstoff sparsam und leben relativ lange, massereiche Sterne dagegen brennen rasch und dramatisch aus. Man könnte einen roten Zwerg mit einem sehr armen und geizigen Einsiedler vergleichen, der von einem Jahr zum nächsten krebst, fast ohne irgendetwas auszugeben. Die meisten massereichen Sterne dagegen erinnern eher unangenehm an verschwenderische reiche Erben, die im Lauf eines einzigen Wochenendes schamlos ein Vermögen im Wert von mehreren Millionen durchbringen.

Das Schicksal von Sonne und Erde

Aus unserer irdischen Sicht ist die in bezug auf die Sternentwicklung dringlichste Frage die Frage nach der Zukunft unserer Sonne. Die Sonne scheint unablässig, weil ihr innerer Kern so heiß und dicht ist, daß in ihm die Kernreaktionen ablaufen können, die Wasserstoff zu Helium verbrennen (siehe Abbildung S. 74). Genau diese Kernverschmelzung bewirkt die verheerende Energiefreisetzung in einer Thermonuklearbombe. Weil sich dieser Fusionsprozeß aber tief im Sonneninneren abspielt und nicht im Bikini-Atoll, wandelt die Sonne ihren Wasserstoff auf sehr geregelte Art in Helium um. Die Kernverschmelzung in der Sonne steuert sich in dem Sinn selbst, daß sie gerade soviel Energie erzeugt, wie nötig ist, um den allgegenwärtigen Sog der Schwerkraft auszugleichen. Ohne Kernverschmelzung würde sich die Sonne im Lauf von wenigen Millionen Jahren in einen sehr heißen und dichten weißen Zwerg verwandeln.

Wir wissen aufgrund der radioaktiven Altersbestimmung, daß die ältesten Meteorite und damit auch die Sonne und die Planeten vor viereinhalb Milliarden Jahren entstanden sind. Nach der Genese unseres Sonnensystems zog sich die Sonne im Lauf der nächsten Millionen Jahre zusammen, bis der Kern so heiß war, daß das Wasserstoffbrennen beginnen konnte. Diese Kernreaktionen haben die Energieversorgung der Sonne in den letzten viereinhalb Milliarden Jahren sichergestellt. Die Temperatur in der Sonnenmitte beträgt sechzehn Millionen Kelvin. Da bis jetzt etwa die Hälfte des Wasserstoffs der Sonnenmitte zu Helium verbrannt wurden, reicht der Wasserstoff im Inneren, um die Sonne noch weitere sechs Milliarden Jahre leuchten zu lassen. Die Gesamtleistung muß allmählich abnehmen, während die Konzentration von Helium in der Mitte zunimmt. Diese Zunahme der Leuchtkraft ist im Lauf eines menschlichen Lebens nicht zu bemerken. In sechs Milliarden Jahren jedoch wird die Sonne doppelt so hell sein wie heute.

Es hätte viele Folgen für das Leben auf der Erde, wenn die Sonne heller und heißer wäre, denn ein stärkerer Zustrom an Sonnenenergie führt zu einer globalen Erwärmung mit ihren immer schwerwiegenderen unangenehmen Nebenwirkungen. Wenn die Weltmeere wärmer werden, können sie weniger gelöstes Kohlendioxid binden, und dadurch gelangt mehr Kohlendioxid in die Luft. Kohlendioxid ist zwar nur ein unbedeutender Bestandteil der Atmosphäre, aber eine Zunahme der Kohlendioxid-Konzentration hat gravierende Folgen.

Wenn Sonnenlicht zur Erde gelangt, wird ein Teil direkt zurück in den Raum reflektiert. Das Sonnenlicht, das die Erde erreicht, erwärmt die Oberfläche, die dann infrarotes Licht nach außen strahlt. Eine mit Kohlendioxid und Wasserdampf durchsetzte Atmosphäre läßt zwar sichtbares Sonnenlicht durch, aber fast keine Infrarotstrahlung. Wenn Kohlendioxid in die Atmosphäre entweicht, ist das etwa so, wie wenn man auf einen Topf mit kochendem Wasser einen Deckel legt. Die dem Topf zugeführte Wärme hat es dann viel schwerer, wieder zu entkommen.

Dieser sogenannte Treibhauseffekt kann zu einem Teufelskreis führen. Wenn die Meere wärmer werden, geben sie Kohlendioxid und Wasserdampf ab, was zu weiterer Erwärmung führt, die wiederum mehr Gas in die Atmosphäre freisetzt. Die Situation wird also instabil. Wenn sich dieser Treibhauseffekt hochschaukelt, verdampfen die Meere; diese sterilisierende Atmosphäre verbrüht die Erde. Zwar könnten thermophile Bakterien den ersten schrecklichen Ansturm überleben, aber letztlich ist alles Leben zur Vernichtung bestimmt. Eine schwere Wolkendecke könnte zwar viel Sonnenlicht reflektieren und damit die bevorstehende Katastrophe aufschieben, aber die Massenvernichtung ist schließlich unvermeidlich. Aufgeheizt von einem unbeherrschbaren Treibhauseffekt, wird die Atmosphäre unserer jetzt so grünen und lebensvollen Erde innerhalb weniger Milliarden Jahre so höllisch heiß wie die der Venus.

Andererseits geht mit der tödlichen Überhitzung der Erde eine langsame Erwärmung des Planeten Mars einher, der dann ein viel wohnlicherer Ort wird. In sechs Milliarden Jahren wird der Mars soviel Sonnenenergie absorbieren wie die Erde heute.

Obwohl das Leben auf der Erde vermutlich schon dann zu einem dampfenden Ende gelangt, wenn die Sonnenhelligkeit auf das Doppelte zunimmt, markiert diese bescheidene Leistungszuwachs nur den Anfang des feurigen

Alters der Sonne. Wenn der Wasserstoff im Sonnenkern vollständig in Helium umgewandelt ist, geht der Fusionsprozeß in einer den Kern umgebenden Schale weiter. Weil dem Kern die Energiequelle fehlt und die Temperatur in der Mitte nicht ausreicht, um Helium zu schwereren Elementen zu verbrennen, kann das Innere dem Gewicht der darüberliegenden Sonnenmassen nicht mehr standhalten und muß so lange kollabieren, bis sich der Druck im Inneren gegen den erbarmungslosen Zwang zur Kontraktion wehren kann. Wenn der Kern schrumpft, nimmt die Temperatur des Zentralbereichs entsprechend zu. Die vom heißeren Kern freigesetzte Wärme wird auf die darüberliegenden Schichten übertragen, was die Kernreaktionen beschleunigt. Der verbrauchte Heliumkern schrumpft weiter, und die Leuchtkraft der Sonne nimmt stetig zu.

Seltsamerweise wird die Sonnenoberfläche um so kühler, je leuchtkräftiger die Sonne wird. Heute hat die Sonnenoberfläche eine Temperatur von fast 6000 Kelvin, aber wenn die Sonne zu einem roten Riesen anschwillt, sinkt ihre Oberflächentemperatur ab, bis sie bei fast 3000 Kelvin knallrot ist. Diese Abkühlung der Oberfläche kommt zustande, weil die im Zentrum erzeugte überschüssige Energie zum Teil in den mittleren Schalen der Sonne abgelagert wird. Diese Schalen müssen sich dann ausdehnen, und die Sonne wird heller, größer, roter und kühler als die gelbe Scheibe, die wir heute sehen.

Während die immer größere Sonne unablässig weiter Energie abgibt, kommen starke Winde auf, die energiereiche Teilchen von der Sonnenoberfläche wegtragen. Diese Stürme ähneln den bescheideneren heutigen Sonnenwinden, entführen aber sehr viel mehr Materie. Wenn die Sonne zu einem roten Riesen wird, verringern diese Winde die Sonnenmasse vermutlich um mehr als ein Viertel. Wenn die Sonne so verdampft, nimmt ihr Gravitationssog ab, die Erdbahn wird allmählich größer und endet schließlich in der Nähe der heutigen Umlaufbahn des Mars. Auch die anderen verbleibenden Planeten stellen sich auf Bahnen mit größeren Radien ein.

Etwa eine Milliarde Jahre, nachdem der Wasserstoff in der Mitte der Sonne erschöpft ist, wird der Sonnenkern so dicht, daß der Druck vor allem von entarteten Elektronen herrührt. Wir verwenden den Ausdruck entartet hier im Sinn der Quantenmechanik, wonach die Entartung der Elektronen vorwiegend eine Folge aus Heisenbergs Unschärfeprinzip ist. Wenn Elektronen gezwungen werden, kleinere Volumina einzunehmen, werden sie schneller und erzeugen mehr Druck. Ein stellares Objekt, das von diesem Entartungsdruck gegen den Kollaps geschützt ist, ein sogenannter weißer Zwerg, hat etwa denselben Radius wie die Erde. Ein sich ausdehnender roter Riese besteht im Grunde aus einem weißen Zwerg mit einer extrem dichten und diffusen Sternatmosphäre. Der winzige weiße Zwerg hat viel Masse, nämlich etwa halbe

Sonnenmasse, und einen Kern, der unglaublich dicht ist, etwa eine Million Mal dichter als Wasser.

Der starke Druck, der diesen bizarren dichten Zustand bewirkt, beruht auf zwei seltsamen Eigenschaften entarteter Materie. Zum einen wird ein weißer Zwerg kleiner, wenn ihm Materie zugefügt wird. Er verhält sich damit völlig anders als gewöhnliche Materie, denn wenn zu einem erdähnlichen Planeten, der ja im wesentlichen ein großer Stein ist, Materie hinzukommt, wird der Radius des Planeten größer. Der Radius eines weißen Zwergs aber wird um so kleiner, je mehr Materie auf ihn angehäuft wird.

Die zweite ungewöhnliche Eigenschaft zeigt sich, wenn entartete Materie erhitzt wird, denn bei ihr führt eine Zunahme der Temperatur weder zur Ausdehnung noch zu höherem Druck. Auch das ist vollkommen anders als bei gewöhnlichen Gasen, deren Druck bei Erhitzung und Ausdehnung ansteigt. Ein entarteter Kern aber tut nichts, um die außerordentlich hohen Gasdichten zu verringern.

Wenn die Temperatur in der Mitte des roten Riesen 100 Millionen Kelvin erreicht, kommt es im entarteten Kern erneut zu Kernreaktionen, bei denen Heliumkerne zu Kohlenstoff verschmelzen. Die Geschwindigkeit dieser Kohlenstoffproduktion hängt so empfindlich von der Temperatur ab, daß schon ein sehr geringer Temperaturanstieg die Kernreaktion ungeheuer stark beschleunigt. Weil sich der entartete Kern weigert, mehr Druck zu erzeugen, führt diese extreme Empfindlichkeit zu einer unbeherrschbaren Situation, und die Verschmelzung von Helium zu Kohlenstoff gerät außer Kontrolle. Das Innere eines roten Riesen wird rasch zu einer kolossal großen Heliumbombe. Einen Augenblick lang erzeugt der Stern so viel Energie wie alle Sterne der Galaxis zusammen. Dieser gewaltige Energieausbruch, der sogenannte Heliumblitz, ist so gewaltig, daß er den dichten Kern aus dem Zustand der Entartung herausbringt und ihn größer und stabiler werden läßt.

Nachdem der Heliumblitz die Entartung des Sonneninneren behoben hat, durchlebt die Sonne eine relativ stabile Phase, in der Helium auf geregelte Weise zu Kohlenstoff wird. Weil der Heliumblitz soviel Energie zurückgelassen hat, ist der Kernbereich nicht mehr komprimiert und entartet, und die Sonne bleibt nicht länger ein ausgedehnter roter Riese. Sie wird auf dem Höhepunkt ihres Lebens als Roter Riese 2000 Mal heller sein als jetzt, muß aber dann, wenn das Heliumbrennen begonnen hat, kleiner, heißer und weniger leuchtkräftig werden. Die relativ ruhige Periode des Heliumbrennens dauert etwa 100 Millionen Jahre. Im Lauf dieser Zeit leuchtet die Sonne 40 bis 50 Mal heller als heute, und ihre Oberfläche ist etwa 1000 Grad kühler. Die Temperatur auf der Erde kühlt sich auf mehrere 100 Grad Celsius ab, und die Oberfläche des Planeten kann sich

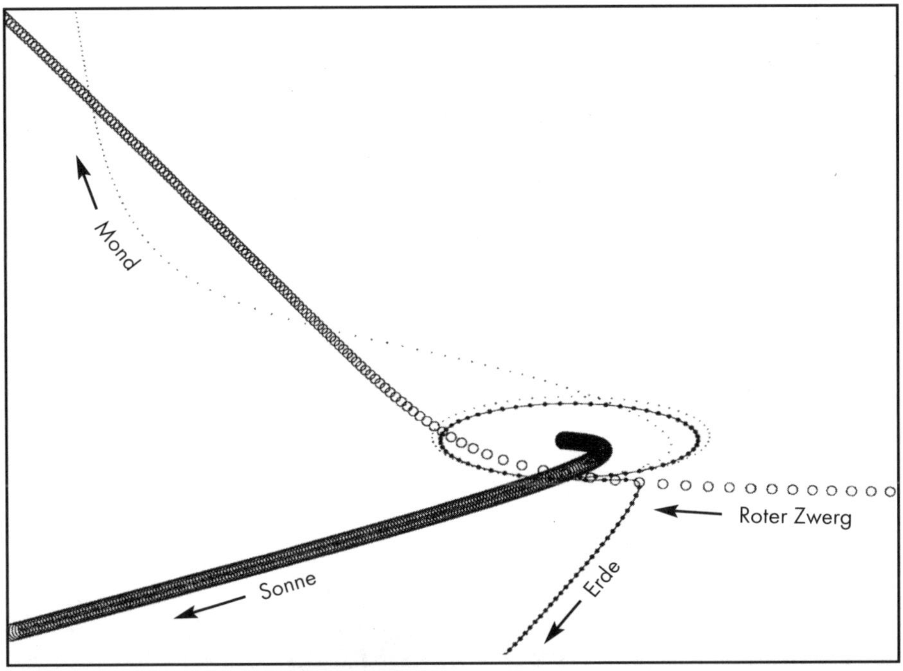

Diese Computersimulation zeigt, wie Erde, Mond und Sonne auf die Begegnung mit einem roten Zwerg mit einem Viertel Sonnenmasse reagieren. Die Simulation sagt vorher, daß die Erde mit hoher Geschwindigkeit aus dem Sonnensystem geschleudert wird. Die Wahrscheinlichkeit dafür, daß ein solches Ereignis eintritt, bevor die Sonne zum roten Riesen wird, ist jedoch mit einem Hunderttausendstel (1 zu 10^5) eher gering.

wieder verfestigen. Die neugebildete Kruste der Erde wird kaum Spuren der Geologie, Biologie und der Kulturvölker zeigen, die sie einmal geziert haben.

Verloren im Raum

So wie das Schicksal der Sonne vorhersehbar ist, so wird auch die Biosphäre der Erde durch den unaufhaltsamen Treibhauseffekt zerstört. Auch wenn diese in etwa zwei Milliarden Jahren zu erwartende Katastrophe uns nicht unmittelbar betrifft, sind die Aussichten doch zweifellos bedrückend. Kann das irdische Leben die unvermeidliche Zunahme der Leuchtkraft der Sonne irgendwie überleben?

Wie Robert Frost in einem bekannten Gedicht sagt, ist die Meinung darüber geteilt, ob die Welt im Feuer oder im Eis enden wird. Nach diesem astronomischen Modell hat die Erde eine kleine Chance, dem feurigen Zorn des roten Riesen Sonne zu entgehen, wenn sie sich von ihrer Bahn löst und in die eisige Einsamkeit des tiefen Raums eintaucht. Es könnten ja regelmäßig an

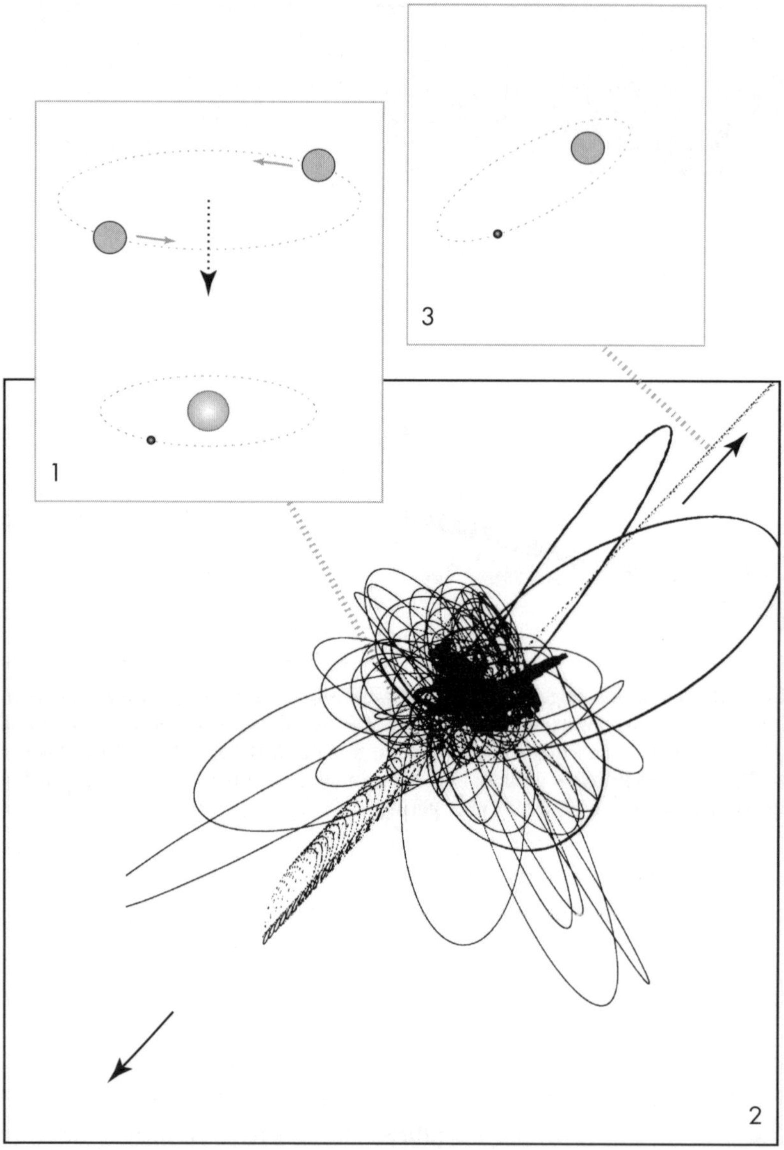

Diese Computersimulation zeigt, was passiert, wenn ein System von zwei roten Zwergen unserem Sonnensystem begegnet. Wenn sich die roten Zwerge der Sonne nähern, wird die Erde fast sofort vom kleineren der beiden Sterne angezogen, den sie auf langgezogenen Bahnen dreimal umkreisen muß. Nach etwas mehr als 1000 Jahren wird die Erde wieder von der Sonne angelockt, der sie dann 6500 Jahre lang treu bleibt. Dabei erlebt sie viele komplizierte enge Begegnungen mit den anderen Sternen. Nach 7500 Jahren wird die Erde in eine Bahn um den größeren Zwerg gezogen, der bald danach der Sonne entkommt. Die Erde wird auf einer elliptischen Bahn, die möglicherweise bewohnbar sein könnte, mitgerissen. Die Wahrscheinlichkeit, daß die Erde so eingefangen wird, bevor die Sonne zu einem roten Riesen wird, beträgt ungefähr ein Dreimillionstel.

unserer Sonne vorbeiziehende Sterne, die zu unserer Galaxis gehören, einmal in die Mitte unseres Sonnensystems gelangen, und in diesem unwahrscheinlichen Fall könnten die störenden Gravitationswirkungen der nahen Begegnung die Erde zwingen, ihre Bahn zu verlassen und durchzubrennen. Wenn die Erde das Sonnensystem verläßt, vermeidet sie zwar einen Hitzetod, aber dann steht ihr eine eisige Zukunft bevor.

In den nächsten zwei Milliarden Jahren ist die Chance der Erde, einem anderen Stern so nahe zu kommen, daß er sie aus der Bahn werfen kann, etwa eins zu hunderttausend. Die ungeheuer vielen Sterne der Galaxis sind so dünn über den Raum verteilt, daß folgenschwere Begegnungen mit Sternen äußerst selten sind. Wie schon gesagt, wären die nächsten Sterne dann, wenn die Sonne auf die Größe eines Sandkorns geschrumpft würde, einige Kilometer weit entfernt. In diesem Maßstab würden sich die sonnennahen Sterne mit der Schneckengeschwindigkeit eines Gletschers der Sonne im Jahr 20 oder 30 Zentimeter nähern. In einer Galaxie, in der Sterne in solchen Entfernungen herumschleichen, sind zufällige nahe Begegnungen außerordentlich selten.

Eine Chance von eins zu hunderttausend ist nicht sehr gut, und doch stehen Menschen regelmäßig Schlange, um Lottoscheine zu kaufen, bei denen die Chancen weitaus schlechter sind. Fragen wir also, was passieren könnte, wenn ein Stern die Erde ohne weitere Umstände von der Sonne wegschleudert. Die Abbildung auf S. 79 zeigt eine typische Folge von Ereignissen, die sich abspielen könnte, wenn ein roter Zwerg durch das Sonnensystem zieht. Nach diesem Modell erwärmt sich die Erde zunächst beim nahen Vorübergang an dem eindringenden roten Zwergstern ein wenig, aber nicht sehr, weil die Leistung der schwächsten roten Zwerge eher schwach ist. Die Gezeitenwirkungen jedoch sind horrend und erzeugen ungewöhnlich hohe Meereswellen. Einige Wochen lang also gäbe es optimale Bedingungen für phänomenales Surfen. Vor allem aber hat ein vorbeiziehender roter Zwerg die Wirkung einer Gravitationsschleuder, denn er katapultiert die Erde plötzlich mit hoher Geschwindigkeit von der Sonne weg.

Mit ihrer neuen Geschwindigkeit kreuzt die Erde nach wenigen Jahren die Bahnen von Pluto und Neptun und verläßt das Sonnensystem. Die Oberflächentemperatur des Planeten fällt langsam, aber stetig, während die immer fernere Sonne immer kleiner aussieht. Der Dschungel des Amazonas wird von Eis bedeckt, und tropische Pflanzen gefrieren im letzten Dämmerlicht der Sonne. Nach einem Jahr erscheint die Sonne als heller, sternähnlicher Punkt am Himmel, scheinbar ohne jede Wärme. Die Ozeane verzehren allmählich ihren Wärmevorrat und gefrieren zu immer dickerem Packeis. Die Oberflächentemperatur fällt unerbittlich. Bald steckt der ganze Planet in einer ewi-

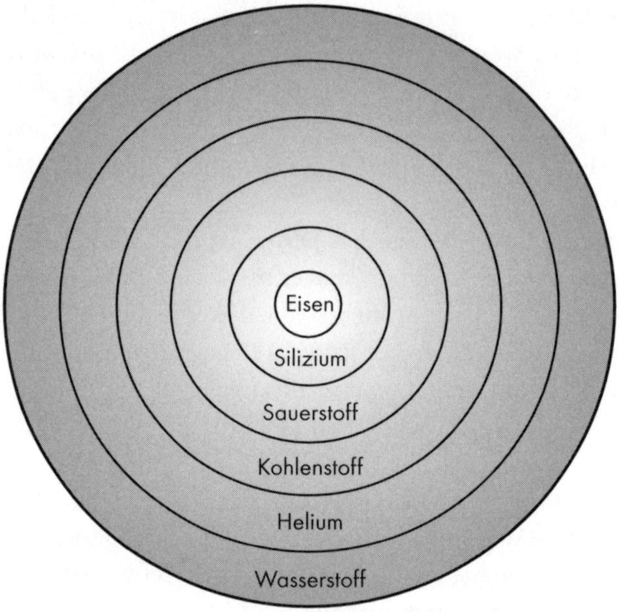

Diese Abbildung zeigt schematisch den Aufbau eines sehr weit entwickelten massereichen Sterns unmittelbar vor einem Supernova-Ausbruch. Jede »Zwiebelschale« stellt eine Schicht des Kernbrennens in der Nähe des Eisenkerns dar. Die Abbildung zeigt nur den Zentralbereich des Sterns, der Rest des Sterns besteht aus einer dicken Hülle unverbrauchten Wasserstoffs.

gen Tiefkühltruhe, die kälter ist als der antarktische Winter. Bei 77 Kelvin regnet der Stickstoff, aus dem die Atmosphäre dann fast ausschließlich besteht, auf den kalten schneebedeckten Boden, strömt in den Flußbetten zu den Meeren hin, sammelt sich in gefrorenen Inlandbecken und türmt sich schließlich meterhoch auf den gefrorenen Ozeanen. Auch der Sauerstoff aus der Atmosphäre regnet vom gefrorenen Himmel herunter und gewährt von kalten, toten Städten aus eine klare Sicht auf ferne Sterne.

Diese Veränderungen machen sich jedoch im Erdinneren wenig bemerkbar. Tief unten im Ozean bleibt das Wasser flüssig. Im mittelatlantischen Rücken etwa kann das seltsame Gewebe von Lebensformen, die in hydrothermisch ventilierten Ökosystemen gedeihen, ungestört weiterleben. Diese Gemeinschaften werden von der Wärme des vulkanischen Erdinneren gespeist und sind überhaupt nicht auf Sonnenlicht angewiesen, bemerken also den Verlust der Sonne gar nicht und leben ungestört, solange die Erde geologisch aktiv ist. Allerdings müssen sie sich stark verändern, wenn die Sauerstoffvorräte abnehmen. Die bei dem Zerfall radioaktiver Elemente – wie Uran – entstehende Wärme bewirkt geologische Aktivität, die Milliarden Jahre anhalten kann, länger als die der Sonne verbleibende Lebenszeit. Es entbehrt nicht der Ironie, daß das Leben auf der Erde länger bestehen kann, wenn unser Planet aus dem Sonnensystem verjagt wird.

Wer das Leben liebt, findet die Vorstellung, daß sich anaerobe Bakterien und vielleicht auch blutrote Röhrenwürmer um geothermische Luftlöcher sammeln, sicher erfreulicher als die, daß der gesamte Planet pasteurisiert wird. Aber der Trost, den dieses kalte – wenn auch sehr unwahrscheinliche – Ende verheißt, ist trotzdem nicht besonders befriedigend. Ein besseres Ergebnis ist zwar noch unwahrscheinlicher, aber nicht unmöglich. Statt daß die Erde in die Tiefe des Raums geschleudert wird, könnte sie auf einer lebensfreundlichen Umlaufbahn um den eindringenden roten Zwerg landen. Unter diesen günstigen Umstand könnte das Leben auf der Erde möglicherweise überleben und weitere Jahrbillionen Bestand haben.

Die Wahrscheinlichkeit eines solche Glücksfalls ist wahrlich äußerst gering, wenn ein einzelner Stern an der Erde vorbeizieht. Die Chancen wären wesentlich besser, wenn unser Sonnensystem einem Doppel- oder Dreifachstern nahekommen würde, und eine solche Begegnung ist nicht weniger wahrscheinlich als der nahe Vorbeigang eines einzelnen Sterns, weil mehr als die Hälfte aller Sternsysteme entweder Doppel- oder Dreifachsysteme sind.

Der nahe Vorbeigang dreier Sterne ist eine äußerst komplizierte Angelegenheit, deren Ausgang recht empfindlich von den Anfangsgeschwindigkeiten und der Lage der Sterne abhängt. Die Abbildung S. 80 zeigt, was geschehen kann. In dieser Simulation zieht die Erde schließlich eine elliptische Bahn um einen roten Zwerg. Die karge Chance, daß die Erde auf diese Weise gerettet wird, beträgt eins zu drei Millionen.

Das Schicksal massereicher Sterne

Wie ein Stern stirbt, hängt von seiner Masse ab. Einzelsternen, deren Masse größer als die halbe, aber kleiner als die achtfache Sonnenmasse ist, ist im wesentlichen dasselbe Schicksal bestimmt. Sie müssen am Ende ihres Lebens gewaltige Mengen an heißen Gasen – sogenannte Planetarische Nebel – ausspeien und hinterlassen weiße Zwerge, die vor allem aus Kohlenstoff und Sauerstoff bestehen. Nur bei Sternen mit mehr als acht Sonnenmassen reichen die Innentemperaturen zur Herstellung schwererer Elemente aus. Diesen massereichen Sternen steht ein aufregenderes Ende bevor.

Zur Veranschaulichung betrachten wir, was mit einem Stern von 15 Sonnenmassen passiert. Seine Lebenszeit ist sehr kurz, denn der Stern verbrennt seinen Wasserstoff schon in zehn Millionen Jahren zu Helium. Der Stern löst dann mühelos das Heliumbrennen aus, noch bevor die Elektronen in seiner

Mitte entartet sind, und kurz bevor das Helium erschöpft ist, besteht das Sterninnere im wesentlichen aus Kohlenstoff und Sauerstoff. Die Temperatur im Kern beträgt mehr als 100 Millionen Grad, und die Dichte ist mit 1000 Gramm pro Kubikzentimeter etwa 1000 Mal größer als die von Wasser. Wenn das Helium in der Mitte vollständig erschöpft ist, zieht sich der Kern unter seinem eigenen Gewicht zusammen. Die Dichte steigt auf 100 000 Gramm pro Kubikzentimeter und die Temperatur bis auf eine Milliarde Grad an.

Bei dieser Hitze steht dem Kern eines massereichen Sterns ein schwieriger Kampf gegen die Gravitation ins Haus, denn es entstehen sehr viele Neutrinos, und weil Neutrinos beim Verlassen des Sterns so wenig Gelegenheit haben, mit ihm wechselzuwirken, entführen sie Energie in den Raum, liefern aber keinen Druck, der der Schwerkraft widerstehen kann. Deshalb führt der Verlust der Neutrinos dazu, daß die von der Kernverschmelzung herrührende Energie nicht vollständig zur Verfügung steht, um den Stern vor dem gravitativen Kollaps zu schützen. Weil die Neutrinos den Stern verlassen, wird das Ende massereicher Sterne also beschleunigt.

Wenn das Zentrum eines massereichen Sterns heiß genug ist, um das Kohlenstoffbrennen auszulösen, kommen Kontraktion und Erwärmung des Kerns vorübergehend zum Stillstand. Kohlenstoffbrennen tritt dann ein, wenn sich zwei Kohlenstoffkerne zu einem angeregten Magnesiumkern verbinden. Der Magnesiumkern kann auf mehrere Weisen zerfallen und zur Herstellung von Neon, Sauerstoff, Natrium und Magnesium führen. Diese Vielfalt von Fusionsprodukten ist typisch für die komplizierten späteren Stadien des Kernbrennens.

Ein Grund dafür, daß Sterne den größten Teil ihres Lebens in der Phase des Wasserstoffbrennens verbringen, liegt darin, daß die Fusion von Wasserstoff zu Helium die Kernreaktion ist, die die meiste Energie freisetzt. Beim Verbrennen von Wasserstoff zu Helium wird pro Gramm Materie viel mehr Energie frei als beispielsweise bei der Verbrennung von Kohlenstoff zu Magnesium. Weil jeder Fusionszyklus, der zu einem schwereren Element führt, weniger Energie freisetzt als Reaktionen, die leichtere Elemente herstellen, gleichzeitig aber höhere Temperaturen und Ausgangsenergien voraussetzt, dauern die späten Phasen des Kernbrennens nicht sehr lang. Bei einem Stern mit 15 Sonnenmassen dauert das Kohlenstoffbrennen nur einige 1000 Jahre. Wenn der Kohlenstoff in der Mitte des Sterns schließlich verbraucht ist, muß sich der Kern zusammenziehen und neu erhitzen.

Wenn ein massereicher Stern seinen Kohlenstoff verbrannt hat, ähnelt er insofern einer Zwiebel, als sich in ihm Schalen mit jeweils unterschiedlicher chemischer Zusammensetzung unterscheiden lassen. Die Schalen im Kern enthalten Neon, Sauerstoff und Magnesium, während die Oberfläche aus unverbrauchtem Wasserstoff besteht. An der Unterseite jeder Schicht entzündet eine Feuerfront die nukleare Asche, die von den Kernreaktionen in der unmittelbar darüber liegenden Schicht stammen (siehe Abbildung S. 82).

In der Mitte eines massereichen Sterns wandelt ein kompliziertes System von Kernreaktionen Sauerstoff und Neon rasch in die Kerne von Silizium, Schwefel und noch größere Kerne um. Solche Reaktionen erzeugen auch schwerere Elemente, darunter viel Eisen. Wenn im Sterninneren das Eisen überwiegt, ergibt sich ein weiteres Problem, weil die Verschmelzung von Eisen zu schwereren Elementen – beispielsweise Silber oder Gold – keine Energie freisetzt, sondern sie vielmehr absorbiert. Ein Stern mit einem Eisenkern ist nicht mehr in der Lage, durch Kernfusion Energie zu gewinnen. Bei einer Dichte von etwa 10 Milliarden Gramm pro Kubikzentimeter und einer Temperatur von mehr als einer Milliarde Grad kann der zum Sterben verurteilte Eisenkern sich nicht mehr gegen die Schwerkraft wehren und muß zusammenfallen.

Der Kollaps spielt sich sehr rasch ab. Zunächst werden die innersten Bereiche in einer einzigen Sekunde auf die ungeheure Dichte von fast 10^{14} Gramm pro Kubikzentimeter zusammengepreßt. Wenn die Erde so dicht wäre, hätte sie einen Durchmesser von etwa 500 Metern! Gleich zu Beginn steigt die Temperatur so stark an, daß Wärmestrahlung den Eisenkern zerstört. Die mühsam gewonnenen Eisenkerne werden zunächst in Heliumkerne aufgebrochen und dann in Protonen und Neutronen. Diese sogenannte Photodissoziation entzieht dem Kern seine thermische Energie, die sonst den Kollaps hätte verhindern können. Die Energie der thermischen Photonen reicht aus, Elektron-Positron-Paare zu erzeugen. Da das Positron der antimaterielle Partner des Elektrons ist, vernichten sich diese Paare gewöhnlich, was zu mehr Photonen führt, aber gelegentlich erzeugen sie auch Neutrino-Antineutrino-Paare, die nach außen fliegen und dem Kern noch mehr Energie entziehen.

Wenn die Dichte des Kerns 10^{14} Gramm pro Kubikzentimeter erreicht hat, verbinden sich Elektronen und Protonen zu Neutronen und Neutrinos. Diese dicke Neutronensuppe ist ein einziger riesiger Kern. Wenn der Kollaps weitergeht, erreicht der gigantische Neutronenball einen Zustand höchster Dichte, bei dem er zurückprallt. Das löst eine außerordentlich starke Schockwelle aus, die durch den umgebenden Stern nach außen läuft.

Der Kollaps des Eisenkerns eines massereichen Sterns wird zusammen mit dem darauf bei Kerndichte folgenden Abprallen und der Schockwelle als Supernova bezeichnet. In manchen Fällen ist die Schockwelle stark genug, um die äußeren Schichten des Sterns vollständig zu zerreißen. Bei diesem Schock bilden sich schwere Elemente – darunter Gold, Blei und Uran –, und die früher erzeugten Elemente werden in das interstellare Medium hinausgeschleudert.

Bei einer Supernova-Explosion kann der dichte, aus Neutronen bestehende Kern als Neutronenstern übrigbleiben. Wenn seine Masse größer ist als einige Sonnenmassen, kann er auch zu einem Schwarzen Loch werden, was für den unablässigen Kampf der Schwerkraft gegen die Thermodynamik und die Entropie-Erzeugung einen klaren Sieg der Schwerkraft bedeutet. Drittens kann ein hinreichend massereicher Stern bei der Explosion soviel Sternmaterie abstoßen, daß keinerlei Sternrest übrigbleibt. In diesem Fall gewinnt die Entropie.

Supernovae sind die aufregendsten Phänomene der Sternentwicklung. Einen kurzen Augenblick lang, beim Kollaps des Eisenkerns, sind die Temperaturen und Dichten im Sterninneren so unvorstellbar hoch wie in den ersten Augenblicken des primordialen Universums. Ähnlich spektakulär ist die Energiemenge, die bei einer Supernova frei wird. Eine einzige Sekunde lang kann sie es mit der Energiemenge aufnehmen, die von allen Sternen im sichtbaren Universum abgegeben wird. Noch Tage nach dem Ausbruch einer Supernova leuchtet der Rest der Explosion so hell wie die ganze Galaxie, in der der Stern beheimatet war.

Das Schicksal massearmer Sterne

Im Jahr 1916 gab ein Astronom am Union-Observatorium im südafrikanischen Johannesburg die Entdeckung eines schwachen Sterns im Sternbild Centaurus bekannt. Dieser sonst wenig bemerkenswerte, mit dem bloßen Auge gar nicht wahrnehmbare Stern hatte Aufmerksamkeit erregt, weil er seine Position relativ zu anderen Sternen in demselben Teil des Himmels langsam veränderte, und deshalb lag es nahe, in diesem Stern einen Nachbarn der Sonne zu vermuten. Der Verdacht wurde 1917 bestätigt, als sich seine Entfernung zur Sonne als nur 4,3 Lichtjahre erwies. Damit ist dieser Stern sonnennäher als jeder andere uns bekannte Stern. Wegen seiner trotz der Nähe geringen Helligkeit galt er damals als der Stern mit der geringsten Leuchtkraft. Mittlerweile wissen wir, daß Proxima Centauri, wie er später genannt wurde, nur einer von Milliarden roter Zwerge in unserer Galaxis ist.

Rote Zwerge sind der bei weitem häufigste Sterntyp. Sie unterscheiden sich in mancher Weise von der Sonne. Die Masse von Proxima beträgt etwa 15 Prozent der Sonnenmasse, die mittlere Dichte ist ein Mehrfaches der Dichte von Blei, und die Leuchtkraft ist etwa 400 Mal geringer als die der Sonne. Auch dieser eher bescheidene Energieausstoß kann dem dichten Sterninneren nur mit Mühe entkommen. Das Innere von Proxima ist so undurchlässig, daß nicht die gesamte durch Kernverschmelzung erzeugte Energie durch Strahlung nach außen gelangen kann. Die eher geringe Leuchtkraft von Proxima wird im wesentlichen durch Konvektionsströmung erzeugt, einen Vorgang, bei dem die Energie durch Wirbelbewegungen sozusagen mechanisch von der Mitte an die Oberfläche befördert wird. Derselbe Vorgang läßt sich an einem Topf mit Wasser beobachten, das auf einem Herd erhitzt wird. Heißes Wasser wallt in der Mitte des Topfes auf, gibt einen Teil der Wärme ab und sinkt dann wieder nach unten. Diese rollende Umwälzung des Wassers hat große Ähnlichkeit mit dem Energietransport durch Konvektionsströme in massearmen Sternen.

Unter der Oberfläche von Proxima hat fast der ganze Stern an der Konvektion Anteil, und deshalb wird die Materie des Sterns fortwährend verquirlt. Ein beim Kernbrennen im Inneren entstandener Heliumkern etwa gelangt relativ bald an die Oberfläche, hat also eine viel größere Bewegungsfreiheit als in der Sonne, deren Kern seine Energie durch Strahlung abgibt und nicht durch Konvektion. Helium, das im Sonneninneren entsteht, kann sich nie sehr weit von seinem Ursprung entfernen. So sammelt sich im Sonneninneren allmählich immer mehr Helium an, während sich die Zusammensetzung der äußeren Bereiche wenig verändert. Ein massearmer Stern wie Proxima behält aufgrund der Konvektionsströmungen immer Zugang zu seinem gesamten anfänglichen Wasserstoffbrennstoff. Wegen dieser vollständigen Konvektion, die gekoppelt ist mit einer geringen Leistung, sind rote Zwerge auch dann noch fast unverändert, wenn Sterne mit höheren Massen schon lange zu weißen Zwergen geworden sind oder sich selbst in Supernova-Ausbrüchen zerstört haben.

Weil rote Zwerge über nahezu ihren gesamten Wasserstoffvorrat verfügen können, leben sie außerordentlich lange. Die kleinsten Sterne mit nur einem Zehntel Sonnenmasse sind 1000 Mal schwächer als die Sonne. Die nukleare Leuchtkraft eines Sterns ist letztlich ein Ergebnis der Umwandlung eines Teils der Sternenmasse in Energie, wie sie aus Einsteins berühmter Formel $E = mc^2$ folgt. Jeder Heliumkern hat etwas weniger Masse als die vier Wasserstoffkerne, aus denen er gebildet wurde. Das genaue Massendefizit beträgt sieben Zehntel von einem Prozent, denn vier Wasserstoffatome wiegen 1,007 Mal so viel wie ein Heliumkern. Wenn ein Gramm Wasserstoff in einer Sekunde zu Helium verbrennt, werden 630 Milliarden Watt Leistung frei, genug, um ein Auto mit 300 PS einen Monat lang fahren zu lassen. Der Wasserstoffvorrat eines neugeborenen roten Zwergs mit einem Zehntel Sonnenmasse reicht aus, ihn vierzehn Billionen Jahre scheinen zu lassen, etwa 1000 Mal länger als das Universum alt ist. Wenn der Stern Energie erzeugt, verliert er entsprechend Masse. Bei einem roten Zwerg entspricht dieser Massenverlust der Ladung eines vollbesetzten Güterzugs, der ihm mit einer Geschwindigkeit von 150 Stundenkilometern unablässig Materie entführt.

Beim jetzigen Alter des Universums hatten rote Zwerge noch nicht genug Zeit, um über die ersten Phasen hinaus zu gelangen, in denen sie nur Wasserstoff verbrennen, und deshalb hat man zwar ihre Lebensdauer abgeschätzt, aber wenig nach der Art ihres Ablebens gefragt, obwohl das Schicksal der Galaxis sozusagen in den Händen der roten Zwerge liegt. Die roten Zwerge nämlich werden auch dann noch leuchten, wenn die massereicheren Sterne ihren Kernbrennstoff längst verschleudert haben und jung gestorben sind. Diese Winzlinge schrumpfen zwar langsam und werden allmählich heller, aber sie ziehen auch dann noch Billionen Jahre lang ihre Bahn durch den Raum und sind immer noch voller Konvektionsströmungen. Die roten Zwerge sind also wichtig für die langfristige Entwicklung der Galaxis.

Jetzt betrachten wir die langfristige Entwicklung der masseärmsten Sterne, jener mit nur acht Prozent der Sonnenmasse. Wenn der Stern seinen anfänglichen Vorrat an Wasserstoff allmählich erschöpft, erhitzt er sich und kontrahiert. Dabei nimmt die Leuchtkraft des Sterns um einen Faktor 10 zu, und die Oberflächentemperatur verdoppelt sich. Nach elf Billionen Jahren, wenn der Stern 90 Prozent seines anfänglichen Wasserstoffvorrats verbrannt hat, hört die Konvektion im Inneren endlich auf. Dann beschleunigt sich die Sternentwicklung. Der Stern verbrennt jetzt den in seinem Kern gespeicherten restlichen Wasserstoff rascher. Obwohl sich dann ein ausgebrannter Heliumkern ausbildet und das Kernbrennen in der umgebenden Schale weitergeht, genügt seine Leuchtkraft nicht den Ansprüchen, die an einen roten Riesen gestellt werden, und deshalb wird er heißer und kleiner und schließlich zu einem blauen Zwerg. Nachdem etwa 98 Prozent des anfänglichen Wasserstoffs verbrannt sind, hört das Kernbrennen auf, und der Stern kühlt sich ab, bis er ein fast rein weißer Zwerg ist, der nahezu ganz aus Helium besteht. Ein ähnliches Schicksal ereilt auch Sterne mit Massen von weniger als 20 Prozent der Sonnenmasse.

Ein etwas größerer Stern mit etwa einem Viertel Sonnenmasse verliert seinen konvektiven Kern früher. Dann sind die Bedingungen im Sterninneren so, daß der Stern kurzfristig eine geringere Oberflächentemperatur hat, während die Leuchtkraft zunimmt und der Stern zu einem roten Riesen wird. Ein Stern kann nur dann zu einem roten Riesen werden, wenn er mindestens ein Viertel Sonnenmasse hat.

Während die massereicheren Sterne sterben, ohne ersetzt zu werden, erzeugen die ungeheuer vielen alternden roten Zwerge einen immer größeren Bruchteil der gesamten Strahlung der Galaxis. Die langsame, aber stetige Zunahme ihrer Leuchtkraft läßt die Galaxis mit dem Licht von Milliarden Sonnen Billionen Jahre lang leuchten. Wenn beispielsweise ein Stern mit zwei Zehntel Sonnenmasse eine Billion Jahre alt ist, hat er dieselbe Leuchtkraft und

Oberflächentemperatur wie unsere Sonne. Falls dieser ausgewachsene Stern irgendwie mit unserer Sonne den Platz im Zentrum des Sonnensystems tauschen könnte, würden die Erde und die anderen Planeten plötzlich auf ungebundenen hyperbolischen Bahnen laufen, weil die kleinere Masse der neuen »Sonne« ihn weniger festhält, aber der kleine Stern mit zwei Zehntel Sonnenmasse hätte doch dieselbe Helligkeit und Farbe wie die Sonne.

Viele massearme Sterne machen eine längere Zeitperiode durch, in der sie schrumpfen und größer werden, ihre Gesamtleuchtkraft bleibt jedoch etwa konstant. Bei einem Stern mit 16 Hundertstel Sonnenmasse tritt diese Phase ein, nachdem der Kern zu reinem Helium verbrannt wurde und sich eine wasserstoffbrennende Front ihren Weg an die Oberfläche bahnt. In dieser Zeit leuchtet der Stern mehr als fünf Milliarden Jahre lang relativ konstant etwa ein Drittel so hell wie die heutige Sonne. Diese warme Phase stetiger Leuchtkraft reicht auf geeignet plazierten Planeten zur Entwicklung von Leben aus. Jedenfalls hier auf der Erde konnten sich in weniger als vier Milliarden Jahren primitive Einzeller zu Menschen entwickeln. In diesem Zeitraum erreicht der Stern seine maximale Helligkeit. Vor dieser späten Periode fruchtbarer Wärme hätten alle etwaige Planeten Billionen Jahre im Kühlhaus schmachten müssen, während der Stern seine Entwicklung mit Hilfe des mühsamen Energieaustauschs durch Konvektionsströme vorantreibt.

Wenn eine Galaxie älter wird und eine Sterngeneration der anderen folgt, nimmt die Konzentration der schweren Elemente im interstellaren Medium stetig zu. Deshalb werden die Sterne in ferner Zukunft mehr schwere Elemente enthalten als heutige Sterne, was bedeutet, daß weniger Wasserstoff zur Verfügung steht. Wenn die Verunreinigung mit schweren Elementen ein Mehrfaches des heutigen Wertes für die Sonne beträgt, verbrennt der Wasserstoff im Inneren von stellaren Objekten mit nur vier Prozent der Sonnenmasse, während in ihren Atmosphären dicke Eiswolken kondensieren. Bei diesen bizarren gefrorenen Sternen können die Temperaturen in der Nähe des Gefrierpunkts von Wasser, also bei 0 Grad Celsius oder 273 Kelvin, liegen, weit unter der Temperatur der kleinsten und kältesten heutigen Sterne. Da diese frugalen Himmelskörper ihren Wasserstoffvorrat allmählich aufbrauchen und dabei eine Million Mal weniger Leistung abgeben als die Sonne, können sie auch eine Million Mal länger leben.

Die Suche nach ausserirdischem Leben

Es ist wenig wahrscheinlich, daß der Planet eines relativ massereichen Sterns – wie etwa von Deneb im Sternbild Schwan, der zehnmal soviel Masse hat wie die Sonne –, eine außerirdische Zivilisation beherbergt. Ein Stern wie Deneb lebt nur zehn Millionen Jahre, bevor er sich in einem Supernova-Ausbruch selbst zerstört. Falls ihn ein erdähnlicher Planet umläuft, bleibt dessen Oberfläche geschmolzen oder jedenfalls kaum fest, weil er immer der starken ionisierenden Strahlung des glühenden Sterns ausgesetzt ist. Dieser prospektive Planet gehört zu einem noch in Bildung befindlichen extrasolaren System. Außerdem wird der Planet mit Planetesimalen, Meteoriten und Kometen beschossen, die seine Masse vermehren und sein Klima fortwährend verändern. In einem solchen System hat die Zeit noch nicht zur Entwicklung von komplexem Leben und schon gar nicht von intelligenten Zivilisationen gereicht.

Wir haben zwei Hinweise darauf, daß die Entwicklung einer fortgeschrittenen Zivilisation viel Zeit erfordert. Erstens gibt es die Erde schon seit 4,6 Milliarden Jahren, aber fast die gesamte Zeitspanne ist schon vor dem Beginn der Evolution des Menschen vergangen. Die erste technologische Zivilisation auf dem Planeten existiert sogar erst seit wenigen 100 Jahren. In dem einzigen uns bekannten Beispiel erforderte die Evolution der Intelligenz also einige Milliarden Jahre. Zweitens wissen wir nichts darüber, ob es andere Zivilisationen gibt. Noch hatten wir keinen Kontakt mit Außerirdischen. Wenn sich technologische Zivilisationen in kurzen Zeiträumen entwickeln könnten, würden wir erwarten, daß ein relativ naher Stern erkennbare Signale sendet. Das eisige Schweigen aber spricht dafür, daß die technologische Entwicklung sehr viel Zeit braucht.

Welche Entwicklungen führen zu einer Zivilisation, und wieviel Zeit ist für jeden Fortschritt anzusetzen? Damit der Vorgang beginnt, muß es primitives Leben geben. Damit meinen wir die einfachsten Strukturen, die zu Fortpflanzung und natürlicher Auslese fähig sind. Nach dieser Definition wäre also schon ein Virus eine Art primitiver irdischer Lebensform. Interessanterweise sind Viren anscheinend jünger als die ersten Zellen. Jedenfalls gibt es auf der Erde seit sehr langer Zeit primitives Leben. Das älteste bekannte Sedimentgestein, das Fossilien enthält, zeigt, daß es schon vor fast vier Milliarden Jahren in der Nähe der Küste Südafrikas Leben gab. Die Entstehung primitiven Lebens auf der Erde erforderte also höchstens einige 100 Millionen Jahre, eine erschreckend kurze Zeitspanne und nur ein kleiner Prozentsatz des heutigen Alters der Erde.

Wenn alle Sterne mehr als drei Sonnenmassen hätten, würden sie nur etwa eine halbe Milliarde Jahre lang leben, und das Leben würde selten weit über ein primitives Einzellerstadium hinauskommen. Mit aller Wahrscheinlichkeit würde eine Galaxie voller Sterne mit drei Sonnenmassen niemals den zweiten wichtigen Meilenstein auf dem Weg zu einer technologischen Zivilisation erreichen, nämlich die Entwicklung höchst komplexer eukaryotischer Zellen.

Der nächste Schritt erfordert die Entstehung von Komplexität. Das Leben auf der Erde brauchte über drei Milliarden Jahre, um die fantastisch komplizierte molekulare Maschinerie zu entwickeln, die in heutigen eukaryotischen Zellen, auch denen des menschlichen Körpers, am Werk ist. Während des größten Teils der geologischen Zeit verharrte das Leben überwiegend im Einzellerstadium, während es im molekularen Bereich allmählich komplizierter wurde. Eine einzellige Amöbe beispielsweise ist viel raffinierter als ein einzelliges E-coli-Bakterium.

Wenn die kleinsten Sterne in der Galaxis 25 Prozent schwerer wären als die Sonne, könnten Sterne höchstens drei Milliarden Jahre lang existieren. In diesem Fall könnten nur sehr wenige Planeten Lebensformen entwickeln, die über das Stadium komplexer Einzeller hinausgehen. Nehmen wir beispielsweise an, ein Doppelgänger der Erde gehörte zu dem nahen Stern Prokyon, der eine Masse von 1,4 Sonnenmassen hat. Falls dieser hypothetische Planet die Rote-Riesen-Stadien des weißen Zwergs überlebt hätte, der Prokyon begleitet, könnte in seinen fernen Meeren Leben entstanden sein. Eben jetzt, während wir über diese Frage nachdenken, könnte sich eine komplizierte molekulare Maschinerie entwickeln, ähnlich wie vor zwei Milliarden Jahren auf der Erde. Leider muß diese wunderbare Evolution aber vorzeitig aufhören, denn die Tage des Prokyon als normaler wasserstoffbrennender Stern sind gezählt. Der Stern wird in nur wenigen 100 Millionen Jahren zu einem roten Riesen anschwellen, und damit ist jeder zur Zeit bewohnbare Planet in seinem Sonnensystem später zur Unfruchtbarkeit verdammt.

Das dritte wichtige Ereignis, das auf der Erde zur Entwicklung intelligenter Wesen führte, war die Entstehung von Vielzellern. Große Lebensformen, bei denen Zellen mit spezialisierten Funktionen koordiniert sind, tauchten erstmals vor etwa 800 Millionen Jahren auf, als die Erde fast 3,8 Milliarden Jahre alt war. Die Ediacara-Fauna, benannt nach den australischen Hügeln, in denen die bekanntesten Fossilien aus dieser Zeit gefunden wurden, ist anscheinend mit heutigen Lebewesen nur entfernt verwandt. Diese Ediacara, Organismen, die oft an Kissen oder Luftmatratzen erinnern, schwebten anscheinend auf dem Meer oder auch in größeren Tiefen und führten das seßhafte Leben von Filtrierern. Die Ediacara-Fauna könnte eine alternative und letztlich erfolglose evolutionäre Lösung für das Problem der Koordination von sehr vielen Zellen in einem einzigen Organismus darstellen. Diese Exotika wurden von den ersten räuberischen wurmähnlichen Vorfahren der heutigen Tierstämme dezimiert.

Komplizierte Tiere führen ihre Ahnentafel ganz offensichtlich bis auf die kambrische Explosion vor 540 Millionen Jahren zurück. In einer Spanne von nur 10 bis 20 Millionen Jahren führte eine Explosion der Artenbildung zu den ersten bekannten Spezimen fast aller Tierstämme, die es jetzt auf unserem Planeten gibt. Welche Kombination von Ereignissen die kambrische Explosion bewirkte, bleibt ein Geheimnis, und viele wichtige Fragen sind noch unbeantwortet. Insbesondere müssen wir wissen, ob wirklich vier Milliarden Jahre nötig sind, bis vorwiegend einzellige Organismen einen Punkt erreichen, an dem die Auffächerung in komplexe Formen erforderlich wird. War so viel Zeit nötig oder stellt die kambrische Explosion lediglich das Ergebnis einer zufälligen Reihe von auslösenden Ereignissen dar, die auch viel früher in der Erdgeschichte hätte passieren können?

Im Verhältnis zum Erdalter, also 4,6 Milliarden Jahren, verlief die Evolution von der kambrischen Explosion bis zum Auftreten unserer technologischen Gesellschaft recht rasch. War das blinder Zufall, oder war die Etablierung von Intelligenz praktisch gesichert, sowie es komplexe Vielzeller gab? Wir wissen es nicht. Aber die Antwort ist wichtig, besonders, wenn wir weiter nach Leben außerhalb des Sonnensystems suchen. Die meisten Überlegungen zur außerirdischen Intelligenz beginnen mit einer Abschätzung der Anzahl intelligenter Zivilisationen, die jetzt in der Galaxis leben. Abschätzungen dieser Art versuchen viele Aspekte der Astronomie, Biologie und Anthropologie zu verknüpfen.

Um die Anzahl der Sterne in der Galaxis abzuschätzen, auf denen Leben möglich ist, können wir uns am Beispiel der Erde orientieren und fordern, daß die Sterne mindestens 4,5 Milliarden Jahre alt sein müssen, damit es auf ihnen intelligente Geschöpfe geben kann. Wenn diese Sterne so lang leben sollen, müssen sie relativ klein sein. Nach vorsichtigen Schätzungen hat der größte Stern, der so lange leben kann, 1,15 Sonnenmassen. Außerdem dürfen die Sterne keine Begleiter haben, die bewohnbare Bahnen stören könnten. Diese Forderungen bedeuten keine besonders starken Einschränkungen. Unsere Galaxis beherbergt etwa zehn Milliarden geeigneter Sterne, und das Universum enthält in seinem jetzigen Horizontvolumen nahezu zehn Milliarden Billionen (10^{22}) Sterne.

Weiter müssen wir den Bruchteil geeigneter Sterne bestimmen, die tatsächlich ein Planetensystem haben. Bis vor wenigen Jahren war dieser Bruchteil fast völlig unbekannt, obwohl er allgemein für groß gehalten wurde. In den letzten Jahren aber wurden eine Reihe von Planetensystemen außerhalb unseres Sonnensystems entdeckt. Die große Geschwindigkeit, mit der diese Entdeckungen gemacht wurden, spricht dafür, daß Planetensysteme sich ganz natürlich immer dort bilden, wo Sterne entstehen. Wenn mehr extrasolare Planeten entdeckt werden, könnte sich herausstellen, daß praktisch jeder Stern Planeten hat.

Nur bei einem Bruchteil geeigneter Sterne mit Planetensystemen jedoch gibt es einen erdähnlichen Körper auf einer Umlaufbahn, die Leben ermöglicht. Die Ungewißheit ist hier zwar groß, aber unsere heutigen Theorien der Planetenbildung lassen vermuten, daß es sehr viele erdähnliche Planeten gibt. Ihre Bildung bereitet offenbar keine besonderen Probleme. Unser eigenes Sonnensystem hat vier terrestrische Planeten, und in Bahnen um Neutronensterne wurden ähnliche entdeckt. Jeder der großen Planeten in unserem Sonnensystem – Jupiter, Saturn, Uranus und Neptun – gehört ein Gefolge steiniger Monde, die vermutlich ähnlich entstanden sind wie die terrestrischen Planeten. Wenn man bedenkt, wie leicht sich kleine, steinige Planeten bilden, folgt aus einfachen statistischen Überlegungen, daß ein ansehnlicher Bruchteil von ihnen bewohnbare Umlaufbahnen haben muß. Bei einer vorsichtigen Abschätzung der Radien dieser Bahnen kommen wir zu dem Ergebnis, daß ein Prozent der geeigneten Sterne mit Planetensystemen erdähnliche Planeten haben, die auf bewohnbaren Bahnen umlaufen.

Die Abschätzungen des Bruchteils erdähnlicher Planeten, auf denen sich Leben entwickeln kann, sind sehr unterschiedlich. Sir Fred Hoyle, ein Astronom, der zu diesem Thema eine entschiedene Meinung vertritt, hat behauptet, die Chancen stünden so schlecht wie eins zu $10^{40\,000}$. Andererseits haben optimistischere Experten kühn eins zu eins gewettet. Angesichts solch weitgefächerter Spekulationen brauchen wir unbedingt Daten. Die aufregendsten Hinweise, die für diese Frage Bedeutung haben könnten, ergeben sich aus der neueren Analyse eines Meteoriten, der möglicherweise Spuren primitiven Lebens auf dem Mars enthüllen wird. Dieser Felsbrocken war durch einen Meteoriten vom roten Planeten losgelöst worden und nach einem jahrelangen Flug durch den interplanetarischen Raum schließlich auf die Erde gefallen. Es besteht keine Übereinstimmung darüber, ob der Meteorit wirklich Auskunft über Leben auf dem Mars gibt, denn für jeden Hinweis auf Leben auf dem Mars in dem Meteoriten läßt sich auch eine nichtbiologische Erklärung finden. Außerdem könnte Leben in unserem Sonnensystem nur einmal entstanden sein, entweder auf dem Mars oder auf der Erde, und sich dann über den gesamten möglicherweise bewohnbaren Bereich in unserer Nachbarschaft ausgebreitet haben. Es wäre auch möglich, daß Leben, wie Hoyle meint, außerhalb des Sonnensystems entstanden ist. In diesem als Panspermia bekannten Szenario gelangte das Leben durch einen Kometen oder Asteroiden auf die Erde.

Wir haben gute Aussichten, noch zu unseren Lebzeiten Fortschritte bei der Beantwortung dieser wichtigen Frage zu machen. Falls zukünftige Marsmissionen zeigen, daß es auf seiner jetzt leblosen Oberfläche früher einmal Leben gegeben hat, können wir herausfinden, ob die Biologie auf dem Mars einen ähnlichen Ursprung hat wie das Leben auf der Erde. Es wäre auch interessant, eine Sonde unter die eisige Kruste des Jupitermonds Europa und in das darunterliegende flüssige Meer spähen zu lassen. Nach Meinung heutiger Wissenschaftler wird dieses Wasser durch die Gezeitenwirkung erwärmt und beherbergt möglicherweise Lebewesen. Wenn wir Spuren von Leben finden, das sich auf dem Mars oder Europa unabhängig entwickelt hat, könnten wir schließen, daß sich mit einiger Wahrscheinlichkeit auf jedem bewohnbaren Planeten Leben entwickelt. Wenn sich diese unirdischen Welten dagegen als unfruchtbar erweisen, wird diese Frage vermutlich noch lange unentschieden bleiben.

Wir müssen unterscheiden zwischen erdähnlichen Planeten, auf denen sich nur primitives Leben entwickelt, und solchen, auf denen intelligentes Leben entsteht, das zu interstellarer Kommunikation in der Lage ist. Wohl nur auf einem Bruchteil der Planeten, auf denen Leben möglich ist, entwickeln sich auch intelligente Wesen, und es kommt wohl nur bei einem Bruchteil dieser intelligenten Wesen zur Entwicklung interstellarer Kommunikation. Weil der Übergang von Einzellern zu Vielzellern viel Zeit braucht, steckt der Engpaß vermutlich in diesem frühen Stadium. Andererseits weist nichts daraufhin, daß ein stetiger Fortschritt in der Komplexität von Einzellern nicht unweigerlich zu Vielzellern führt. So könnte die Ediacara-Fauna sehr wohl vielzellige Vorläufer darstellen, während sich die heutigen Pflanzen, Tiere und Pilze unabhängig davon aus einzelligen Vorfahren entwickelten. Insgesamt sprechen diese Funde relativ deutlich für die Hypothese der Unvermeidlichkeit von Leben.

Der letzte wichtige Faktor ist die Lebenszeit einer höheren extraterrestrischen Zivilisation im Vergleich mit der Lebenszeit der zugehörigen Sonne. Für unseren Planeten Erde ist diese Mindestzeit sehr klein. Der Planet ist zwar schon 4,6 Milliarden Jahre alt, aber unsere Zivilisation sendet erst seit etwa einem Jahrhundert Radiosignale in den Raum. Diese interstellare Kommunikation kann jedoch im Prinzip bis in die ferne Zukunft des Planeten weitergehen. Im optimistischsten Bild kann die Erde Radiosignale senden, bis die Sonne ein roter Riese ist und unsere Welt pasteurisiert. In diesem Fall wäre die Erde ihr halbes Leben lang ein Leuchtfeuer der interstellaren Kommunikation.

Was läßt sich in Anbetracht der vielen Ungewißheiten aussagen? Die astronomischen Komponenten werden rasch besser bekannt. Wir können vertrauensvoll schätzen, daß die Galaxis etwa eine Milliarde bewohnbarer Planeten enthält. Eine Meinung darüber, welcher Bruchteil dieser vermuteten Planeten intelligentes Leben enthält, das zu interstellarer Kommunikation fähig ist, hat jedoch weit mehr Ähnlichkeit mit einer wilden Vermutung als mit einer begründeten Überzeugung. Eine der größten Ungewißheiten betrifft den Bruchteil bewohnbarer Planeten, auf denen sich tatsächlich irgendeine Form von Leben entwickelt. Die Geschichte des Lebens auf der Erde läßt vermuten, daß die Entwicklung von Komplexität, Intelligenz und selbst einer Technologie dann einigermaßen wahrscheinlich ist, wenn erst einmal Leben entstanden ist. Auf die

Gefahr hin, im Nachhinein hoffnungslos naiv zu klingen, behaupten wir, daß auf einem von 10 000 bewohnbaren Planeten Leben entsteht. Wenn wir die anderen Faktoren berücksichtigen und ohne besonders guten Grund annehmen, daß Zivilisationen mit technologischen Fähigkeiten sich nicht ohne weiteres selbst zerstören, schätzen wir die Gesamtzahl der Zivilisationen in der Galaxis auf etwa 1000. Wenn diese Zivilisationen willkürlich über die galaktische Scheibe verteilt sind, beträgt der Abstand zwischen zwei benachbarten Zivilisationen etwa 3000 Lichtjahre.

Obwohl diese optimistische Schätzung nahelegt, daß die Galaxis eine beträchtliche Zahl an intelligenten Gesellschaften enthalten könnte, sind unsere Aussichten, bald mit ihnen Kontakt aufzunehmen, ziemlich gering. Die von den enormen Entfernungen zwischen Sternen bedingte Isolation ist groß und folgenreich. Nehmen wir an, daß die nächste intelligente Zivilisation 3000 Lichtjahre entfernt ist. Unsere heutige Zählung naher Sterne ist erst bis in eine Entfernung von nur fünfzehn Lichtjahren vollständig; die Astronomen finden fortwährend neue – zuvor unentdeckte – überraschend nahe rote Zwerge in Entfernungen von fünfzehn bis dreißig Lichtjahren. Innerhalb von 3000 Lichtjahren, der typischen Entfernung zu einer fremden Zivilisation, warten noch Millionen Sterne auf ihre Entdeckung. Eine nahe außerirdische Zivilisation könnte für ihre Nachrichtensendungen so viel Energie verbrauchen wie ein ganzer Stern und doch vollständig unentdeckt bleiben. Natürlich nimmt der Energiebedarf für interstellare Kommunikation wesentlich ab, wenn die fragliche Zivilisation ein gerichtetes Signal verwendet, also eines, das in eine bestimmte Richtung strahlt. Diese Strategie hat jedoch den Nachteil, daß sie nur einen kleinen Bruchteil des Himmels erfaßt. Die Chancen stehen also schlecht. Es könnte in unserer Galaxis möglicherweise 1000 Zivilisationen geben, aber um Kontakt mit ihnen aufzunehmen, brauchen wir viel Glück.

Die Kolonisierung der Galaxis

In Anbetracht der Tatsache, daß Leben, ob intelligent oder nicht, in anderen Sonnensystemen möglich ist, können wir über die mögliche Besiedelung der Galaxis nachdenken. Dabei können wir unterscheiden zwischen natürlichen Prozessen und solchen, die von intelligenten Wesen in die Wege geleitet werden.

Auch wenn keine intelligente Instanz eingreift, kann sich Leben durch natürliche Vorgänge ausbreiten. Seine Ausbreitung könnte durch das Zusammentreffen eines Meteors oder Asteroiden mit einem Planeten bewirkt werden, auf dem es Leben gibt. Wenn diese Himmelskörper wieder in den Raum fliegen, tragen sie den Keim des Lebens zu einem anderen Planeten in einem neuen

Sonnensystem. Die Flugrichtungen der Meteore werden vom Zufall bestimmt, sie fliegen also in jede beliebige Richtung. Das Leben breitet sich dann nicht auf dem kürzesten Weg aus, der geraden Linie von einem Punkt zum nächsten, sondern zufällig, und entfernt sich schließlich von seinem Ursprungsplaneten. Dieser Vorgang, ein sogenannter Zufallspfad, ist eine ziemlich ineffektive Form des Reisens.

Um die Zeit abzuschätzen, die nötig ist, um die Galaxis auf diese zufällige Weise zu durchqueren, nehmen wir an, die Galaxis habe 30 000 Lichtjahre Durchmesser, und die Schrittlänge eines Meteors, der Leben übertragen kann, betrage wenige Lichtjahre, die typische Entfernung zwischen zwei Sternen. Die Meteore oder Kometen, die den Keim des Lebens durch die interstellare Leere tragen, legen in der Sekunde etwa 30 Kilometer zurück, die mittlere Zufallsgeschwindigkeit von Sternen in der galaktischen Scheibe – diese Geschwindigkeit überlagert den geordneten Strom der Sterne um das galaktische Zentrum. Unter diesen Bedingungen beträgt die Zeit, die für die zufällige Verbreitung des Lebens über die Galaxis nötig ist, also nahezu drei Milliarden Jahre, etwa 300 Mal so lange wie das heutige Alter des Universums. Es ist damit sehr unwahrscheinlich, daß das Leben sich auf diese Weise durch die Galaxis verbreitet hat. Die zur spontanen Entwicklung von Leben nötige Zeit ist vergleichsweise kurz; auf der Erde beträgt sie nur etwa vier Milliarden Jahre. In Anbetracht der relativen Jugend des Universums und der Galaxis scheint die spontane Entstehung von Leben viel wahrscheinlicher als seine Ausbreitung aufgrund von Zufallsprozessen.

Die Ausbreitung des Lebens durch die Galaxis könnte auch gelenkt werden. Nehmen wir an, daß Zivilisationen eine Transportgeschwindigkeit erreichen können, die mit der der oben erwähnten Meteoren vergleichbar ist, also etwa 30 Kilometer pro Sekunde beträgt. Die Reisezeit zwischen Sternen beträgt dann etwa 30 000 Jahre. Weil dieses Zeitintervall jedenfalls für Menschen viele Generationen umfaßt, ist zu vermuten, daß besonders die für den Transport nötige Zeit problematisch ist. Eine ehrgeizige Zivilisation kann sich mit stetiger Geschwindigkeit ausbreiten. Die Zeit, die in diesem Szenario zur Besiedelung der Galaxis nötig ist, ist dann näherungsweise gleich der Zeit, die zu ihrer Durchquerung nötig ist, also etwa 300 Millionen Jahre. Die zur Kolonisierung der Galaxie nötige Zeit ist nach dieser Schätzung erheblich kürzer als die Zeitspanne von vier Milliarden Jahren, die im Fall der Erde zur Entwicklung intelligenten Lebens nötig war.

Wenn wir von den in diese Schätzungen eingebauten Ungewißheiten absehen, können wir die Situation bezüglich der Kolonisierung der Galaxis so zusammenfassen: Eine fähige und zielstrebige Zivilisation kann die Galaxis im

Prinzip in etwa einer Milliarde Jahren kolonisieren. Wenn die Ausbreitung des Lebens dem Zufall überlassen bleibt, dauert es wahrscheinlich Billionen Jahre, bis sich das Leben über die Galaxis ausgebreitet hat. Im Vergleich damit braucht die Evolution der Intelligenz etwa vier Milliarden Jahre, und das Alter der Galaxis beträgt fast zehn Milliarden Jahre. Die Galaxis ist also schon jetzt alt genug, daß sich gelenkte galaktische Kolonisierung hätte entwickeln können. Aber das ist wohl nicht der Fall. Bisher wurde noch keinerlei Kontakt mit einer extraterrestrischen Gesellschaft aufgenommen. Dieses Schweigen ist bedeutungsvoll.

Am wahrscheinlichsten läßt es sich damit erklären, daß noch keine Zivilisation die gewaltigen Hürden überwinden konnte, die das Reisen im interstellaren Raum behindern. Die Reise in Raumschiffen ist vermutlich selbst für hochentwickelte Gesellschaften höchst unpraktisch. Um ein Fahrzeug auf die nötigen Geschwindigkeiten zu beschleunigen, sind außerordentliche Energiemengen erforderlich. Außerdem ist nicht klar, welcher wirtschaftliche Anreiz zu solchen Reisen bewegen könnte. Weil die meisten Sterne kleiner sind als die Sonne und deshalb länger leben als das Universum heute alt ist, wäre eine fortgeschrittene Zivilisation wohl kaum aufgrund der Sternentwicklung gezwungen, ihr Sonnensystem zu verlassen.

Die Zukunft des Zeitalters der leuchtenden Sterne jedoch begünstigt die Ausbreitung des Lebens stärker. Es wird sowohl mehr Möglichkeiten als auch zwingendere Beweggründe für interstellare Reisen geben. Wenn relativ schwere Sterne wie die Sonne ausbrennen und zunächst zu roten Riesen und dann zu weißen Zwergen werden, könnten es intelligente Zivilisationen, die in der Nähe toter Sterne leben, möglicherweise attraktiv finden, die Planetensysteme solcher benachbarter Sterne zu kolonisieren, die noch aktiv durch Kernfusion Energie erzeugen. Beispielsweise könnte in mehreren Milliarden Jahren eine Zivilisation, die gezwungen ist, einen sterbenden Stern mit 1,05facher Sonnenmasse zu verlassen, in unserem Sonnensystem eine attraktive, wenn auch nur vorübergehende Heimat finden. In diesem späten Stadium wird die Erde zwar schon ein wenig ansprechendes Abbild der Venus sein, Mars aber könnte günstige warme und feuchte Bedingungen, eine frisch regenerierte Atmosphäre und einen blühenden Grundstücksmarkt bieten.

Auf längere Sicht könnten sich fortgeschrittene Zivilisationen sehr wohl auch um die Priorität streiten, wenn sie gezwungen werden, Sterne mit immer geringerer Masse zu verlassen. Lange Zeit sollte die Anzahl der in Frage kommenden Planetensysteme jedoch zunächst stetig zunehmen, wenn die roten Zwerge in dem Stadium sind, in dem sie lange erkaltete Planeten erwärmen. Erst wenn die kleinsten roten Zwerge, jene mit nur acht Prozent Sonnenmasse, aufgeleuchtet und verblaßt sind, werden Planeten mit flüssigem Wasser nur noch gefrorene Erinnerung sein. Diese Energiekrise mag unvermeidlich sein, aber sie wird sich erst in Billionen Jahren abspielen.

Die Möglichkeit galaktischer Eroberungen führt zu einer interessanten Frage. Wenn sich eine bestimmte intelligente Zivilisation als feindlich und aggressiv herausstellt, könnte sie die Galaxis ausbeuten, plündern und besiegen. Die feindliche Zivilisation könnte die Macht an sich reißen. Wir haben oben behauptet, daß eine hinreichend fortgeschrittene und ehrgeizige Zivilisation im Prinzip die gesamte Galaxis in etwa einer Milliarde Jahren erobern könnte. Falls einmal eine aggressive Zivilisation die Probleme der Raumreisen löst, könnte auch unsere Galaxis in Zukunft einmal erobert werden.

Es gibt noch eine andere Möglichkeit. Eine Zivilisation, die so fortgeschritten ist, daß sie über interstellare Reisen nachdenken kann, könnte auch die Vergeblichkeit der Anstrengungen bemerken und sich gar nicht die Mühe machen, andere Sonnensysteme zu kolonisieren. Eine solche Gesellschaft würde vermutlich viel über den Ursprung und die Evolution des Lebens wissen. Wenn eine Zivilisation die Grundlagen des Bewußtseins durchschaut, kann sie die natürliche Auslese transzendieren. Beispielsweise könnte die Entstehung des Lebens im wesentlichen von selbst ablaufen; dann würde sich auf jedem geeigneten Planeten von Natur aus Leben entwickeln. Es könnte sich auch herausstellen, daß die Evolution immer intelligente Arten von etwa vergleichbarer Qualität hervorbringt. In diesem Fall würde das Leben, das sich auf bewohnbaren Planeten entwickelt, »genauso gut« sein wie das einer jeden Zivilisation, die dorthin auswandern könnte. Wenn eine denkende Zivilisation das einmal begriffen hat, bleibt sie einfach zu Hause.

Wenn wir Vorhersagen über extraterrestrische Intelligenz und galaktische Kolonisierung machen, sollten wir die Fragwürdigkeit dieser Unterfangen bedenken. Vor fast zwei Jahrhunderten, 1835, schrieb der große französische Naturphilosoph Auguste Comte: »Was die Sterne betrifft, so ist uns jede Untersuchung versagt, die nicht letztlich auf einfache Beobachtungen mit dem Auge zurückgeführt werden kann ... Wir werden niemals ihre chemische Zusammensetzung untersuchen können ... Meiner Meinung nach ist uns jede Aussage über die wahre mittlere Temperatur der Sterne immer unzugänglich.« Angesichts der Erfolge der modernen Astronomie scheint diese Vorhersage hoffnungslos naiv. Heutige Spekulationen über interstellare Kommunikation und Raumreisen sollten mit viel Vorsicht genossen werden. Im Gegensatz dazu sind Vorhersagen über das physikalische Weltall, insbesondere über die zukünftige Entwicklung und den Tod von Sternen, viel besser abgesichert.

Das Ende der Sternbildung in der Galaxis

Auch die langlebigsten Sterne müssen nach Billionen Jahren sterben. So lang ihre Lebensspanne selbst im Vergleich mit dem heutigen Alter des Universums auch erscheinen mag, ist sie doch nicht sehr lang, wenn wir an die ferne Zukunft denken. Weil Sterne nur endlich lange leben, können Galaxien ihren heutigen Status nur behalten, solange sie weiter neue Sterne herstellen. Wie lange reicht der Rohstoff einer Galaxie zur Bildung von Sternen aus? Welche kosmologische Dekade wird die letzte Generation von Sternen erleben?

Die Sternentstehung in unserer Galaxis und in anderen Spiralgalaxien ist kompliziert. Ihre Zukunft ist zwar noch ungewiß, aber wir können sie grob skizzieren. Um neue Sterne zu schaffen, müssen Galaxien Gas zu Wolken ansammeln, denn dort bilden sich Sterne. Wenn sich einmal genug Gas in Wolken angesammelt hat und sie durch die Schwerkraft gebunden sind, kommt es in den Wolken von selbst zur Entstehung von Sternen. Galaxien können so lange weiter Sterne schaffen, wie sie Wolken herstellen können, was bedeutet, daß die Galaxie über eine zuverlässige Quelle für Gas verfügen muß. Die Sternbildung funktioniert nicht mehr, wenn eine Galaxie kein Gas mehr hat. Wir würden deshalb gern wissen, wie lange es dauert, bis eine Galaxie ihren Rohstoff erschöpft hat.

Um die Zeit abzuschätzen, die noch für die Sternbildung verbleibt, bilden wir den Quotienten aus der Masse des Gases, das gegenwärtig in der Galaxis gespeichert ist, und der Geschwindigkeit, mit der Gas in Sterne umgewandelt wird. Diese einfache Rechnung zeigt, daß die Galaxis ihren Gasvorrat in weiteren zehn Milliarden Jahren erschöpft haben wird, also in einer Zeit, die dem heutigen Alter des Universums entspricht. Offensichtlich können Galaxien nicht unbegrenzt Sterne erzeugen. Tatsächlich dauert es jedoch etwas länger, bis das Gas erschöpft ist, als diese einfache Abschätzung nahelegt.

Wenn Sterne sterben, geben sie einen Teil ihrer Masse an das interstellare Medium zurück, den galaktischen Speicher für Gas und Staub. Sterne wie die Sonne verlieren einen wesentlichen Teil ihrer Masse durch den Sternenwind und das Abstoßen planetarischer Nebel. Sterne mit größerer Masse geben den größten Teil ihrer Masse an das interstellare Medium zurück, wenn sie als Supernovae explodieren. Die Sterne sind also selbst eine Quelle für das Gas, das in spätere Sterngenerationen eingebaut wird. Außerdem wird der Galaxie Gas zugeführt, wenn Materie von außen auf die galaktische Scheibe fällt. Schließlich, und das ist besonders wichtig, nimmt die Rate der Sternbildung ab, wenn der Gasvorrat insgesamt geringer wird. Diese Effekte der Umwandlung und Konservierung schieben den Zeitpunkt hinaus, zu dem Galaxien ihren

Gasvorrat erschöpft haben und keine neuen Sterne mehr erzeugen. Selbst mit all diesen zusätzlichen Komplikationen wird der Vorrat an galaktischem Gas jedoch in einigen Billionen Jahren erschöpft sein. In der 14. kosmologischen Dekade, wenn das Universum 100 Billionen Jahre alt ist, wird die gesamte herkömmliche Sternbildung in Galaxien praktisch beendet sein.

Es ist reiner Zufall, wenn Sternbildung und Sternentwicklung in derselben kosmologischen Dekade zu einem Ende kommen. Sterne mit geringer Masse – rote Zwerge – verbrennen Wasserstoff und leben viele Billionen Jahre lang ein produktives Sternenleben, etwa so lange, wie die Galaxien benötigen, um ihr Gas zu verzehren und ihre Fähigkeit zur Sternbildung zu erschöpfen. Das Universum verändert sein Wesen also ziemlich rasch. In der 13. kosmologischen Dekade leuchten Sterne noch hell, und das Universum ist voller Energie. Nach der 14. kosmologischen Dekade sind die Sterne verschwunden, und für Menschenaugen sieht die Welt viel dunkler aus.

3

Das Zeitalter der entarteten Sterne

$15 < \eta < 39$

Tote Sternreste fangen dunkle Materie ein, stossen zusammen, zerstreuen sich im Raum und zerfallen schliesslich zu Nichts.

15. kosmologisches Zeitalter, in der Nähe eines weißen Zwergs:

Miranda lugte durch das Bullauge des Raumschiffs, um einen letzten Blick auf ihre Welt zu werfen. Der Countdown für den Start begann. Die Aussicht, ihre Heimat verlassen und eine neue suchen zu müssen, machte sie zugleich traurig und aufgeregt. Die Krümmung der riesigen Metallkugel unter ihr war kaum wahrnehmbar. Es war ein gewaltiges Gebilde, dessen sanft leuchtende Städte und künstliche Landschaften ihren Vorfahren seit unzähligen Generationen das Leben ermöglicht hatte!

Die Metallfläche, die die Kolonie trug, umgab den kristallisierten weißen Zwerg fast vollständig. Sie war mit außerordentlicher Präzision so konstruiert, daß sie die wenige Strahlungsenergie einfangen konnte, die dieses Überbleibsel eines lange toten Sterns noch abgab. Bisher hatte der weiße Zwerg den Energiebedarf seiner Milliarde Bewohner durch den ganz natürlichen Vorgang des Einfangs und der Vernichtung dunkler Materie befriedigen können. Jetzt jedoch hatte die Bevölkerung zugenommen, und die Energie reichte nicht für alle. Es war an der Zeit, eine neue Kolonie zu gründen.

Nachdenklich malte sich Miranda aus, wie in ferner Vergangenheit aus Wolken voller Wasserstoff leuchtend helle Sterne hervorgegangen waren. Wie anders mußte der Himmel ausgesehen haben, als in jeder Galaxie Milliarden Sterne leuchteten. Aber diese Verschwendung war jetzt lange vergangen. Wie kann jemand, der nur wenige 100 Jahre lebt, je die Zeitskalen von Billionen Jahren erfassen? Miranda schloß die Augen, um über dieses Mysterium nachzusinnen, und das Raumschiff hob sanft ab.

Inzwischen spielten sich unmittelbar unter der Oberfläche des weißen Zwergs scheinbar harmlose Ereignisse von großer Bedeutung ab. Quälend langsam, gar nicht wahrnehmbar für die an hohe Temperaturen gewöhnten Lebewesen auf der Oberfläche, verbanden chemische Reaktionen große Moleküle zu immer längeren Gebilden. Gelegentlich, wenn energiereiche Strahlung aus dem Sterninneren herausbrach, nahm diese Komplexität rasant zu. Während Miranda und ihre Artgenossen noch hartnäckig an einem Leben in einem immer ungastlicheren Universum festhielten, wurden zum allerersten mal die Bausteine einer neuen Biologie synthetisiert.

Was passiert, wenn die Sterne nicht mehr leuchten? In 100 Billionen Jahren werden die letzten Generationen von Sternen aus entleerten interstellaren Wolken zusammengepreßt worden sein, und die Evolution der wenigen verbleibenden roten Zwerge wird langsam zum Ende kommen. Während der Kreislauf von Geburt und Tod der Sterne nur noch Erinnerung ist, verändert das Universum sein Wesen, füllt sich mit Neuem und setzt seine Entwicklung fort.

Wenn das Universum in das Zeitalter der entarteten Sterne kommt, werden die Veränderungen unübersehbar. Dann haben die herkömmlichen Sterne ihren Wasserstoff verbrannt und Sternresten Platz gemacht: braunen Zwergen, weißen Zwergen, Neutronensternen und Schwarzen Löchern. Diese Himmelskörper mögen kalt und trostlos erscheinen, aber sie sind die Orte, an denen etwas geschieht. Die Uhr, die die Geschwindigkeit der sich entfaltenden Ereignisse registriert, läuft viel langsamer. Jetzt sind astrophysikalische Ereignisse möglich, die es im heutigen Universum mit seinen engen zeitlichen Grenzen nicht geben kann.

Die Arten entarteter Sternreste

Der astronomische Grundstoff des Zeitalters der Entartung sind die Sternreste. Wir haben die Namen dieser entarteten Reste schon im vorigen Kapitel kennengelernt. Die vier üblichen Klassen dieser Sternreste – braune Zwerge, weiße Zwerge, Neutronensterne und Schwarze Löcher – sind das Endergebnis von Billionen Jahren Sternentwicklung (siehe Abbildung S. 104). Der Vollständigkeit halber sei jedoch erwähnt, daß es auch eine fünfte Möglichkeit geben könnte. Wenn sich innerhalb eines hinreichend massereichen herkömmlichen

Sterns Instabilitäten entwickeln, kann das zu einem extrem heftigen Supernova-Ausbruch führen, bei dem die gesamte Materie in den Raum geschleudert wird. In diesem Fall bleibt überhaupt nichts übrig. Dann erringt die Thermodynamik in ihrem Kampf mit der Schwerkraft einen frühen und endgültigen Sieg. In den anderen vier Fällen leistet die Schwerkraft sehr viel hartnäckigen Widerstand.

Braune Zwerge

Braune Zwerge sind größer als Planeten, aber kleiner als normale Sterne und damit die leichteste Art entarteter Sternreste. Sie sind insofern stellare Versager, als sie es nicht schaffen, in ihrem Inneren Wasserstoffbrennen auszulösen. Weil sie keinen Zugang zu der üblichen Energiequelle der Sterne haben, sind sie von Geburt an zu unauffälliger Abkühlung und Kontraktion verdammt.

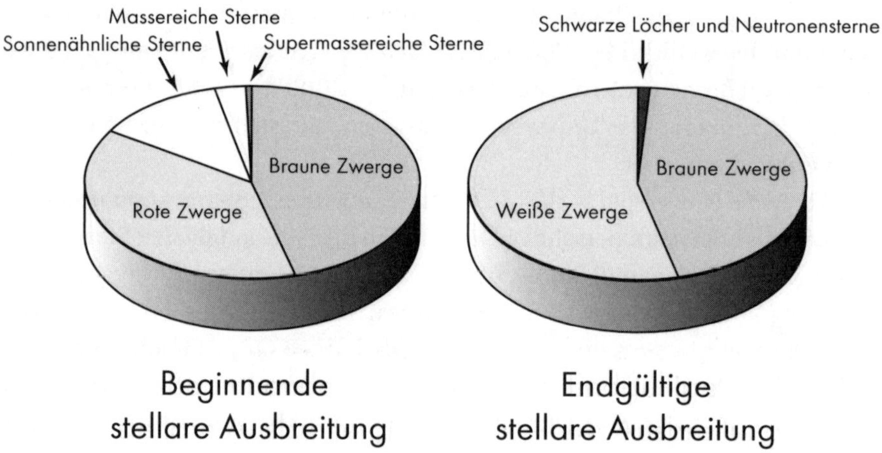

Das Tortendiagramm links zeigt den Anteil von Sternen, die bei ihrer Geburt den jeweiligen Massenbereichen zugeordnet werden. Den größten Anteil haben die braunen Zwerge, deren Massen von 0,01 bis 0,08 Sonnenmassen reichen. Der zweitgrößte Sektor kommt den roten Zwergen zu, deren Massen zwischen 0,08 und 0,43 Sonnenmassen liegen. Zum drittgrößten Sektor gehören die mittelschweren Sterne, jene mit Massen zwischen 0,43 und 1,2 Sonnenmassen; die massereichen Sterne haben zwischen 1,2 und 8 Sonnenmassen. Das kleinste Stück ist für die Schwergewichtler unter den Sternen reserviert, jenen mit mehr als acht Sonnenmassen. Die Torte rechts zeigt die Verteilung der Sternreste, also der Körper, die nach Abschluß der Sternentwicklung übrig bleiben. Braune Zwerge bleiben braune Zwerge, die meisten Sterne aber – jene mit weniger als acht Sonnenmassen – beenden ihr Leben als weiße Zwerge. Nur der winzige Bruchteil von Sternen mit mehr als acht Sonnenmassen kann zu Schwarzen Löchern und Neutronensternen werden. Die Größe des Anteils der Schwarzen Löcher und der Neutronensterne ist der Deutlichkeit halber stark übertrieben.

Es gibt mehrere Gründe, warum braune Zwerge es nicht schaffen, Sterne zu werden, also nicht die Temperatur erreichen, bei der die Kernfusion beginnt. Zum einen muß der Druck im Sterninneren so groß sein, daß der Stern sich gegen den Sog der Schwerkraft wehren kann. Dieser Druck hängt von der Masse und Dichte des Sterns ab. Wenn die Sternmaterie nie entartet wäre, könnte die von Druck und Dichte bestimmte Fusionstemperatur immer erreicht werden. Nun müssen masseärmere Sterne dichter sein als massereichere, um eine Innentemperatur von zehn Millionen Grad zu erreichen. Wenn die Masse aber hinreichend klein ist, entartet die Materie, bevor diese Dichte erreicht ist, und dann überwiegt der Entartungsdruck, den gewöhnlichen thermischen Druck und stabilisiert den Stern, bevor die Temperatur die nötigen zehn Millionen Grad erreicht hat. Wenn also der Entartungsdruck einsetzt, erhöht sich die maximale Zentraltemperatur, die ein Stern mit vorgegebener Masse erreichen kann. Hinreichend kleine Sterne haben eine Maximaltemperatur, die unter den zum Wasserstoffbrennen nötigen zehn Millionen Grad liegt. Wenn ein Möchtegern-Stern zu wenig Masse enthält, kann er keinen Wasserstoff verbrennen und niemals ein voll ausgewachsener Stern werden.

Die kleinsten Sterne, die längere Zeit über die zum Kernbrennen nötige Energie verfügen, haben etwa acht Prozent der Sonnenmasse. Himmelskörper mit noch weniger Masse sind braune Zwerge. Der Radius eines braunen Zwergs ist der eines gewöhnlichen kleinen Sterns, also etwa ein Zehntel des Sonnenradius oder das Zehnfache des Erdradius. Ein letztes wichtiges Kennzeichen brauner Zwerge ist ihre chemische Zusammensetzung. Weil in ihnen praktisch nichts passiert, behalten diese substellaren Bummelanten genau die Elementhäufigkeit, mit der sie geboren wurden, und bestehen folglich vor allem aus Wasserstoff.

In den letzten Jahren haben Astronomen immer mehr braune Zwerge entdeckt. Heute hält man braune Zwerge sogar für sehr häufig und vermutet in einer Galaxie von der Größe der Milchstraße Milliarden von ihnen. Bisher war der Einfluß der braunen Zwerge auf den Kosmos nicht sehr groß, aber ihre Zeit wird kommen, wenn das Universum älter wird, denn im Zeitalter der entarteten Sterne steckt der größte Teil des im Universum verbliebenen unverbrannten Wasserstoffs in braunen Zwergen.

Weisse Zwerge

Die allermeisten Sterne, auch unsere Sonne, beenden ihr Leben als weiße Zwerge. Obwohl ein schwacher Stern mit 0,08facher Sonnenmasse 100 Mal leichter ist als ein ungestümer Stern mit acht Sonnenmassen, der mit dem

Licht von 3000 Sonnen leuchtet, müssen doch beide ihr Leben als weiße Zwerge beenden. Am Ende des Zeitalters der leuchtenden Sterne wird unsere Galaxis fast eine Billion weiße Zwerge und etwa ebenso viele braune Zwerge enthalten. Da ein weißer Zwerg viel massereicher ist als ein brauner, steckt dann der größte Teil der gewöhnlichen baryonischen Masse des Universums in den weißen Zwergen.

Die Masse der weißen Zwerge liegt im Mittel bei knapp einer Sonnenmasse, kann aber stark schwanken. Die kleinsten Vorläufersterne verlieren nur wenig Masse, wenn sie weiße Zwerge werden. Ein kleiner roter Zwergstern hat an seinem Lebensende als weißer Zwerg noch fast seine gesamte ursprüngliche Masse. Sterne wie die Sonne, die zunächst zu roten Riesen anschwellen, verlieren wesentlich mehr von ihrer Anfangsmasse. Die Sonne beispielsweise wird zu einem weißen Zwerg mit etwa 0,6facher Sonnenmasse schrumpfen. Noch größere Sterne dagegen verlieren den größten Teil ihrer Masse, wenn sie weiße Zwerge werden. Beispielsweise beendet ein Stern mit acht Sonnenmassen sein Leben als weißer Zwerg mit 1,4 Sonnenmassen, nachdem die übrige Masse in der Rote-Riesen-Phase seines Lebens in einem Sternenwind fortgeblasen und dem interstellaren Medium zur Wiederverwertung zugeführt wurde.

Die weißen Zwerge, die wir heute am Himmel sehen, haben Massen in der oberen Hälfte des möglichen Massenbereichs. Weil das Universum und die Sterne in ihm noch relativ jung sind, ist die Lebensuhr bisher nur bei Sternen mit etwa 0,8 Sonnenmassen abgelaufen. Die vielen kleinen Sterne leben viel länger. Die kleinsten Sterne mit Massen in der Nähe des Minimums von 0,08 Sonnenmassen haben ihre Entwicklung noch kaum begonnen. Später einmal werden jedoch selbst die kleinsten Sterne zu weißen Zwergen ausbrennen. Zu Beginn des Zeitalters der Entartung haben die gewöhnlichsten weißen Zwerge relativ geringe Massen.

Ein weißer Zwerg mit einer typischen Masse von 0,25 Sonnenmassen hat einen Radius von 14 000 Kilometern, etwa das Doppelte vom Erdradius. Seltsamerweise sind schwerere weiße Zwerge sogar noch kleiner. Ein weißer Zwerg mit Sonnenmasse hat einen Radius von nur 8700 Kilometer. Diese seltsame Eigenschaft der weißen Zwerge – massereichere Körper sind kleiner als masseärmere – beruht darauf, daß ihre Materie entartet ist, und steht in direktem Kontrast zu den Eigenschaften gewöhnlicher Materie. Wenn man einem Stein Masse hinzufügt, wird er größer. Wenn man einem weißen Zwerg Masse hinzufügt, schrumpft er!

Warum sind weiße Zwerge überhaupt sichtbar? Warum leuchten diese Sterne, wenn weiße Zwerge doch das Endergebnis der Sternentwicklung sind, also alle Kernverschmelzungsprozesse in ihnen schon abgelaufen sind? Weil diese Sternreste noch sehr viel Wärmeenergie enthalten, die von ihrer feurigen Vergangenheit übrigblieb! Diese große gespeicherte Wärmemenge wird außerordentlich langsam in den Raum gestrahlt. Deshalb sehen wir am Himmel weiße Zwerge. Wenn die Sterne älter werden, werden sie kühler und schwächer, genau wie die glühende Asche eines Lagerfeuers. Ein weißer Zwerg braucht Milliarden Jahre, bis er sich abgekühlt hat, etwa so lange, wie das Universum heute alt ist. Wenn für das Universum in Jahrmilliarden das Zeitalter der entarteten Sterne beginnt, werden weiße Zwerge so kalt sein wie flüssiger Stickstoff. Dann hält eine ungewöhnliche innere Energiequelle, von der wir weiter unten in diesem Kapitel sprechen werden, ihre weitere Abkühlung auf.

Die seltsame Tatsache, daß weiße Zwerge mit weniger Masse größer sind als solche mit mehr Masse, führt zu einer weiteren Frage. Was passiert, wenn wir die Masse eines entarteten Rests immer weiter verringern? Wird das Objekt dann immer größer? Nein, es gibt eine Grenze. Während die Sternmasse immer kleiner und der Sternradius immer größer wird, nimmt die Dichte der Materie ab. Wenn die Dichte unter einen kritischen Wert fällt, ist die Masse nicht mehr entartet und hört auf, sich so widersprüchlich zu verhalten. Wenn ein Stern zu wenig Masse hat, um entartet zu sein, verhält er sich wie gewöhnliche Materie. Ein sternähnliches Objekt muß also eine Mindestmasse haben, um zu entarten. Diese kritische Masse ist näherungsweise eintausendstel der Sonnenmasse, etwa die des Jupiter. Leichtgewichte mit weniger als einem Tausendstel Sonnenmasse verhalten sich nicht wie entartete, sondern wie gewöhnliche Materie; wir kennen sie als Planeten.

Andererseits können weiße Zwerge nicht allzu massereich sein, denn ein übergewichtiger weißer Zwerg muß geradezu dramatisch explodieren. Wenn ein weißer Zwerg an Gewicht zulegt, wird er kleiner und dichter, und es ist mehr Druck nötig, damit der Stern der Schwerkraft widerstehen kann. Um den größeren Druck, in diesem Fall den Entartungsdruck der Elektronen, aufrechtzuerhalten, müssen sich die Teilchen rascher bewegen. Wenn die Dichte so groß ist, daß die Teilchen sich nahezu mit Lichtgeschwindigkeit bewegen müßten, gerät der Stern in ernste Schwierigkeiten, weil ja Einsteins Relativitätstheorie der Geschwindigkeit eine unumstößliche und streng geahndete Grenze setzt – kein Teilchen kann schneller sein als Licht. Ein Stern ist verloren, wenn seine Teilchen schneller sein müssen als das Licht, denn dann ist die Schwerkraft stärker als der Entartungsdruck, was zu einem katastrophalen Kollaps führt und eine Sternexplosion auslöst – eine Supernova. Diese spektakulären Explosionen sind ihrer Größe nach vergleichbar mit jenen, die für den – im vorigen Kapitel beschriebenen – Tod massereicher Sterne charakteristisch sind.

Um den feurigen Tod einer Supernova zu vermeiden, muß ein weißer Zwerg weniger als 1,4 Sonnenmassen haben. Dieser wichtige Wert, die sogenannte Chandrasekhar-Masse, wurde von dem großen, damals 19jährigen Astrophysiker S. Chandrasekhar berechnet, als er mit dem Schiff von Indien nach England reiste, um sein Physikstudium in Cambridge fortzusetzen. Später erhielt er für seine Beiträge zur Astrophysik den Nobelpreis für Physik.

Neutronensterne

Weiße Zwerge sind unglaublich dicht, aber Neutronensterne enthalten eine noch kompaktere Form der Sternmaterie. Ein typischer weißer Zwerg ist »nur« eine Million Mal so dicht wie Wasser, Atomkerne jedoch sind etwa eine Billiarde (10^{15}) Mal so dicht wie Wasser oder eine Milliarde Mal dichter als ein weißer Zwerg. Wenn ein Stern zu der ungeheuer hohen Dichte eines Atomkerns zusammengepreßt werden kann, kann die Sternmaterie eine zwar seltsame, aber stabile Form erhalten, bei der sich alle Elektronen und Protonen zu Neutronen zusammenfinden, also praktisch die gesamte Materie in Neutronen steckt. Dann entarten die Neutronen, und der von ihnen erzeugte Druck ermöglicht es dem Stern, wieder aufgrund des Unschärfeprinzips, sich gegen die Schwerkraft zu wehren. Der so entstandene Neutronenstern hat viel Ähnlichkeit mit einem einzigen gigantischen Atomkern.

Die zur Erzeugung eines Neutronensterns nötigen unvorstellbar hohen Dichten entstehen ganz von selbst, wenn ein massereicher Stern gegen Ende seines Lebens kollabiert. In einem ausgewachsenen alten Stern wird der Zentralbereich zu einem entarteten Eisenkern, bei dessen Kollaps zu einer Supernova gewöhnlich ein Neutronenstern entsteht. Auch der Kollaps weißer Zwerge kann zu Neutronensternen führen. Wenn ein weißer Zwerg allmählich Masse hinzugewinnt, indem er sie beispielsweise einem Begleiter abzieht, kann er gelegentlich einen Supernova-Ausbruch vermeiden und sich zu einem Neutronenstern zusammenziehen.

Im Vergleich zu weißen und braunen Zwergen sind Neutronensterne relativ selten. Nur solche Sterne, die mit mehr als acht Sonnenmassen geboren werden, können bei der zu ihrem Tod führenden Explosion Neutronensterne erzeugen. Diese massereichen Sterne liegen am einen Ende der Massenskala der Sterne. Die allermeisten Sterne sind zu klein, denn nur etwa einer von 400 Sternen ist bei seiner Geburt so groß, daß er später detonieren und einen Neutronenstern hinterlassen kann. Trotzdem enthält eine einigermaßen große Galaxie etliche Millionen Neutronensterne.

Ein typischer Neutronenstern hat etwa die anderthalbfache Sonnenmasse. Genau wie der Entartungsdruck der Elektronen, die einen weißen Zwerg stützen, kann sich auch der Entartungsdruck der Neutronen nicht gegen die Schwerkraft eines massereichen Sternrests wehren. Wenn die Masse zu groß wird, gewinnt die Schwerkraft den Kampf gegen den Entartungsdruck, und der Stern muß kollabieren. Die größtmögliche Masse eines Neutronensterns liegt zwischen zwei und drei Sonnenmassen, ist aber nicht genau bekannt. Die Eigenschaften der Materie werden in den irrsinnig hohen Dichten im Zentrum eines Neutronensterns sehr exotisch und recht ungewiß. Neutronensterne sind schwerer als die Sonne, aber mit nur zehn Kilometer Radius eher klein. Ein kleiner Stern mit sehr großer Masse muß enorm dicht sein. Ein Kubikzentimeter Materie, also ein zuckerwürfelgroßes Stück eines Neutronensterns, hat die Masse von nahezu einer Milliarde Elefanten!

SCHWARZE LÖCHER

Viertens besteht die Möglichkeit, daß ein sterbender Stern zu einem Schwarzen Loch wird. Wenn die massereichsten Sterne explodieren und sterben, können sie einen Rest übrig lassen, der größer ist als die maximale Masse eines Neutronensterns, also zwei bis drei Sonnenmassen hat. Ein hinreichend massereicher Sternrest kann nicht durch Entartungsdruck gestützt werden und muß zu einem Schwarzen Loch kollabieren. Ähnlich können auch voll ausgereifte weiße Zwerge und Neutronensterne zusätzliche Masse gewinnen, die sie gewöhnlich einem Begleiter abziehen, und dann zu groß werden, als daß der Entartungsdruck sie stabilisieren kann. Auch solche übergewichtigen Reste müssen kollabieren und können gelegentlich Schwarze Löcher erzeugen.

Schwarze Löcher sind seltsame Ungeheuer mit Schwerefeldern, die so stark sind, daß ihnen selbst Licht nicht entkommen kann. Dies ist genau die definierende Eigenschaft Schwarzer Löcher. Bei diesen Objekten ist die Fluchtgeschwindigkeit, also die Geschwindigkeit, die nötig ist, um ihrer Oberfläche zu entkommen, größer als die Lichtgeschwindigkeit. Aufgrund der Einsteinschen relativistischen Geschwindigkeitsbegrenzung – kein Signal kann schneller sein als das Licht – kann einem Schwarzen Loch nichts, weder Teilchen noch Strahlung, entkommen. Diese anscheinend unumstößliche Tatsache trifft jedoch wegen Heisenbergs Unschärfeprinzip nicht uneingeschränkt zu. Über sehr lange Zeiträume hinweg, lange nach dem Ende des Zeitalters der entarteten Sterne, müssen Schwarze Löcher ihre Materie schließlich doch freigeben.

Schwarze Löcher sind unglaublich kompakt. Ein Schwarzes Loch mit Sonnenmasse hat einen Radius von nur etwa zwei Kilometern, ein Schwarzes Loch mit dem Fünffachen der Erdmasse wäre so groß wie ein Handball. Diese einzigartigen stellaren Sensationen haben noch viele andere exotische Eigenschaften, die wir im folgenden Kapitel erkunden werden.

Massereiche Sterne sind relativ selten, und von ihnen erzeugte Schwarze Löcher sind noch seltener. Weniger als einer von 3000 Sternen hat Aussicht, zu einem Schwarzen Loch zu werden, nachdem er seinen Kernbrennstoff verbraucht hat. Da Schwarze Löcher so selten sind, sind sie sozusagen die zweite Besetzung und kommen erst dann zum Zug, wenn das Zeitalter der entarteten Sterne vorüber ist.

Außer den von sterbenden Sternen herrührenden Schwarzen Löchern gibt es in unserem Universum noch eine zweite Art, nämlich solche im Zentrum von Galaxien. Im Vergleich zu ihren stellaren Entsprechungen sind sie supermassive Schwarze Löcher und wirklich enorm. Ihre Massen liegen zwischen einer Million und einigen Milliarden Sonnenmassen, und der effektive Radius eines Schwarzen Lochs mit einer Million Sonnenmassen ist etwa viermal so groß wie der der Sonne.

Galaxien auf Kollisionskurs

Unsere Galaxis, das Milchstraßensystem, enthält heute 100 Milliarden leuchtende Sterne, die wir am Nachthimmel als schimmerndes Band sehen. Im Zeitalter der entarteten Sterne wird der Himmel pechschwarz sein. Nur die größten Galaxien, die von der Schwerkraft kalter dunkler Sterne und dunkler Materie zusammengehalten werden, bleiben intakt.

Die größte unmittelbare Bedrohung stellt für gewöhnliche Galaxien wie das Milchstraßensystem nicht der Tod ihrer Sterne dar, sondern ein Zusammenprall mit einer anderen Galaxie. Galaxien gehören gewöhnlich zu Haufen oder Gruppen. Galaxienhaufen werden von der Schwerkraft zusammengehalten, und jede Galaxie folgt in dem Haufen ihrer eigenen Bahn. Wenn große, lose verbundene Objekte wie Galaxien einander begegnen, erfahren sie eine Art Reibung, die sie zur Mitte des Haufens hinfallen läßt. In der Nähe des Zentrums sind Galaxien deshalb relativ eng gepackt und können zusammenstoßen.

In der relativ nahen Zukunft schon werden Kollisionen von Galaxien das Universum verändern. Auch in der heutigen Zeit, im Zeitalter der leuchtenden Sterne, kommt es gelegentlich zu Zusammenstößen. Beim Übergang in das Zeitalter der entarteten Sterne werden die Auswirkungen dieser galaktischen Wechselwirkungen immer wichtiger.

Wenn Galaxien zusammenstoßen, bilden die Sterne der beiden ursprünglichen Galaxien eine größere, aber ungeordnetere zusammengesetzte Galaxie.

Eine solche Verbindung zeigt nicht mehr das elegante Spiralmuster einzelner Scheibengalaxien, sondern ist eher wirr und amorph. Bei einem Zusammenstoß werden lange Sternströme, sogenannte Gezeitenstrahlen, aus der Galaxie herausgerissen. Die Bahnen der Sterne werden kompliziert und unregelmäßig. Die Vereinigung zweier Galaxien ist ein einziges Wirrwarr.

Vermutlich gibt es einen Zusammenhang zwischen galaktischen Kollisionen und mächtigen Ausbrüchen von Sternbildung. Bei solchen Zusammenstößen innerhalb von Galaxien verschmelzen große Gaswolken und erzeugen mit erstaunlicher Geschwindigkeit neue Sterne. Die vielen Supernovae, Ergebnisse des Tods massereicher Sterne, können aufregende Folgen haben.

Obwohl die Struktur einer Galaxie nach einem Zusammenstoß völlig verändert zu sein scheint, spüren die einzelnen Sterne und ihre Sonnensysteme fast nichts davon. Eine Galaxie wie das Milchstraßensystem ist vor allem leerer Raum – die Sterne einer Galaxie ähneln einzelnen Sandkörnern, die mehrere Kilometer weit auseinanderliegen. Selbst in etwas dichteren Galaxien beträgt der Abstand von einem Stern zum nächsten mehr als ein Lichtjahr, 1000 Mal mehr als das Sonnensystem groß ist und 10 Millionen Mal mehr als der Radius eines Sterns. Auf die Planetensysteme in einer kollidierenden Galaxie wirkt sich die im Hintergrund über Millionen Jahre hinweg ablaufende Katastrophe überhaupt nicht aus. Für einen erdähnlichen Planeten wäre die auffälligste Veränderung die allmähliche Verdopplung der am Nachthimmel sichtbaren Sterne.

In der Tat steht dem Milchstraßensystem in relativ naher Zukunft ein galaktischer Zusammenstoß – und der Verlust seiner Identität – bevor, denn die benachbarte Andromeda-Galaxie, auch als M31 bezeichnet, ist gegenwärtig auf Kollisionskurs mit dem Milchstraßensystem. Weil es schwierig ist, die Geschwindigkeiten von Galaxien genau zu messen, kennen wir die Bewegungsrichtung nicht genau. Es ist jedoch klar, daß diese große Galaxie in etwa sechs Milliarden Jahren nahe an unserer Galaxis vorbeigehen und vielleicht sogar mit ihr zusammenstoßen wird, genau dann, wenn die Sonne beginnt, sich zu einem roten Riesen aufzublähen. Selbst wenn die Andromeda-Galaxie und das Milchstraßensystem es fertigbringen, diesen Zusammenstoß zu umgehen, ist er doch auf Dauer unvermeidlich, weil die beiden Systeme durch die Schwerkraft aneinander gebunden sind. Die beiden Galaxien umlaufen einander, und weil sie dabei Reibungsenergie verlieren, ist ein zukünftiges Verschmelzen fast unumgänglich.

Das langfristige Schicksal von Galaxienhaufen ist also besiegelt: Die zugehörigen Galaxien werden schließlich wechselwirken und verschmelzen. Sie werden ihre Identität als einzelne Galaxien verlieren, und der gesamte Galaxienhaufen wird zu einem einzigen und ungeordneten Sternengemisch. Wenn das Universum vom Zeitalter der leuchtenden Sterne in das der entarteten Sterne übergeht, werden aus den Haufen von heute die großen Galaxien der Zukunft. Dabei wird unsere ganze lokale Gruppe der Galaxien, einschließlich des Milchstraßensystems und der Andromeda-Galaxie, zu einer einzigen Metagalaxie vereinigt.

Entspannte Galaxien

Die Abstände zwischen den Sternen in Galaxien wie dem Milchstraßensystem sind so groß, daß es, falls überhaupt, nur selten zu Frontalzusammenstößen von Sternen gekommen sein kann. Bis jetzt. Wie wir ja schon wissen, werden seltene Ereignisse dann Wirklichkeit, wenn man lange genug wartet. Mit dem Beginn des Zeitalters der Entartung werden Kollisionen und Fastkollisionen zwischen Sternen immer häufiger, was die Struktur der Galaxis vollkommen durcheinanderbringen und schließlich zu ihrem Hinscheiden führen wird. Da diese Epoche der Zerstörung jedoch erst tief im Zeitalter der entarteten Sterne erreicht sein wird, sind die Sterne dann Sternreste, und die Galaxis wird schon lange in den weitverstreuten Ergebnissen vieler aufeinanderfolgender galaktischer Vereinigungen aufgegangen sein.

Selbst im Zeitalter der entarteten Sterne sind Frontalzusammenstöße zwischen Sternen relativ selten. Nahe Begegnungen und Fastzusammenstöße sind viel häufiger als wahre Kollisionen. Wenn sich das Zeitalter der entarteten Sterne entfaltet, laufen dic Sterne auf geordneten Bahnen aneinander vorbei, wobei sie durch ihre gegenseitige Gravitationsanziehung in Wechselwirkung sind. Bei einem nahen Vorbeigang passen die beiden beteiligten Sterne ihre Geschwindigkeiten und Bewegungsrichtungen an und prallen gewöhnlich voneinander ab, wenn sie einander nahekommen, wie es die Abbildung auf S. 113 veranschaulicht.

Im Lauf der Zeit kommt es zu vielen Streuvorgängen, deren Wirkungen sich summieren. Das Endergebnis der langen Folge von Streuereignissen ist eine Neuverteilung der Geschwindigkeiten der einzelnen Sterne in der Galaxie. Die kleineren und helleren Sterne werden gewöhnlich schneller, gewinnen also an Bahnenergie, während die schwereren Sterne an Bahnenergie verlieren. Wenn sehr viele Sterne an dieser Umverteilung des Vermögens teilhaben, verändert die Galaxie allmählich ihre Struktur und verliert an dynamischer Spannung. Wenn diese Erschlaffung anhält, erhalten einige Sternreste soviel Energie, daß sie die Galaxie verlassen müssen. Im Lauf der Zeit werden immer mehr Sterne mit Geschwindigkeiten von 300 Kilometern pro Sekunde – etwas

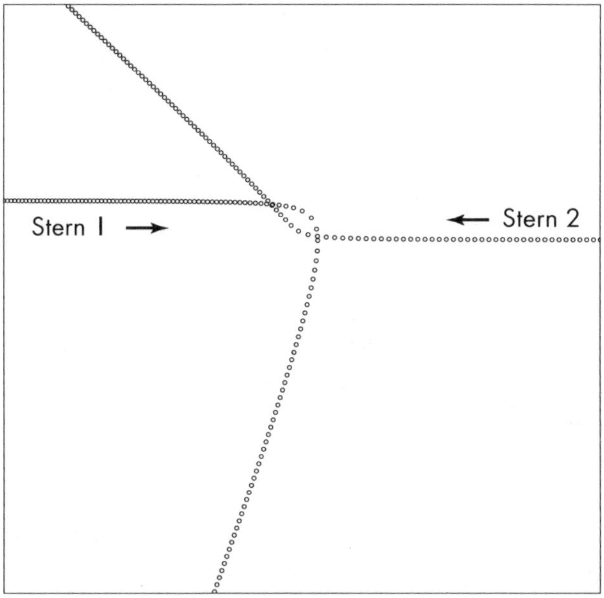

Dieses Diagramm zeigt die Reaktion zweier Sterne auf eine nahe Begegnung. Nach der Wechselwirkung hat jeder Stern eine andere Bewegungsrichtung, Energie und damit auch Geschwindigkeit als vorher. Sehr viele solcher Begegnungen führen zu einer dynamischen Entspannung der Galaxie, die deshalb ihre Struktur über sehr lange Zeiten hinweg verändert.

über einer Million Kilometer pro Stunde – aus der sterbenden Galaxie in den intergalaktischen Raum hinausgeschleudert.

Wenn die dynamische Entspannung ihren Lauf nimmt, nimmt die sogenannte Evaporation der Sterne zu, und dann verändert die Galaxie ihre Struktur wesentlich. Da gerade die Sterne mit besonders hohen Energien evaporieren, bleiben energieärmere zurück. Der Galaxie wird also Energie entzogen, und sie reagiert auf diese Energiekrise, indem sie kleiner und dichter wird. Diese galaktische Verkleinerung führt zu noch mehr stellaren Begegnungen und zur Verbannung von noch mehr Sternen. Wenn sich dieser Prozeß beschleunigt, kann die Situation unkontrollierbar werden; die Galaxie schleudert dann die meisten ihrer Sterne hinaus und läßt nur wenige eng gebundene übrig.

Die Zukunft der energiearmen Sterne, die zum galaktischen Zentrum hin fallen, das vermutlich in fast jeder Galaxie ein supermassives Schwarzes Loch enthält, sind nicht gerade rosig. Diese enormen Schwarzen Löcher haben Millionen und vielleicht sogar Milliarden Sonnenmassen. Wenn die Galaxie erschlafft, verschluckt das zentrale Schwarze Loch alle herumirrenden Sterne, die seinem Ereignishorizont zu nahe kommen. Im Lauf des Zeitalters der entarteten Sterne führt die stete Einverleibung von Sternen bei den supermassiven Schwarzen Löchern allmählich zu einer Gewichtszunahme.

Die Lebensdauer von Galaxien kann die des heutigen Universums um ein Millionenfaches übertreffen. Ihre bemerkenswerte Langlebigkeit beruht auf den ungeheuren Entfernungen zwischen den einzelnen Sternen, und darauf, daß die Sterne diese Entfernungen so langsam durchmessen. Aber wenn genug Zeit vergangen ist, sind auch Galaxien dem Untergang bestimmt. In den nächsten 19 oder 20 kosmologischen Dekaden, also in 10^{19} bis 10^{20} Jahren, werden die meisten der toten Sterne ihre Galaxie verlassen und evaporieren. Ein kleiner, bedauernswerter Teil, vielleicht ein Prozent der Sterne, wird vom zentralen Schwarzen Loch verschlungen werden. Wenn dieser Prozeß der dynamischen Entspannung seinen Lauf genommen hat, ist das Leben einer Galaxie praktisch beendet.

Während die Galaxie zur Ruhe kommt und sich zerstreut, kann das Schicksal eines Planeten, der einen Stern umläuft, der gerade eine nahe Begegnung mit einem anderen Stern hat, zu beklagen sein, denn diese stellaren Streuprozesse zerren Planeten oft aus ihren Bahnen heraus und entlassen sie in den Raum. Wir skizzierten im vorigen Kapitel das Schicksal eines solchen heimatlosen Planeten. Planeten mit Bahnradien, die dem unserer Erde vergleichbar sind, werden im Lauf der 15. kosmologischen Dekade aus ihren Sonnensystemen hinausgeschleudert. Äußeren Planeten mit größeren Bahnen droht diese Gefahr früher; sie sind deshalb zu dieser Zeit schon lange verschwunden. Ein Planet wie Neptun, der einen Bahnradius von 30 astronomischen Einheiten hat, könnte nach nur 12 kosmologischen Dekaden, also nach wenigen weiteren Milliarden Jahren, im Exil sein. Auch die innersten Planeten könnten im Zeitalter der entarteten Sterne aus der Bahn geworfen werden. Ein Planet mit einer Bahn, die zehnmal kleiner ist als die der Erde und etwas kleiner als die des Merkur, wird in etwa 17 kosmologischen Dekaden aus der Bahn gedrängt. Wenn Sterne also während der 19. und 20. kosmologischen Dekade die Galaxie verlassen, haben sie alle schon längst ihre Planetensysteme verloren.

Die langfristige Zukunft von Planeten im allgemeinen und unserer Erde insbesondere ist also eher düster. Zunächst trommeln Kometen und Asteroiden auf die Planeten ein und verursachen globale Klimaveränderungen und allgemeine katastrophale Zerstörungen. Danach werden die inneren Planeten versengt und sterilisiert, wenn ihre Sonnen zu roten Riesen anwachsen. Falls ein Planet dies überlebt hat, wird er aus seinem Sonnensystem hinaus gezwungen. Dort wird er ganz allein der Dunkelheit des interstellaren Raums überlassen.

Kollisionen entarteter Sterne

Die seltenen Frontalzusammenstöße von Sternresten sind höchst aufregende Momente, Ausrufungszeichen in den fast endlosen Öden des Zeitalters der entarteten Sterne. Sie können sowohl gewöhnliche neue Sterne als auch seltsame neue Arten von Sternen und spektakuläre Explosionen erzeugen.

In dieser zukünftigen Ära bleibt der größte Teil der gewöhnlichen baryonischen Materie in der Galaxie im Inneren von weißen Zwergen. Es gibt zwar etwa genau so viele braune Zwerge wie weiße, aber weil die Masse der braunen Zwerge kleiner ist als die der weißen, speichern sie weniger Materie. In einer großen Galaxie wie unserem Milchstraßensystem sollte die Anzahl sowohl der weißen als auch der braunen Zwerge in die Milliarden gehen. Wenn diese toten Sterne ihre Bahnen ziehen, stoßen sie sporadisch zusammen, etwa alle 100 Milliarden Jahre einmal. In Anbetracht des heutigen Alters der Galaxis von etwa zehn Milliarden Jahren ist die Wahrscheinlichkeit groß – etwa neun zu zehn –, daß es bis jetzt noch keine Sternkollisionen gegeben hat. Bis das Universum jedoch mehrere 100 Milliarden Jahre gelebt hat, wird es viele Zusammenstöße gegeben haben. In der 15. kosmologischen Dekade werden 100 bis 1000 Sternkollisionen die Galaxis erschüttern.

Die Kollisionen zweier brauner Zwerge sind von unmittelbarem astronomischen, geologischen und vielleicht sogar biologischen Interesse. Ein großer Teil des im Universum verbleibenden Wasserstoffs steckt in braunen Zwergen, die ihren Wasserstoff nicht zu schwereren Elementen verbrennen. Wenn zwei braune Zwerge einigermaßen frontal zusammenstoßen, können sie ein stellares Objekt bilden, das den größten Teil der ursprünglichen Masse der beiden Sterne enthält (siehe Abbildung S. 116). Wenn dessen Gesamtmasse über der für die Sternbildung nötigen Schwelle liegt, kann das Produkt kontrahieren und sich erwärmen, bis der Wasserstoff im Inneren des neuen Sterns zu brennen beginnt. Der Stern beginnt zu leuchten. Die kleinen roten Zwerge, das Ergebnis dieser Zusammenstöße, leben dann Billionen Jahre lang weiter.

Bei diesen astronomischen Unfällen können auch dann noch Sterne entstehen, wenn das interstellare Medium das Gas schon lange verbraucht hat. In einer Galaxie von der Größe der Milchstraße leuchten jeweils etwa 100 solcher Sterne. Das kombinierte Sternenlicht dieser schwachen roten Weltenbummler verleiht der Galaxie eine Gesamtleuchtkraft, die etwa der der heutigen Sonne entspricht.

Bei Kollisionen brauner Zwerge können auch neue Planeten entstehen. Wenn sie nicht genau frontal zusammenstoßen, wirbelt ein Teil des Gases der braunen Zwerge so rasch, daß es nicht in den neu geschmiedeten Stern hinein-

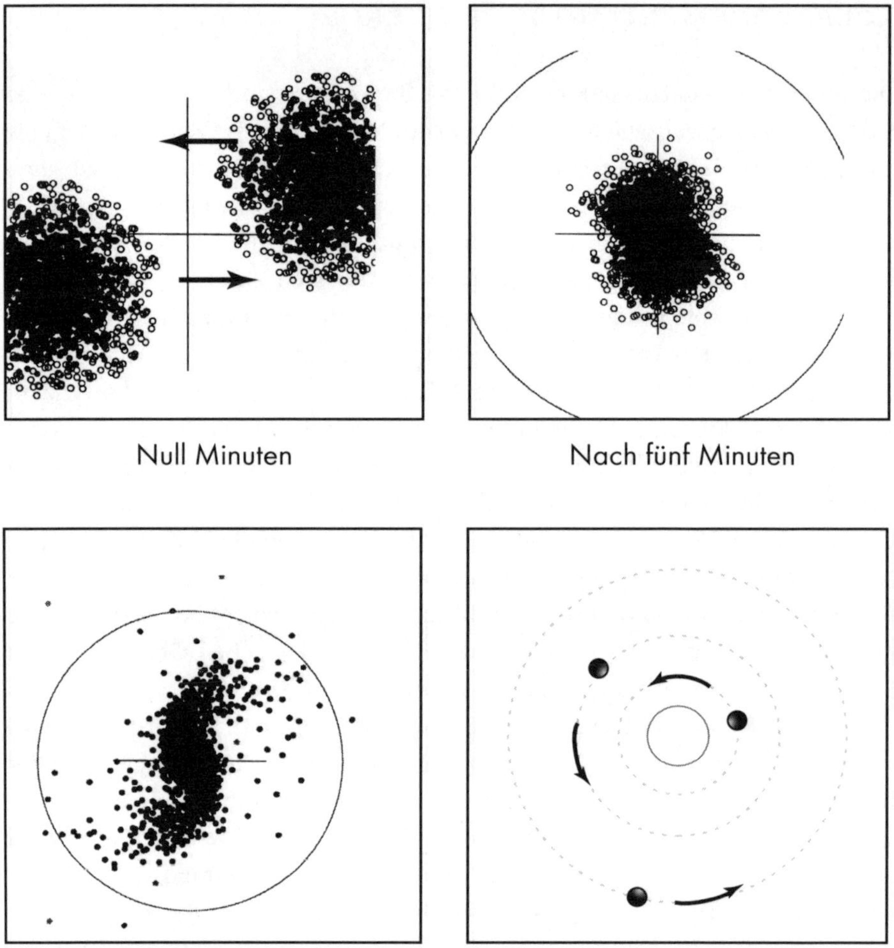

Null Minuten

Nach fünf Minuten

Nach neun Minuten

Nach einer Million Jahren

Diese Computersimulation zeigt den Zusammenstoß von zwei braunen Zwergen. Die ersten drei Bilder veranschaulichen die allerersten Minuten. Das Endergebnis der Kollision, hier im vierten Bild schematisch dargestellt, ist ein Stern, dessen Masse ausreicht, um Wasserstoffbrennen auszulösen. Der Zusammenstoß führt dazu, daß sich um den neugeborenen Stern eine Scheibe aus Gas und Staub bildet, in der mit einiger Wahrscheinlichkeit Planeten entstehen können.

gezogen werden kann. Diese rotierende Materie umgibt das junge stellare Objekt mit einer Scheibe aus Gas und Staub. Da sich aus einer solchen Scheibe mit einiger Wahrscheinlichkeit Planeten entwickeln, können diese neuen Sterne auch zu neuen Sonnensystemen führen.

Die Planeten, die sich aus den Nachwirkungen eines Zusammenstoßes brauner Zwerge ergeben, sollten alles enthalten, was für die Evolution von Leben nötig ist. In der Obhut eines roten Zwergs kann ein Planet Billionen

Jahre warm bleiben, viel länger als die Erde jetzt alt ist. Diese Systeme haben einen großen Vorrat an schweren Elementen, auch an Kohlenstoff und Sauerstoff, dem Rückgrat des irdischen Lebens. Auf Planeten mit geeigneten Bahnen kann es auch flüssiges Wasser geben. Im Prinzip können sich vertraute Lebensformen auf solchen neuen Planeten entwickeln, solange die Galaxie zusammenhält. Erst nach der 20. kosmologischen Dekade, wenn die Galaxie verdampft ist und keine braunen Zwerge mehr zusammenstoßen können, werden die letzten erdähnlichen Welten ein Opfer der ewigen Nacht.

Kollisionen zwischen weißen Zwergen können zu zwar kurzlebigeren, aber noch helleren Feuerwerken führen. Wenn zwei weiße Zwerge zusammenstoßen und verschmelzen und ihre gemeinsame Masse die Chandrasekhar-Grenze übersteigt, kann der Entartungsdruck das Produkt der Verschmelzung nicht vor dem Gravitationskollaps bewahren. Der neugebildete, aber übergewichtige Stern muß dann als Supernova explodieren. Von zehn Zusammenstößen zwischen weißen Zwergen führt ungefähr einer zu einer Supernova. Deshalb wird der Galaxie ihr Leben lang, also während etwa zwanzig kosmologischen Dekaden je einmal in etwa einer Billion Jahren eine Supernova beschert. Supernovae sind heute schon eindrucksvoll genug, aber in der armseligen Umwelt einer sterbenden Galaxie während des Zeitalters der Entartung werden sie wahrhaft spektakulär sein.

Das wahrscheinlichste Ergebnis eines der seltenen Zusammenstöße zwischen zwei weißen Zwergen aber ist keine Supernova, sondern vielmehr eine seltsame neue Art Stern. Die meisten weißen Zwerge stammen von Sternen mit geringen Massen ab und bestehen aus fast reinem Helium. Ein Zusammenstoß zwischen zwei dieser typischen weißen Zwerge erzeugt ein etwas größeres stellares Objekt, das aus Helium besteht. Wenn das Endprodukt der Kollision eine Masse von mehr als 0,3 Sonnenmassen hat, kann es im Prinzip in seinem Inneren Helium entzünden. Diese Sterne können Helium auf ähnliche Weise zu schwereren Elementen verbrennen wie alte Sterne mit größerer Masse und auch so, wie es im vorigen Kapitel beschrieben wurde. Damit der Stern Helium verbrennt, muß ihm jedoch beim Zusammenstoß genug Wärmeenergie zugeführt werden, ähnlich wie die Hitze einer Streichholzflamme nötig ist, um ein Blatt Papier anzuzünden. Wenn der Stern zu kalt ist, um sein Helium zu entzünden, schrumpft er zu einem weiteren weißen Zwerg, der in der Galaxie umherirrt und darauf wartet, entweder wieder zusammenzustoßen oder zu evaporieren.

Im Vergleich mit den gewöhnlichen, Wasserstoff verbrennenden Sternen sind diese Helium verbrennenden Sterne heißer, heller, dichter und kurzlebiger. Ein typischer solcher Stern mit halber Sonnenmasse hat ein Zehntel Sonnenradius und zehnmal soviel Leuchtkraft wie die Sonne. Die Oberfläche des Sterns ist mit einer Temperatur von 35 000 Kelvin etwa sechsmal so heiß wie die Sonne. Die Bedingungen im Sterninneren sind bei Temperaturen von 100 Millionen (10^8) Grad und einer zentralen Dichte von fast 10 000 Gramm pro Kubikzentimeter noch extremer. Diese Sterne leben nur wenige 100 Millionen Jahre, was nach menschlichen Maßstäben lang ist, aber nur ein kurzer Augenblick, wenn man ihre lange Entstehungszeit bedenkt. Selbst wenn diese Sterne Planetensysteme ausbilden, leben sie doch wahrscheinlich nicht so lange, wie es zur Entwicklung von komplexem Leben nötig ist. Wenn wir von der Zeitlinie ausgehen, die wir von der Erde kennen, gelangt die Entwicklung von Leben in diesen Systemen wahrscheinlich nicht über so primitive Stadien wie Viren und Einzeller hinaus.

Bei der Kollision etwas schwererer weißer Zwerge kann auch noch eine andere Art seltsamer neuer Sterne erschaffen werden. Wenn die Masse des Kollisionsprodukts größer ist als 0,9 Sonnenmassen, aber kleiner als die Chandrasekhar-Masse – es kommt dann nicht zur Explosion –, kann der neue Stern im Prinzip in seinem Inneren Kohlenstoff verbrennen. Ein solcher Kohlenstoffstern mit Sonnenmasse hat noch exotischere Eigenschaften als ein Heliumstern, denn er ist etwa 1000 Mal heller als die Sonne und wird an der Oberfläche 140 000 Kelvin heiß. Sein Radius ist für einen Stern eher winzig, nur etwas größer als der der Erde. Die Temperatur im Sterninneren nähert sich einer Milliarde Grad und die Dichte beträgt das Hunderttausendfache von Gestein. Diese hellen Kerzen brennen nur eine Million Jahre lang. Falls sie Planeten haben, befinden sich diese noch in ihrer frühen Jugend, wenn der Stern seinen Kernbrennstoff erschöpft hat und erlöscht. In dieser Zeit kann wohl auch die einfachste Biosphäre nicht Fuß fassen.

Die Vernichtung dunkler Materie

Galaktische Halos bestehen vor allem aus dunkler Materie, von der ein großer Teil die Form nichtbaryonischer Teilchen haben könnte. Man erinnere sich, daß baryonische Materie vor allem aus Protonen und Neutronen besteht und deshalb das meiste von dem umfaßt, was wir für gewöhnliche Materie halten. Wie in Kapitel 1 erörtert, muß aufgrund heutiger astronomischen Erkenntnisse ein großer Teil der Materie im Universum nichtbaryonisch sein. Und ein großer Teil dieser unkonventionellen Materie wird in den Halos von Galaxien vermutet.

Besonders vielversprechend sind Vermutungen, wonach die dunkle Materie aus schwach wechselwirkenden massereichen Teilchen besteht. Diese seltsamen Teilchen, die das Zehn- bis Hundertfache der Protonenmasse auf die

Waage bringen sollen, unterliegen nur der schwachen Kernkraft und der Schwerkraft. Sie haben keine elektrische Ladung, sind also taub für den Elektromagnetismus. Sie unterliegen auch nicht der starken Kraft und können deshalb nicht in Kernen gebunden sein. Weil diese Teilchen sehr schwach wechselwirken, können sie in so diffusen Bereichen wie dem galaktischen Halo lange leben, deutlich länger als es dem bisherigen Alter des Universums entspricht. Über sehr lange Zeiträume hinweg können auch sie mit gewöhnlicher Materie wechselwirken, und dann kommt es zu gegenseitiger Vernichtung.

Dunkle Materie kann auf zwei Weisen vernichtet werden. Im ersten Fall begegnen sich zwei Teilchen im galaktischen Halo und vernichten einander direkt. Im zweiten Fall werden die Teilchen von Sternresten, etwa weißen Zwergen, eingefangen und vernichten einander im Inneren von Sternen. Beide Mechanismen spielen für die Zukunft der Galaxis und des Universums eine große Rolle.

Im galaktischen Halo haben die dunklen Materieteilchen eine geringe Dichte, etwa ein Teilchen pro Kubikzentimeter, und ziemlich große Geschwindigkeiten, etwa 200 Kilometer pro Sekunde. Da die Teilchen nur durch die schwache Kraft wechselwirken, ist die Wahrscheinlichkeit, daß sie sich vernichten, äußerst gering. Nach etwa 23 kosmologischen Dekaden (10^{23} Jahren) jedoch wird sich die Halo-Population der dunklen Materie aufgrund dieser Wechselwirkungen drastisch verändert haben, denn dunkle Materieteilchen hinterlassen bei ihrer Vernichtung gewöhnlich kleinere Teilchen mit nahezu Lichtgeschwindigkeit, die also schnell genug sind, dem Gravitationssog der Galaxie zu entkommen. Der Vernichtungsprozeß führt also dazu, daß die Massenenergie des galaktischen Halos in den intergalaktischen Raum gestrahlt wird.

Da die dunkle Materie einen großen Teil des Massehaushalts des Universums ausmacht, liefern die Vernichtungsprodukte aus Wechselwirkungen mit der dunklen Materie in ferner Zukunft, insbesondere zwischen den 20. und 40. kosmologischen Dekaden, einen wichtigen Teil des Inventars des Universums. Zu den Überbleibseln der direkten Vernichtungsereignisse in galaktischen Halos gehören viele Teilchenarten, darunter Photonen, Neutrinos, Elektronen, Positronen, Protonen und Antiprotonen.

Dunkle Materie wird von Sternresten wie weißen Zwergen eingefangen. Die dunkle Materie im galaktischen Halo gleicht einem alles durchdringenden Meer von Teilchen, die fortwährend durch den Raum strömen. Diese Teilchen strömen auch durch alles innerhalb der Galaxis, durch Sterne, durch Planeten und, im heutigen kosmologischen Zeitalter, durch Menschen. In jeder Sekunde gehen näherungsweise 100 Milliarden (10^{11}) solcher Teilchen durch jeden von uns hindurch. Weil die Teilchen nur die schwache Kraft spüren und weil die schwache Kraft sehr schwach ist, können diese Teilchen alle Formen von Materie praktisch ungestört durchqueren. Gelegentlich jedoch gibt es eine Wechselwirkung zwischen einem dunklen Materieteilchen und dem Kern eines Atoms, bei dem es einen Teil seiner Energie freisetzt.

Wenn es im Inneren eines weißen Zwergs zu einer Wechselwirkung kommt, kann das dunkle Materieteilchen durch die Schwerkraft an den Stern gebunden bleiben. Über lange Zeitspannen hinweg wird der Anteil der dunklen Materieteilchen an der Masse des weißen Zwergs immer größer. Die Zeit, die nötig ist, damit dunkle Materie durch diesen Prozeß eingefangen wird, ist viel länger als die Zeit, in der die Sterne, jetzt fast all diese Zeit Sternreste, ihren Kernbrennstoff verbrennen. Wenn die Konzentration der dunklen Materieteilchen im Sterninneren zunimmt, werden die Gelegenheiten zur Teilchenvernichtung günstiger. Auf Dauer erreicht der Stern einen stetigen Zustand, bei dem Teilchen im Sternrest gerade so schnell vernichtet werden, wie Teilchen aus dem galaktischen Halo eingefangen werden.

Der Vorgang des Einfangens und der Vernichtung dunkler Materie stellt für die weißen Sterne der Zukunft eine äußerst wichtige Energiequelle dar. Die weißen Sterne sind ja die Reste, die nach dem Tod des Sterns, also nach dem Ende der Kernreaktionen, übrig geblieben sind. Wenn ihnen keine weitere Energiequelle zur Verfügung stünde, würden sie so lange kälter und schwächer, bis sie so kalt und schwach wären wie der kosmische Hintergrund. Weil weiße Zwerge aber durch Vernichtung der dunklen Materie Energie gewinnen, können sie sehr lange Energie abstrahlen. Die gesamte Leistung, die ein einziger weißer Zwerg durch diesen Vernichtungsprozeß erzeugt, beträgt etwa eine Billiarde (10^{15}) Watt. Diese Leistung ist zwar etwa 100 Milliarden (10^{11}) Mal geringer als die der Sonne, aber dennoch wird diese Form der Energieerzeugung das Universum in Zukunft beherrschen, denn es kann sie solange geben, wie es den galaktischen Halo gibt, also etwa 20 kosmologische Dekaden (10^{20} Jahre) lang, zehn Milliarden Mal länger als die Zeit, in der die Sonne Wasserstoff verbrennt.

Die von weißen Zwergen eingefangenen dunklen Materieteilchen werden schließlich zu der Strahlung, die das Strahlungsfeld des Universums bestimmt. Bevor diese Strahlung den Stern verläßt, wird sie jedoch zu längeren Wellenlängen hin verschoben und damit zu geringeren mittleren Energien degradiert. Photonen verlassen die Sternoberfläche mit einer charakteristischen Wellenlänge von etwa 50 Mikron (einem zwanzigstel Millimeter), die 100 Mal länger ist als die des Sonnenlichts. Diese Infrarotstrahlung ist für Menschen unsichtbar, kann aber mit der heutigen Technologie leicht aufgespürt werden. Die

Oberflächentemperatur des Sterns beträgt kühle 63 Kelvin, etwas weniger als die Temperatur von flüssigem Stickstoff.

In dieser Epoche in der zukünftigen Geschichte des Universums werden Galaxien ganz anders aussehen als heute. Eine typische Galaxie enthält dann Milliarden von Sternresten, die alle durch Einfangen und Vernichtung dunkler Materie Energie ausstrahlen. Die Gesamtleistung einer ganzen Galaxie dieser Sternreste ist vergleichbar mit der unserer Sonne. Unter diese schwach glühenden Reste sind etwa 100 traditionellere Sterne verstreut, die durch Kollisionen brauner Zwerge entstanden sind. Obwohl sie nach heutigen Standards eher schwach sind, werden diese kleinen Sterne in der Dunkelheit der Zukunft wahre Leuchtfeuer sein. Die gesamte von diesen wenigen echten Sternen erzeugte Leuchtkraft wird die Milliarden weißer Zwerge überstrahlen.

Leben in der Atmosphäre weisser Zwerge

Das Überleben vertrauter Lebensformen ist zwar sicherlich gefährdet, aber für zukünftiges Leben gibt es in der Atmosphäre alter weißer Zwerge faszinierende Möglichkeiten. Jede Diskussion zukünftiger Lebensformen bringt uns notwendigerweise in den Bereich der Spekulation. Die folgende Gedankenkette ist jedoch nicht nur um ihrer selbst willen interessant, sondern läßt auch gut die physikalischen Bedingungen erkennen, die in ferner Zukunft in weißen Zwergen herrschen werden.

Nach dem Tod des Erzeugersterns kühlt sich ein weißer Zwerg rasch ab, bis seine Hauptenergiequelle zunächst im Einfangen und dann in der Vernichtung dunkler Materie besteht. Der weiße Zwerg bleibt dann in einem mehr oder weniger unveränderlichen Zustand, bis die gesamte dunkle Materie im galaktischen Halo erschöpft ist oder bis der Stern selbst aufgrund der herrschenden Kräfteverhältnisse aus der Galaxie hinausgeschleudert wird. In jedem Fall begünstigen die Umstände innerhalb der Atmosphären von weißen Zwergen etwa 20 kosmologische Dekaden (10^{20} Jahre) lang die Entwicklung von Leben. Diese ungeheure Zeitspanne ist 100 Milliarden Mal länger als die, die für die Evolution des Lebens auf der Erde nötig war. In Anbetracht dieser langen Zeit wird die Möglichkeit einer biologischen Evolution durchaus plausibel und die Entwicklung von Komplexität vielleicht sogar wahrscheinlich.

In mancher Hinsicht hat das Szenario für Leben in der Atmosphäre eines weißen Zwergs eine gewisse Ähnlichkeit mit dem Leben auf der Erde. Ein weißer Zwerg hat etwa denselben Durchmesser wie die Erde. Genau wie das Leben auf der Erde auf die Nähe der Oberfläche beschränkt ist, wäre mögliches Leben in der Atmosphäre eines weißen Zwergs auf die äußeren Schichten des Sterns beschränkt. Das Sterninnere ist hoch entartet, weshalb dort kaum chemische Reaktionen ablaufen. Interessante chemische Reaktionen sind nur in den äußeren Schichten möglich, denn die Energiequelle des weißen Zwergs ist ein Strahlungsfeld, das die Oberfläche von unten her aufheizt, ganz anders als bei der Erde, die von oben durch Sonnenlicht erwärmt wird. Der entscheidende Unterschied aber besteht darin, daß das Leben auf der Erde auf flüssigem Wasser beruht, und davon gibt es in der Atmosphäre eines weißen Zwergs bestenfalls sehr wenig. Man kann nur hoffen, daß es auf einem weißen Zwerg überhaupt irgendwelche chemischen Reaktionen gibt.

Die erste Bedingung für Leben ist eine geeignete Mischung von Elementen. Massereiche weiße Zwerge enthalten selbstverständlich viel Kohlenstoff und Sauerstoff, zwei der für irdische Organismen wichtigsten Elemente. Andererseits bestehen die kleinsten weißen Zwerge mit weniger als halber Sonnenmasse fast nur aus Helium. Da Helium chemisch träge ist, ist es in einer Umwelt unerwünscht, die Hoffnung auf die Erzeugung von Leben setzt. Die Entwicklungschancen einer Biosphäre sind deshalb bei einem größeren weißen Zwerg besser als bei einem kleineren.

Über einen längeren Zeitraum hinweg hat ein weißer Zwerg eine Oberflächentemperatur von näherungsweise 63 Kelvin, nahe der von flüssigem Stickstoff. Die Temperatur im Sterninneren ist etwas, aber nicht viel höher. Der größte Teil des Inneren ist hochgradig entartet und ein guter Wärmeleiter. Wegen dieser relativ guten Wärmeleitung erreicht der Stern fast überall in seinem Inneren eine fast konstante Temperatur. In der Nähe der Oberfläche jedoch bestehen die äußeren Schichten des Sterns aus gewöhnlicher Materie, sind also nicht entartet.

In der äußersten Schicht können sich im Prinzip chemische Reaktionen abspielen, und dort könnten auch genug Photonen sein, die die Chemie antreiben. Im Sterninneren führt die Vernichtung dunkler Materie nämlich zu hochenergetischer Strahlung, Gammastrahlen mit Energien bis zu Milliarden Elektronvolt. Wenn sich die Strahlung den Weg an die Oberfläche bahnt, wird sie langwelliger und energieärmer. An der Oberfläche haben Photonen nur eine mittlere Energie von einem Bruchteil eines Elektronvolts, und die an chemischen Reaktionen beteiligten Teilchen haben gewöhnlich Energien von einigen Elektronvolt. Der Energiebereich der Photonen in der Atmosphäre eines weißen Zwergs ist also durchaus dazu geeignet, chemische Reaktionen in Gang zu bringen.

Über welchen Energiehaushalt kann ein solcher Stern insgesamt verfügen? Ein weißer Zwerg, der seine Energie aus der Vernichtung der dunklen Materie bezieht, erzeugt etwa 10^{15} Watt. Diese Leistung ist klein im Vergleich mit der Leuchtkraft der heutigen Sonne, aber ziemlich groß im Vergleich mit der gesamten von der Menschheit erzeugten Leistung. Ein anderes Beispiel: Die von der Erde aufgenommene Sonnenenergie beträgt etwa 10^{17} Watt, also beträgt die Leistung, die zur Verfügung steht, um die biologische Evolution in der Atmosphäre eines weißen Zwergs anzutreiben, ein Prozent der gesamten Leistung, die der Biosphäre der Erde zur Verfügung steht.

Führen wir dieses Gedankenexperiment noch weiter, und machen wir einige grobe Schätzungen. Wenn wir Freeman Dyson folgen, nehmen wir an, daß das Leben einer Art von Skalierungsgesetz gehorcht, das wiederum impliziert, daß die subjektive, einem Lebewesen erfahrbare Zeit von seiner Betriebstemperatur abhängt. Bei niedrigeren Temperaturen läuft das Leben langsamer ab, und es braucht länger, bis ein Geschöpf dieselbe Anzahl von Bewußtseinsmomenten erfährt.

Für unsere spekulative Flora und Fauna in der Nähe der Oberfläche eines weißen Zwergs liegt die Umgebungstemperatur bei etwa 63 Kelvin, beträgt also etwa ein Fünftel der Temperatur eines Säugetiers. Die Skalierungshypothese besagt, daß ein solches Geschöpf fünfmal so viel wirkliche – also physikalische – Zeit braucht, um effektiv gleich viel zu leben. Im Vergleich mit dem Leben auf der Erde verliert das Leben in den Atmosphären weißer Zwerge also einen Faktor fünf, weil der Grundumsatz langsamer ist, und einen weiteren Faktor 100, weil die Leistung geringer ist. Dieser Verlust von einem Faktor 500 wird mehr als wettgemacht durch die zur Verfügung stehende Zeit, die 100 Milliarden Mal länger ist. Wenn diese beiden gegenläufigen Effekte zusammenkommen, können wir dem Leben in der Atmosphäre eines weißen Zwergs einen numerischen Vorteil von etwa 100 Millionen zuschreiben. Selbst wenn die Evolution des Lebens in der Atmosphäre eines weißen Zwergs 100 Millionen Mal weniger effektiv wäre als die biologische Evolution auf der Erde, hätte der Stern doch genug Zeit und Energie, um ein System von Lebensformen hervorzubringen, das es seinem Umfang nach mit der heutigen Biosphäre der Erde aufnehmen könnte.

Unser Verständnis von Leben und Evolution ist keineswegs vollständig. Diese Form der Extrapolation stellt somit keinerlei gesicherte Vorhersage dar, sondern ist vielmehr eine faszinierende Aussage über Möglichkeiten. Die Atmosphären weißer Zwerge sind eine einigermaßen große Energiequelle, und es steht wirklich gewaltig viel Zeit zur Verfügung. Im Prinzip könnten sich in dieser Umwelt interessante chemische Prozesse abspielen. Wir haben keinerlei Garantie, daß Zeit, Energie und Chemie für das Entstehen von Leben ausreichen. In dem einen uns bekannten Beispiel jedoch hat interessante Chemie zur Evolution von Leben geführt. Diese Möglichkeit steht der Zukunft offen.

Leben ausserhalb der Atmosphäre weisser Zwerge

Auch eine herkömmlichere Sicht zukünftigen Lebens ist denkbar. Weiße Zwerge, die ihre Energie durch Einfangen und Vernichtung von Teilchen dunkler Materie gewinnen, liefern eine effektive Leuchtkraft von 10^{15} Watt. Diese ansehnliche Leistung fließt aus der Sternoberfläche heraus, die vergleichbar ist mit der der Erde. Wenn eine zukünftige Zivilisation diese Energie nutzen wollte, könnte sie ein Kugelschale um den Stern bauen und seine Strahlungsenergie auffangen. Ein solches Unterfangen würde Baumaßnahmen in der Größenordnung von Planeten erfordern, ein teures, aber für eine hoch entwickelte Zivilisation realisierbares Ziel.

Auf diesen weißen Zwergen steht weit mehr Leistung zur Verfügung, als unsere irdische Zivilisation erzeugt und ausgibt. Wir können diese Leistung weißer Zwerge auch anders bewerten. Nehmen wir an, die Zivilisation in der Umgebung eines weißen Zwergs habe eine Milliarde Mitglieder. Jedes Mitglied hätte dann Zugang zu einem ganzen Megawatt Leistung, genug, um 10 000 Stereoanlagen mit größter Lautstärke laufen zu lassen. Außerdem reicht dieser Energievorrat für 20 kosmologische Dekaden (100 Milliarden Milliarden Jahre), viel länger als die 200 Jahre, die wir hier auf der Erde mit fossilen Brennstoffen Raubbau betreiben.

Das Wachstum Schwarzer Löcher

Schwarze Löcher werden im Zeitalter der entarteten Sterne größer und massereicher. Sie gewinnen an Masse, indem sie Sterne und Gase ansammeln, die der »Oberfläche« des Schwarzen Lochs, dem Ereignishorizont, nahekommen. Wie wir im nächsten Kapitel sehen, müssen Schwarze Löcher ihre gewaltigen Massen schließlich preisgeben und abstrahlen, aber das passiert erst lange, nachdem das Zeitalter der entarteten Sterne Geschichte geworden ist. Bis dahin nehmen sie weiter zu.

Im Prinzip könnten supermassive Schwarze Löcher die Galaxie, in der sie leben, ganz verschlingen. Wie lange würde dieser Prozeß dauern? Wenn ein Schwarzes Loch mit der Masse von einer Million Sonnen, wie das Loch in der Mitte des Milchstraßensystems, Sterne zufällig ansammelte, würde es die gesamte Galaxis in etwa 30 kosmologischen Dekaden (einer Million Billionen Billionen Jahren) aufgesaugt haben. Wenn das Schwarze Loch mit einer viel größeren Masse, beispielsweise einer Milliarde Sonnenmassen, begonnen hätte, wäre die Galaxie nach nur etwa 24 kosmologischen Dekaden, also einer viel kürzeren Zeit, dezimiert. In jedem Fall sind diese Zeiten viel länger als die

Lebenserwartung von Galaxien. Wie wir schon gesagt haben, verdampfen Galaxien ihre Sterne nach nur etwa 20 kosmologischen Dekaden in den intergalaktischen Raum. Deshalb entkommen die meisten Sterne dem unmittelbaren Zorn Schwarzer Löcher, einige aber erwischt es doch.

Wenn die Galaxien vergangen sind, gibt es immer noch sowohl Schwarze Löcher als auch Sternreste. Nach etwa 20 kosmologischen Dekaden gehören die Schwarzen Löcher und die Sternreste zu einem lokalen Superhaufen, der nächst größeren Struktur, zu der die frühere Galaxie gehörte. Dieses Gebilde ist durch die Schwerkraft gebunden und verhält sich ähnlich wie eine Riesengalaxie. Die schwarzen Löcher, mindestens eins für jede frühere Galaxie, die zu dem Galaxienhaufen gehörte, können sich frei durch den Haufen bewegen und Sterne und andere Materie absorbieren. Die Schwarzen Löcher sammeln also immer weiter Masse an und werden größer.

Wenn nicht andere physikalische Effekte es verhindern, könnten sich die dynamischen Prozesse der Sternverdampfung, der Gravitationsstrahlung (siehe Kapitel 4) und des Verschlingens von Sternen durch Schwarze Löcher in immer größeren Maßstäben und entsprechend längeren Zeiträumen abspielen. Diese Hierarchie muß gegen Schluß des Zeitalters der Entartung zu einem Ende kommen. Die Sternreste und alles, was wir für gewöhnliche Materie halten, besteht aus Protonen. Und diese Protonen verändern sich im Lauf sehr langer Zeiten.

PROTONENZERFALL

Eine der Überraschungen, mit der die Teilchenphysik im letzten Teil des zwanzigsten Jahrhunderts aufwartete, war, daß das Proton nicht ewig leben wird. Protonen, die lange für stabile und unendlich langlebige Teilchen gehalten wurden, können im Lauf sehr langer Zeiten in kleinere Teilchen zerfallen. Im Grunde zeigen Protonen eine seltsame Art von Radioaktivität. Sie strahlen kleinere Teilchen aus und wandeln sich dabei selbst um. Die für diesen Zerfallsprozeß benötigte Zeit ist außerordentlich lang, viel länger als das heutige Alter des Universums, viel länger als die Lebensdauer von Sternen und auch viel länger als die Lebenszeiten von Galaxien. Angesichts der Ewigkeit jedoch leben Protonen nur ganz kurz.

Wie kann das sein? Wir sind schon dem Positron begegnet, dem positiv geladenen Antiteilchen des vertrauteren Elektrons. Man vermutet natürlich, daß ein Proton in ein Positron zerfällt, wobei Energie übrigbleibt, weil das Proton fast 2000 Mal mehr Masse hat als das Positron. Das Positron stellt also einen niedrigeren Energiezustand dar. Eine der Grundlagen der Physik ist, daß sich

Systeme zu Zuständen geringerer Energie entwickeln. Wasser fließt nach unten. Angeregte Atome senden Licht aus. Leichte Kerne, etwa Wasserstoff, verschmelzen zu schwereren Kernen, von Helium bis zu Eisen, weil die größeren Kerne weniger Energie pro Teilchen haben. Große Kerne, wie Uran, sind radioaktiv und zerfallen zu kleineren, energieärmeren Kernen. Warum sollten Protonen nicht in Positronen oder andere kleine Teilchen zerfallen?

Nun ist in viele physikalische Theorien ein Grundgesetz eingebaut, das den Zerfall von Protonen verbietet, obwohl sie dadurch in einen energieärmeren Zustand übergehen würden. Dieses Gesetz läßt sich kurz fassen: Die Baryonenzahl bleibt erhalten. Protonen und Neutronen bestehen aus gewöhnlicher Materie, die wir baryonisch nennen. Jedes Proton oder Neutron zählt als ein Baryon. Teilchen wie Elektronen und Positronen haben die Baryonenzahl Null, genau wie Photonen, die Teilchen des Lichts. Wenn also ein Proton in ein Positron zerfällt, verringert sich die Baryonenzahl.

Die neueren Teilchentheorien bieten jedoch einen Ausweg. Das Gesetz, das den Protonenzerfall verbietet, kann, wenn auch nur gelegentlich, verletzt werden. Praktisch bedeutet dieses scheinbare Oxymoron, daß Protonen nur innerhalb sehr langer Zeiträume zerfallen, Zeiträumen, die viel länger sind als die jetzige Alter des Universums.

Das Proton kann auf mehrere Weisen zerfallen und dadurch viele unterschiedliche Zerfallsprodukte erzeugen. Die Abbildung auf dieser Seite zeigt ein typisches Beispiel. In diesem Fall zerfällt das Proton in ein Positron und ein neutrales Pion, das weiter zu Strahlung (Photonen) zerfällt. Auch viele andere Zerfallsereignisse sind möglich; noch kennen wir nicht die ganze Vielfalt und die Häufigkeit ihres Vorkommens.

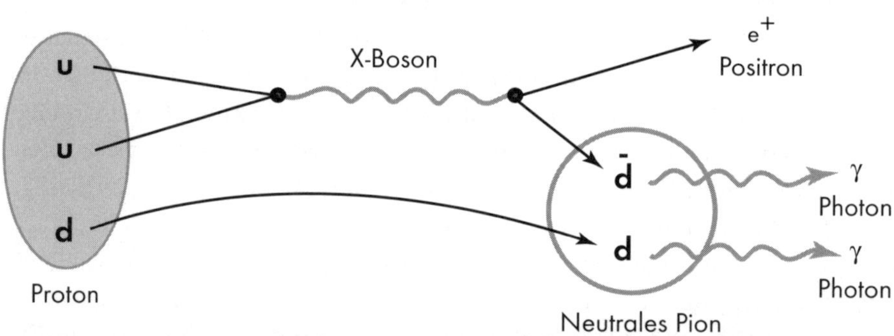

Hier wird ein möglicher Ablauf eines Protonenzerfalls dargestellt. Das Proton zerfällt hier in ein Positron (das Antiteilchen des Elektrons) und ein neutrales Pion. Das Pion ist sehr instabil und zerfällt rasch in Strahlung (also Photonen). Wenn der Zerfall in der dichten Umgebung etwa eines weißen Zwergs passiert, vernichtet sich das Positron bald bei der Begegnung mit einem Elektron, wobei zwei weitere energiereiche Photonen entstehen.

Man könnte sich wundern, warum wir den Zerfall von Protonen erörtern und nicht den von Neutronen. Neutronen zerfallen im Inneren von Kernen mit einer ähnlichen Lebenszeit. Freie Neutronen jedoch leben nicht sehr lange. Wenn ein Neutron sich selbst überlassen bleibt, zerfällt es nach etwa zehn Minuten in ein Proton, ein Elektron und ein Antineutrino. Diese Möglichkeit des Zerfalls haben Neutronen, die in Atomkerne eingebunden sind, nicht. Gebundene Neutronen können nur auf dieselbe langfristige Weise zerfallen wie Protonen.

Die Lebenszeit des mittleren Protons läßt sich mit den Mitteln der heutigen Physik nicht genau bestimmen. Die einfachste Fassung der Theorie sagt vorher, daß die für den Protonenzerfall nötige Zeit etwa 30 kosmologische Dekaden beträgt (10^{30} oder eine Billiarde Billiarde Jahre). Aber diese einfache Vorhersage konnte durch Experimente ausgeschlossen werden, die zeigten, daß die Lebenszeit des Protons länger sein muß als etwa 32 kosmologische Dekaden. Die Theorie, die den Protonenzerfall vorhersagt, ist eine sogenannte GUT, eine Große Vereinheitlichte Theorie, die die Vereinigung der starken, schwachen und elektromagnetischen Kräfte erklärt. Diese Theorien setzen unglaublich hohe Energien voraus, wie es sie in unserem Universum seit den ersten Augenblicken nach dem Urknall nicht mehr gegeben hat. Die Energien der größten Teilchenbeschleuniger sind um ein Milliardenfaches zu klein, um diesen interessanten Teil der Physik experimentell zu erforschen, und deshalb haben wir noch keine endgültige Fassung einer großen vereinheitlichten Theorie. Noch sind viele mögliche Theorien im Gespräch, die für die Lebenszeit des Protons sehr unterschiedliche Werte angeben.

Da das Universum erst zehn Milliarden Jahre alt ist, scheint der Gedanke, ein Experiment durchzuführen, das eine Lebenszeit von einer Billiarde Billiarde Jahren – 30 kosmologischen Dekaden – messen soll, absurd. Der Grundgedanke ist jedoch ganz einfach, wenn der allgemeine Begriff des radioaktiven Zerfalls verstanden ist. Alle Teilchen, in diesem Fall Protonen, leben nicht eine bestimmte Zeitlang und zerfallen dann alle auf einmal, sondern sie zerfallen irgendwann mit einer bestimmten Wahrscheinlichkeit. Da ein Zerfall so außerordentlich unwahrscheinlich ist, werden die meisten Teilchen sehr alt. Die Lebenszeit eines Teilchens entspricht einer mittleren Lebenszeit der Teilchen, nicht der tatsächlichen Lebensdauer eines jeden Teilchens. Es wird immer Teilchen geben, die früh zerfallen. Und eben diese Fassung der Kindersterblichkeit läßt sich experimentell messen.

Um den Zerfallsvorgang zu messen, braucht man sehr viele Teilchen. Nehmen wir an, wir wollten den Zerfall von Protonen messen, die eine Lebenserwartung von 10^{32} Jahren haben. Wenn wir einen großen Kasten haben, der 10^{32}

Protonen enthält – es genügt ein kleines Schwimmbad von 20 Meter Länge, 5 Meter Breite und 2 Meter Tiefe –, müßte pro Jahr etwa eines dieser Protonen zerfallen. Mit empfindlichen Instrumenten, die jeden einzelnen Zerfallsvorgang aufspüren, könnten wir schon nach wenigen Jahren mit Ergebnissen rechnen. In der Praxis sind die experimentellen Schwierigkeiten im Zusammenhang mit diesen Messungen subtiler, aber der Grundgedanke ist klar. Insbesondere brauchen wir nicht 10^{32} Jahre zu warten, bis wir die Antwort kennen. Experimente dieser Art haben schon gezeigt, daß die Lebensdauer des Protons länger ist als 10^{32} Jahre. Und jetzt werden weitere Experimente durchgeführt, um den Protonenzerfall weiter zu erforschen.

Der Protonenzerfall kann ganz allgemein vorhergesagt werden. Im frühen Universum hat ein Vorgang, der die Erhaltung der Baryonenzahl verletzte, die Materie erzeugt, die wir heute im Universum sehen. Man erinnere sich, daß in den ersten Mikrosekunden der kosmischen Geschichte ein geringer Überschuß von Materie über Antimaterie entstand. Das Universum kann nur dann mehr Materie haben als Antimaterie, wenn ein physikalischer Vorgang zusätzliche Baryonen erschafft. Wenn es aber einen solchen Vorgang gibt, der die Baryonenzahl verletzt, sind die Protonen zum Zerfall verdammt. Es ist nur eine Frage der Zeit, bis sie verschwunden sind.

Die bisher angesprochenen Arten des Protonenzerfalls berücksichtigen nicht die vierte Naturkraft – die Schwerkraft. Auf ihr beruht ein weiterer Mechanismus für den Protonenzerfall. Das Proton ist nicht wirklich ein einzelnes Teilchen, sondern besteht vielmehr aus drei Bestandteilen, sogenannten Quarks. Die Quarks im Inneren eines Protons sitzen nicht einfach herum – sie sind in einem Zustand ständiger Erregung. Immer wieder einmal besetzen die Quarks in einem Proton nahezu denselben Ort. Wenn das passiert, können sie, falls sie eng genug benachbart sind, zu einem mikroskopischen Schwarzen Loch verschmelzen. Die Schätzungen dafür, wie lange ein Proton durchschnittlich braucht, um sich in ein winziges Schwarzes Loch zu tunneln, schwanken stark zwischen 45 und 169 kosmologischen Dekaden, wobei der niedrigere Wert etwas wahrscheinlicher ist. Es erübrigt sich zu sagen, daß wir diesen Vorgang bisher nur schlecht verstehen und die entsprechende Lebenszeit hoffnungslos ungewiß ist. Aber wenn Protonen nicht schon vorher zerfallen sind, müssen sie auf diese Weise verschwinden – aufgrund der Schwerkraft.

Wie wir im nächsten Kapitel ausführen werden, leben Schwarze Löcher nicht ewig. Und kleinere Schwarze Löcher leben viel weniger lange als größere. Wenn sich ein Proton in ein Schwarzes Loch verwandelt hat, verdampft es fast augenblicklich und läßt dabei ein Positron zurück. Auch das Proton ist also Schauplatz für den Kampf zwischen Schwerkraft und Thermodynamik. Weil die Schwerkraft so erbarmungslos ist, kann sie schließlich das Dahinscheiden von Protonen und die Bildung winziger Schwarzer Löcher auslösen. Aber dieser scheinbare Sieg der Schwerkraft ist nur kurzlebig. Die Schwarzen Löcher verdampfen unmittelbar nach ihrer Herstellung. Der größte Teil der Massenenergie des Protons wird abgestrahlt, Entropie wird freigesetzt und die Thermodynamik trägt den Sieg davon.

Protonen können schließlich durch einen anderen, noch seltsameren Mechanismus zerfallen, der damit zu tun hat, daß das Vakuum in mehr als einem möglichen Zustand sein und seinen Zustand im Prinzip spontan durch das sogenannte quantenmechanische Tunneln verändern kann. Da Übergänge zwischen den unterschiedlichen Vakuumzuständen zu einer Veränderung der Baryonenzahl führen, fördern diese Vakuumübergänge den Protonenzerfall. Solche Übergänge sind jedoch sehr selten und brauchen außerordentlich lange. In Ermangelung eines rascheren Zerfallskanals wird ein Proton auf diese Weise während der 140. bis 150. kosmologischen Dekade zerstört.

Das Schicksal entarteter Sternreste

Das letzte Kapitel der Sternentwicklung spielt sich ab, wenn die Protonen zerfallen. Obwohl die Lebensdauer der Protonen experimentell noch nicht bestimmt wurde, nehmen wir hier eine Lebensdauer von 37 kosmologischen Dekaden (zehn Billionen Billionen Billionen Jahren) an. Wenn Protonen im Inneren eines Sterns, etwa eines weißen Zwergs, zerfallen, wird dem Sternbudget Energie hinzugefügt. Die häufigsten Zerfallsprodukte sind ein Positron und ein Pion, das augenblicklich in hochenergetische Gammastrahlung zerfällt. Das Positron findet rasch ein Elektron, und beide erzeugen bei ihrer gegenseitigen Vernichtung zwei hochenergetische Gammastrahlenphotonen. Das Endergebnis ist die Umwandlung der Ruheenergie des Protons in Gammastrahlung, die den Stern erhitzt. Zerfallende Protonen versorgen den Stern also mit einer inneren Energiequelle, aber um einen hohen Preis, denn der Stern muß zugunsten von Wärme und Licht auf seine eigene Ruheenergie verzichten.

Ein weißer Zwerg, der seine Energie aus dem Protonenzerfall bezieht, hat eine Leuchtkraft von etwa 400 Watt, gerade genug für einige Glühlampen. Eine ganze Galaxie solcher Sterne hat eine Leuchtkraft, die zehn Billionen Mal kleiner ist als die der Sonne. Selbst wenn wir die gesamte Leistung aller Sterne in allen Galaxien addieren, die zur Zeit in unserem kosmologischen Horizont sind, würde sie insgesamt 100 Mal geringer sein als die der Sonne. Diese Zukunft ist wahrhaft düster.

Im Inneren des weißen Zwergs muß die Strahlung oft gestreut werden, bevor sie ihren Weg an die Oberfläche des Sterns finden kann. In dieser zukünftigen Epoche wird die Oberflächentemperatur eines weißen Zwergs kühle 0,06 Kelvin betragen, also 100 000 Mal kälter sein als die der Sonne. Diese 400 Watt-Lampen wären also keine guten Leselampen. Die Wellenlänge ihrer Strahlung ist 5 Zentimeter, also 50 000 Mal länger als das für menschliche Augen wahrnehmbare Licht.

Während der Phase des Protonenzerfalls verändert sich die chemische Zusammensetzung eines weißen Zwergs vollständig. Nehmen wir an, wir beginnen mit einem Stern aus reinem Kohlenstoff. Jeder Kohlenstoffkern enthält sechs Protonen und sechs Neutronen. Wenn die Protonen und Neutronen zerfallen, werden die Kerne kleiner und enthalten weniger Teilchen. Wenn der Vorgang weitergeht, verschmelzen die ursprünglichen Kohlenstoffkerne zu einem einzigen Teilchen, und am Ende seines Lebens enthält der Stern nur noch reinen Wasserstoff.

Dieses einfache Bild wird durch zwei Faktoren kompliziert. Erstens kann hochenergetische Strahlung aus dem Protonenzerfall andere Protonen und Neutronen aus ihren Kernen befreien. Diese emanzipierten Teilchen geben ihre neugewonnene Freiheit im allgemeinen wieder auf und finden sich mit anderen Kernen zusammen. Im Mittel führt jeder Protonenzerfall dazu, daß ein weiteres Proton oder Neutron von einem Kern in einen anderen übergeht. Sie spielen eine Art nuklearer Reise nach Jerusalem.

Die zweite Komplikation ist die kalte Fusion. Selbst bei geringen Temperaturen, in diesem Fall weniger als ein Grad über dem absoluten Nullpunkt, können Kerne aufgrund des Unschärfeprinzips gelegentlich verschmelzen. Die Wellennatur der Teilchen macht es unmöglich, ihre Lage genau zu bestimmen. Gelegentlich kommen sich zwei Kerne so nahe, daß sie zu einem schwereren Kern verschmelzen können. In einem weißen Zwerg, der eine Million Mal dichter ist als die Erde, dauert die kalte Fusion von Wasserstoff nur 100 000 Jahre und die von Kohlenstoff etwa 200 kosmologische Dekaden (10^{200} Jahre). Weiße Zwerge bestehen deshalb gewöhnlich aus Helium. Diese Zeitskalen sind jedoch so lang, daß die kalte Fusion die Evolution eines weißen Zwergs während der Phase seines Protonenzerfalls 10^{37} Jahre lang nicht sehr verändert. Daran ist auch zu sehen, warum die kalte Fusion im heutigen Weltall keine wesentliche Rolle spielt.

Wenn ein weißer Zwerg durch Protonenzerfall immer mehr Masse verliert, verändert sich sein Aufbau, denn aufgrund der Seltsamkeit entarteter Materie nimmt ja sein Durchmesser zu, während er Masse verliert. Damit nimmt die Dichte ab, und die Materie ist schließlich nicht mehr entartet. Das tritt ein, wenn die Sternmasse auf die des Jupiter sinkt, also etwa 1000 Mal kleiner ist als die der Sonne. An diesem Punkt seiner Evolution hat der Stern die Dichte von Wasser und einen Radius, der zehnmal kleiner ist als der der Sonne. Der Stern besteht aus gefrorenen Wasserstoffatomen – er ist eine große Kugel Wasserstoffeis.

Wenn die Entartung behoben ist, verschleudert der kristalline weiße Zwerg noch mehr Materie, bis er für einen Stern zu klein ist. Dieser letzte Übergang markiert das Ende der Sternentwicklung. Der wahre Sternentod tritt ein, wenn der Körper durchsichtig wird und die Strahlung frei und ungestreut aus dem Sterninneren entkommen kann. An diesem Wendepunkt hat der Stern nur 10^{24} Gramm, etwa 6000 Mal weniger Masse als die Erde.

Den meisten Sternen bestimmt das Schicksal also ein Ende als Wasserstoffgestein, das etwa 70 Mal kleiner ist als der Mond. Das Gestein verdampft seine Masse, solange der Protonenzerfall seiner Vollendung entgegentuckert. Schließlich also, wenn die gesamte Massenenergie des weißen Zwergs in den interstellaren Raum gestrahlt wurde, ist nichts mehr von ihm übrig. Wieder einmal triumphiert über lange Zeiten hinweg die Thermodynamik über die Schwerkraft.

Auf ähnliche Weise verdampfen auch die Neutronensterne, diese seltenen und dichten Verwandten der weißen Zwerge. Der Protonenzerfall versorgt die Neutronensterne mit näherungsweise derselben Gesamtleuchtkraft, etwa 400 Watt. Neutronensterne sind viel kleiner als weiße Zwerge. Damit sie dieselbe Gesamtleistung aufbringen, müssen ihre Oberflächen heißer sein; bei einem typischen Neutronenstern haben sie etwa 3 Kelvin. Diese Temperatur ist etwa dieselbe wie die der heutigen kosmischen Hintergrundstrahlung, der niedrigsten heute im Universum gemessenen Temperatur. Von der 37. bis zur 39. kosmologischen Dekade dagegen werden Neutronensterne, die mit drei Kelvin sanft glühen, zu den heißesten Objekten der Welt gehören.

Die Endstadien im Leben eines Neutronensterns verlaufen etwas anders als bei weißen Zwergen. Wenn ein Neutronenstern seine Masse durch Protonenzerfall verliert, wird er weniger dicht, und schließlich sind dann die Neutronen nicht mehr entartet und verwandeln sich in Protonen, Elektronen und Antineutrinos. Es kommt zu diesem Übergang, wenn die Masse des Sterns kleiner wird als ein Zehntel Sonnenmasse und der Sternradius etwa 164 Kilometer beträgt. An diesem Punkt ist die Dichte noch so groß, daß die Elektronen entartet bleiben, und der Stern hat viel Ähnlichkeit mit einem weißen Zwerg. Dieser Sternrest verliert durch Protonenzerfall weiterhin solange Masse, bis die Elektronen nicht mehr entartet sind. Das Objekt wird dann zu einem Klumpen aus festem Wasserstoffeis mit weniger als einem Tausendstel Sonnenmasse.

Schließlich zerfallen auch die Protonen im Kristallgitter, und der ganze Stern verdampft zu Strahlung und kleinen Teilchen. Von Neutronensternen bleibt überhaupt nichts übrig.

Langfristig ereilt die Planeten ein ähnliches Schicksal. Auch sie bestehen hauptsächlich aus Protonen, die zerfallen, wenn der Planet zu Strahlung verdampft. Wenn ihre Gestalt durch den Protonenzerfall gefährdet ist, haben sich die noch verbleibenden Planeten längst von ihren Sonnen getrennt und treiben einsam umher. Wenn sie sich langsam auflösen, erzeugen sie eine ziemlich bescheidene Leistung, nur etwa ein Milliwatt bei einem erdähnlichen Planeten. Obwohl Planeten zu Beginn mehr schwerere Elemente haben als Sterne, werden auch sie im Lauf der Zeit auf Wasserstoff reduziert. Selbst ein Planet, der aus reinem Eisen besteht, zerbricht zu Beginn der 38. kosmologischen Dekade, also nach etwa sechs Halbwertszeiten von Protonen. In der 39. kosmologischen Dekade wird der Planet von einem kleinen Klumpen kristallinen Wasserstoffs zu einem vollständig ungeordneten Gebilde.

In der 40. kosmologischen Dekade sind fast alle Protonen des Universums zerfallen und alle entarteten Sternreste verschwunden. Die anscheinend widerstandsfähigen und unzerstörbaren Sternreste haben einem diffusen Strahlungsmeer Platz gemacht, das zumeist aus Photonen und Neutrinos mit einer kleinen Beimischung von Positronen und Elektronen besteht. Das Universum hat sein Wesen damit völlig verändert. Dieses ungeheuer große Reich überwältigender Einsamkeit wird von isolierten Bereichen extremer Raumzeit-Krümmung unterbrochen, also Schwarzen Löchern. Wenn sich das Zeitalter der entarteten Sterne seinem Ende zuneigt, drängen die Schwarzen Löcher mit Massen zwischen einer und einer Milliarde Sonnenmassen verbissen in das nächste Zeitalter vor.

4

Das Zeitalter der schwarzen Löcher

$40 < \eta < 100$

Schwarze Löcher übernehmen im Universum die Hauptrolle, krümmen Raum und Zeit, verdampfen ihre Massenenergie und verlassen die Bühne mit einem Knall.

Kosmologische Dekade 90, am Rand einer Ansammlung Schwarzer Löcher:

Bob war verwirrt. Sein diffuser Körper, schwerer als eine Million Sonnen, war überwältigt von einem beängstigenden Kaleidoskop der Gefühle. In den fast 10^{79} Jahren seines Lebens hatte er noch nie etwas erlebt, was diesem mentalen Gewitter auch nur entfernt ähnelte. Die Welle der Verzerrungen erreichte einen fast unerträglichen Höhepunkt, ehe sie plötzlich erstarb und nur ein wenig Übelkeit hinterließ, ein Gefühl, das jemand, der über die Begriffe Wasser und Meer verfügte, wohl als Seekrankheit hätte beschreiben können. Die Positronen und Elektronen in seinem Gehirn vollzogen eine langsame Spirale von Berechnungen, und allmählich dämmerte es ihm, daß sein Unbehagen von einem Ausbruch an Gravitationsstrahlung verursacht worden war. Irgendwo in der Ferne hatte die Verschmelzung zweier Schwarzer Löcher eine ungeheuer tiefe Quelle der Gravitationsstrahlung aufgetan. Schwarze Löcher stellten einen der wenigen Gefahrenherde dar, die ihn und seine Artgenossen bedrohten, und deshalb war Bob erleichtert, daß diese himmlische Kollision sich in weiter Ferne abgespielt hatte.

Natürlich war Bob über die ultimative Bedeutung der Schwarzen Löcher im Bilde. Ihr unwirkliches Glühen tauchte das Universum in ein schwaches Strahlungsmeer und lieferte die Energiequelle, die praktisch alles, auch das Leben, selbst das Sein, ermöglichte. Er wußte, daß das Universum ohne die Energie aus der Verdampfung der Schwarzen Löcher ein lebloser und langweiliger Ort sein würde.

Bob beschäftigte sich gewöhnlich nur mit ganz praktischen Alltagsfragen. Einige seiner Artgenossen jedoch bemühten sich, etwas über die Eigenschaften in Erfahrung zu bringen, die das Universums in seinen ersten 10^{40} Jahren gehabt hatte, in »jenen fast unvorstellbar kurzen Augenblicken nach dem Urknall«. Besonders aktuell war eine wilde Vermutung, daß damals Wesen gelebt hätten, deren hohe Komplexität auf der Wechselwirkung von Elektronen mit Protonen und Neutronen beruhte. Die Möglichkeit der Existenz von Protonen und Neutronen, seltsamen kurzlebigen Teilchen, die schon seit langem zerfallen waren, wurde von den kühneren Physiker seiner Zeit begeistert begrüßt, von ihren eher konservativ denkenden Kollegen jedoch als »unhaltbare Spekulation« abgetan.

Mit dem Zerfall der Protonen verliert das Universum den Staub, die weißen Zwerge, die gefrorene Erde und die Materie des alltäglichen Seins. Ihr Verschwinden verändert das Gewebe des Universums radikal. Die wichtigsten verbleibenden Objekte sind Schwarze Löcher, die unversehrt das Ende des Zeitalters der Entartung überleben. Sowie die weißen Zwerge die Bühne verlassen haben, übernehmen Schwarze Löcher, sternähnliche Objekte mit einigen sehr ungewöhnlichen Eigenschaften, die Rolle, die heute gewöhnlichen Sternen zukommt. Von der 40. kosmologischen Dekade an sind sie unbestrittene Alleinherrscher. Ihr Licht, ihre Wärme und ihre Dynamik machen die Dinge interessant.

Schwarze Löcher gleichen seltenen Inseln in einem außerordentlich dünnen Meer von Elementarteilchen. Wenn man dieses fast vollkommene Vakuum in Gedanken durchquert, begegnet man gelegentlich einem Elektron, dem negativ geladenen Teilchen, das die Kerne heutiger Atome umläuft und als elektrischer Strom durch Drähte fließt. Eine ausdauernde Suche ergibt, daß jedes überlebende Elektron einen entsprechenden antimateriellen Partner hat, ein Positron. Jedes Positron trägt eine einzige positive Ladung, und deshalb bleibt das Universum insgesamt immer elektrisch neutral. Eine weitere Suche führt zu den verborgeneren Bewohnern der interstellaren Abgründe – Axionen, mehreren Flavors von Neutrinos und anderen Teilchen.

Das Universum des Zeitalters der Schwarzen Löcher ist voller energiearmer Photonen, deren Licht viel zu langwellig ist, als daß Menschen es sehen könnten. Licht, das unsere Augen aufspüren, besteht aus Photonen mit Wellenlängen von etwa einem halben Mikron (der Hälfte eines tausendstel Millimeters). Die Wellenlänge der gewöhnlichen Strahlung in der 40. Dekade ist viel länger, fast einen Kilometer lang. Wer im Zeitalter der Schwarzen Löcher etwas »sehen« will, braucht Augen, die so groß sind wie ein Kontinent.

Die Definition Schwarzer Löcher

Was ist ein Schwarzes Loch? Eine mögliche Definition könnte lauten: Ein Schwarzes Loch ist ein Objekt, das das Raumzeit-Kontinuum so stark verzerrt, daß nicht einmal Licht seiner Oberfläche entkommt. In diesem Kapitel werden wir die Bedeutung dieser Aussage im einzelnen erkunden. Der Gedanke, der der phänomenalen Schwerkraft eines Schwarzen Lochs zugrundeliegt, läßt sich leicht erfassen.

Wohl jeder kennt die grobkörnigen Bilder von den Apollo-Landungen auf dem Mond, auf denen die Astronauten in ihren unförmigen Raumanzügen umherhüpfen. Ihre steifbeinigen Sprünge wirken aus gutem Grund so unirdisch: Auf dem Mond ist die Schwerkraft nur ein Sechstel so stark wie auf der Erde. Ein in die Luft geworfener Ball fliegt auf dem Mond also sechsmal so hoch wie auf der Erde. Auf dem Mond kann man den Klauen der Schwerkraft mit weniger Energieaufwand entkommen.

Die Geschwindigkeit, die nötig ist, um den Gravitationssog eines Körpers zu überwinden, wird Fluchtgeschwindigkeit genannt. Um beispielsweise der Erde zu entkommen, müssen wir eine Fluchtgeschwindigkeit von etwa 40 000 Stundenkilometer (11,2 Kilometer pro Sekunde) ohne Luftreibung erreichen. Auf diese Geschwindigkeit wurden die Mondraketen von enormen Saturn-V-Raketen beschleunigt. Das Mondmodul dagegen konnte mit Hilfe vergleichsweise bescheidener Raketen vom Mond abheben und zur Erde zurückkehren. Die Fluchtgeschwindigkeit des Mondes ist klein, weil der Mond sowohl weniger dicht als auch weniger massereich ist als die Erde. Wenn zwei Körper gleich groß sind, aber unterschiedlich viel Masse haben, ist die Fluchtgeschwindigkeit des massereicheren Objekts größer. Beispielsweise hätte ein Himmelskörper mit der Masse der Sonne und dem Durchmesser der Erde eine Fluchtgeschwindigkeit von etwa 6500 Kilometer pro Sekunde, 588 Mal mehr als die Fluchtgeschwindigkeit der Erde. Wenn wir die Masse eines Körpers vermehren, aber den Durchmesser gleich lassen, nimmt die Fluchtgeschwindigkeit zu, und es wird viel schwerer, etwas von der Oberfläche wegzuschleudern. Wenn mehr als 2000 Sonnenmassen in eine Kugel von der Größe der Erde gepreßt sind, wird die Fluchtgeschwindigkeit größer als die Lichtgeschwindigkeit (300 000 Kilometer pro Sekunde). Und wenn die Fluchtgeschwindigkeit größer ist als die Lichtgeschwindigkeit, kann nichts, nicht einmal Licht, entkommen. Unsere dichte imaginäre Kugel wird zu einem Schwarzen Loch. Der Name paßt: Ein Objekt, das kein Licht aussendet, erscheint von außen gesehen schwarz.

Obwohl nichts schnell genug ist, um der Oberfläche eines Schwarzen Lochs zu entkommen, ist ein Schwarzes Loch kein kosmischer Höllenrachen, der wahllos alles verschlingt, was ihm nahekommt. Der Gravitationssog eines Körpers, auch eines Schwarzen Lochs, nimmt mit der Entfernung ab. In genügend großer Entfernung ist die Schwerkraft eines Schwarzen Lochs nicht von der Schwerkraft eines Sterns mit vergleichbarer Masse zu unterscheiden. In großer Entfernung vom Schwarzen Loch ist die lokale Fluchtgeschwindigkeit geringer als die Lichtgeschwindigkeit, und Teilchen oder Raumschiffe können beliebig kommen und gehen. Wenn man einem Schwarzen Loch näher kommt, nimmt die Fluchtgeschwindigkeit stetig zu. Bei einem ganz bestimmten Radius entspricht die Fluchtgeschwindigkeit schließlich der Lichtgeschwindigkeit. Ab dort gibt es kein Entweichen mehr, denn hier beginnt das Schwarze Loch. Dieser sogenannte Schwarzschild-Radius heißt nach Karl Schwarzschild, dem deutschen Astrophysiker, der als einer der ersten Einsteins Allgemeine Relativitätstheorie verstand und bereicherte. Schwarzschild starb bald nach der Berechnung dieser Größe, die heute seinen Namen trägt, als junger Soldat an einer Krankheit, die er sich im ersten Weltkrieg an der russischen Front zugezogen hatte.

Der Schwarzschild-Radius eines Schwarzen Lochs von Sonnenmasse beträgt einige Kilometer. Man kann sich vorstellen, wie eng ein solcher Körper gepackt ist, wenn man sich vorstellt, daß die gesamte Sonne auf die Größe einer Kleinstadt zusammengepreßt wird. Der Schwarzschild-Radius nimmt streng proportional zur Masse eines Schwarzen Lochs zu. Ein Schwarzes Loch mit der Masse von Millionen Sonnen beispielsweise hat einen Radius von drei Millionen Kilometer, ist also viermal größer als die heutige Sonne. Die Erde hätte die Größe einer Murmel, wenn sie zu einem Schwarzen Loch zusammengepreßt würde. Man stelle sich den Eiffelturm, Mount Everest, den gewaltigen Eisenkern der Erde und alle Einkaufszentren der Menschheit in eine Kugel gepreßt vor, die bequem auf einer Handfläche Platz hat! So erstaunlich die Vorstellung ist, ein solches bizarres Objekt kann tatsächlich existieren.

Die Kugeloberfläche mit dem Schwarzschild-Radius umschließt einen Teil des Raumzeit-Kontinuums, der so stark gekrümmt ist, daß keine Teilchen entkommen können. Da keine Information diesen lokalen Bereich verlassen kann, ist er vom Rest des Universums getrennt. Wir können uns deshalb vorstellen, der Schwarzschild-Radius definiere eine imaginäre Oberfläche, die eine Grenze zwischen dem übrigen Universum und diesem inneren Bereich definiert, aus dem keine Information entkommen kann. Diese Grenze heißt Ereignishorizont.

Schwarze Löcher sind also ein bißchen wie der Tresor einer Bank. Information, die im Inneren des Ereignishorizonts eingeschlossen ist, bleibt dem Rest des Universums unzugänglich. Zu einem Tresor jedoch gehört ein Schlüssel; wer ihn hat, kann die Information oder auch das Bargeld herausholen. Für ein Schwarzes Loch aber hat niemand einen Schlüssel. Die Information ist für immer verloren – oder jedenfalls beinahe.

Arten Schwarzer Löcher

Wer will, kann mehrere Arten Schwarzer Löcher unterscheiden. Andererseits sind alle Schwarzen Löcher im wesentlichen gleich. Die Sichtweise hängt davon ab, welche Bedeutung man der Entstehungsgeschichte der Schwarzen Löcher zumißt.

Die Betrachtung der Entstehung Schwarzer Löcher – also der Vorgänge, durch die sich Schwarze Löcher bilden – zeigt, daß es mehrere Mechanismen gibt, die zu ihrer Entstehung führen können, und daß jeder dieser Mechanismen Schwarze Löcher eines bestimmten Massenbereichs erzeugt. Schwarze Löcher von Sterngröße stammen von massereichen sterbenden Sternen, die größten schwarzen Löcher dagegen von Galaxien. Viel kleinere Schwarze Löcher könnten auf exotische Vorgänge zurückgehen, die in winzigen Zeiträumen gleich nach dem Urknall abliefen. Im Zeitalter der Schwarzen Löcher spielen mindestens zwei unterschiedliche Arten dieser gespenstischen Dinge die Hauptrolle.

Unabhängig von seiner Entstehung läßt sich ein Schwarzes Loch, wenn es einmal existiert, vollständig durch nur drei Größen beschreiben: die Masse, die elektrische Ladung und den Drehimpuls. Außer diesen drei definierenden Größen hinterläßt die Geschichte eines Schwarzen Lochs keine Spuren. Weil die Vergangenheit verschluckt wurde, sind Schwarze Löcher sehr homogene Objekte und ohne jede Individualität. Man beschreibt diese große Einfachheit oft, indem man sagt: »Ein Schwarzes Loch hat kein Haar.«

Die gewöhnlichsten Schwarzen Löcher entstehen im Lauf der Sternentwicklung. Wenn hinreichend massereiche Sterne ihr Leben in einer Supernova-Explosion beenden, hinterlassen sie gelegentlich einen Rest, der wegen seiner großen Masse nicht durch den Entartungsdruck stabilisiert werden kann, also gravitativ instabil ist und sofort zu einem Schwarzen Loch zusammenfällt. Diese stellaren Schwarzen Löcher sind zwar etwa 100 000 Mal kleiner als die gewöhnlicher Sterne, haben aber doch vergleichbare Masse. So hat das relativ nahe Cygnus-X-1-System, in dem ein Schwarzes Loch vermutet wird, etwa zehnmal so viel Masse wie die Sonne und einen Radius von nur etwa 30 Kilometern.

Solche stellaren Schwarzen Löcher erscheinen unbedeutend im Vergleich mit supermassiven Schwarzen Löchern, wie sie im Inneren einer Galaxie verankert sind. Diese superschweren Schwarzen Löcher können Milliarden Sonnenmassen umfassen und haben Schwarzschild-Radien, die größer sind als die Umlaufbahn des Jupiter um die Sonne. Astronomen meinen heute, daß praktisch jede Galaxie in ihrer Mitte ein riesiges Schwarzes Loch beherbergt. Die Mitte unserer eigenen Galaxis birgt ein eher bescheidenes superschweres Exemplar; neuere Messungen lassen auf ein Gewicht von drei Millionen Sonnen schließen.

Obwohl der Ursprung galaktischer supermassiver Schwarzer Löcher noch nicht vollkommen bekannt ist, wissen wir doch, daß sie entstanden, als primordiale Gaswolken zu Galaxien zusammenfielen. Wenn eine Gaswolke kollabiert, sammeln sich im Zentrum der werdenden Galaxie so viele neugeborene Sterne und Gas- und Staubmengen an, daß sich ein Schwarzes Loch bilden muß. Wenn es einmal existiert, nimmt es die Gelegenheit wahr, Materie zu verschlucken, die ihm in der dichten Umgebung des jungen Galaxienkerns zu nahe kommt, und wird so immer größer. Quasare, die äußerst leuchtkräftigen Kerne ferner und alter Galaxien, erhalten ihre Energie von supermassiven Schwarzen Löchern, die Staub, Gas und zerrissene Sterne in einer wirbelnden Akkretionsscheibe sammeln. Wenn Gas in das zentrale Schwarze Loch hineingeschleust wird, entsteht Reibungswärme, die einen leuchtenden Quasar aufheizen kann.

Bei unserer dritten Kategorie, den primordialen Schwarzen Löchern, sind wir auf noch mehr Spekulation angewiesen als bei den beiden ersten. Falls es primordiale Schwarze Löcher gibt, müssen sie bald nach dem Urknall erschaffen worden sein. Sie sind vermutlich sehr klein, viel weniger massereich als Sterne. Wie ein in einer Explosionsröhre geschmiedeter Brillant ist ein winziges primordiales Schwarzes Loch ein Ergebnis ungeheuren Drucks und ungeheurer Temperaturen, Bedingungen, wie sie in den Anfangsstadien der kosmischen Geschichte vorherrschten.

Trotz ihres Rufs der Unversehrbarkeit leben auch Schwarze Löcher nicht ewig. Wie wir sehen werden, beruht die Energieversorgung im Zeitalter der Schwarzen Löcher auf der langsamen Verdampfung Schwarzer Löcher. Größere, massereichere Schwarze Löcher leben viel länger als kleinere. Tatsächlich verdampfen die vermutlich primordialen kleinsten Schwarzen Löcher mit Massen von weniger als 10^{25} Gramm lange vor dem Beginn des Zeitalters der Schwarzen Löcher. Die maximale Größe dieser früh erloschenen Schwarzen Löcher beträgt nur ein hundertstel Millimeter, obwohl sie so viel wiegen können wie ein ansehnlich großer Mond in unserem Sonnensystem.

Größere Schwarze Löcher mit Massen, die größer sind als ein Sechshundertstel der Erdmasse, überleben bis zum Zeitalter der Schwarzen Löcher.

Die närrische Verrücktheit der Schwarzen Löcher

Wenn es um Raum und Zeit geht, führen Schwarze Löcher den gesunden Menschenverstand ad absurdum. Im Zeitalter der Schwarzen Löcher wird das Universum zu einem sehr fremdartigen Ort. Aus heutiger Sicht, also vom Zeitalter der leuchtenden Sterne aus betrachtet, sind Schwarze Löcher im wesentlichen eine Kuriosität. Sie haben kaum Auswirkungen auf unser irdisches Leben und auf die Evolution der Galaxis. Im Zeitalter der Schwarzen Löcher jedoch sind die Allgemeine Relativitätstheorie und die Schwarzen Löcher unumstrittene Alleinherrscher – sie bestimmen den Alltag des Universums. Bevor wir die Uhr über die 40. kosmologische Dekade hinausdrehen, müssen wir uns mit einigen Gedanken der Allgemeinen Relativitätstheorie beschäftigen. Wir bekommen dann ein Gefühl für die faszinierende Mischung aus Einfachheit, Eleganz und purer Exotik, die die Schwarzen Löcher kennzeichnet.

Man stelle sich eine Rakete vor, die durch den Raum schwebt, weit entfernt vom Schwerefeld von Planeten oder Sternen. Die Motoren sind kalt und die Rakete treibt mit konstanter Geschwindigkeit auf einer Geraden. Die Last im Laderaum ist gewichtlos. Astronauten schweben in der Kabine, die gelbroten Kügelchen ihrer Orangeade glitzern, und die Rakete rast mit all dem, was in ihr ist, durch den Raum. Plötzlich dreht jemand den Raketenmotor voll auf. Auspuffgase treten aus, die Kapsel erhält einen Ruck nach vorn, und die verblüfften Astronauten spüren, wie ihnen der Raketenboden entgegenkommt. Die Orangeade verspritzt. Während die Motoren weiter auf Hochtouren laufen, beschleunigt die Rakete und wird immer schneller. Die Astronauten werden noch stärker zum Boden gedrückt.

In einer Rakete mit schwachem Antrieb ist die Beschleunigung nicht sehr groß. Wenn die Astronauten an die Decke springen, holt sie der Boden der Rakete nur allmählich ein. Es ist für sie wie auf dem Mond, wo die Schwerkraft schwach ist und das Springen leicht. Wenn der Motor jedoch stärker beschleunigt, hat der Boden der Rakete mehr Ähnlichkeit mit der Erdoberfläche. Wenn die Motoren so eingestellt werden, daß die Raketengeschwindigkeit in jeder Sekunde um 9,8 Meter pro Sekunde zunimmt, fallen die Dinge in der Rakete genauso rasch auf den Raketenboden wie zu Hause auf die Erdoberfläche.

Wichtiger noch, falls die Rakete keine Fenster hat, können die Raumfahrer nicht wissen, ob die Beschleunigung, die sie fühlen, von der Kraft der Raketenmotoren herrührt oder von der Schwerkraft eines Planeten.

Auf den ersten Blick mag diese Behauptung der Äquivalenz der Wirkungen von Schwerkraft und Beschleunigung wenig aufregend klingen. Einstein jedoch erkannte die außerordentliche Bedeutung der Gleichwertigkeit von Schwerkraft und Trägheit und nutzte diesen Begriff als Ausgangspunkt seiner Allgemeinen Relativitätstheorie. Diese Theorie wiederum hat uns über die seltsamen Eigenschaften Schwarzer Löcher aufgeklärt.

Wenn wir das Äquivalenzprinzip nicht in Frage stellen, müssen wir unsere alltägliche Vorstellung einer absoluten Zeit aufgeben. Stellen wir uns eine Uhr vor, die auf dem Boden einer großen Rakete klebt, und eine andere, die an der Decke der Rakete befestigt ist. Die Uhren sind so gemacht, daß sie wie im Radio bei jeder vollen Stunde die Zeit angeben: »Beim Gongschlag ist es …« Wenn die Rakete durch den leeren Raum rast, kann ein Astronaut, der knapp über dem Boden der Rakete schwebt, die Zeitansagen der beiden Uhren vergleichen. Er empfängt also das Signal der Uhr neben ihm auf dem Boden und hört einen winzigen Augenblick später die Ansage von der Uhr an der Decke. Dieser außerordentlich geringe, aber doch reale Unterschied in der Ankunftszeit der beiden Töne ergibt sich, weil er von der Uhr an der Decke weiter entfernt ist als von der neben seinem Ohr. Das Zeitsignal der Uhr an der Decke ist zwar blitzschnell, erreicht den Astronauten aber wegen der Endlichkeit der Lichtgeschwindigkeit etwas später als das Signal der Uhr neben ihm. Der Astronaut schließt, nachdem er die Zeitsignale mehrere Stunden lang verglichen hat, daß die Uhren die Zeit mit derselben Geschwindigkeit angeben, die Uhr an der Decke aber etwas nachgeht – nämlich um genau die Zeit, die das Licht braucht, um von der Decke zum Boden zu gelangen. Alle Uhren in der Rakete laufen gleich schnell, wenn die Rakete mit konstanter Geschwindigkeit durch den Raum reist.

Die Sache wird interessanter, wenn die Rakete beschleunigt wird. Ein Astronaut, der auf dem Boden steht, beobachtet keine Veränderung in der Geschwindigkeit der Uhr neben ihm, wohl aber, daß die Uhr an der Decke wegen der nach oben gerichteten Beschleunigung der Rakete schneller geht. Die Uhr an der Decke sendet ein Zeitzeichen in Form einer Radiowelle nach unten. Weil der Boden sich nach oben beschleunigt, empfängt der Astronaut die Radiowelle früher, als wenn die Rakete frei gleitet. Wenn die Beschleunigung zunimmt, kommen auch die nachfolgenden Töne früher an als erwartet. Aus der Sicht des Astronauten auf dem Boden sendet die Uhr an der Decke ihre Zeitzeichen immer schneller und geht im Vergleich mit der Uhr auf dem Boden vor.

Nach dem Äquivalenzprinzip gibt es das Phänomen der nicht synchronisierten Uhren, das von der Beschleunigung der Rakete herrührt, auch in einem gleichförmigen Gravitationsfeld. Das Äquivalenzprinzip führt deshalb zu einer scheinbar bizarren Schlußfolgerung. Zwei Uhren, die in unterschiedlicher Höhe über der Erde angebracht sind, registieren den Lauf der Zeit nicht gleich schnell. Dieses seltsame Verhalten ist eine intrinsische Eigenschaft der Schwerkraft. Die Variation des Stroms der Zeit in einem Gravitationsfeld ist vollständig unabhängig von dem Verfahren, mit dem die Zeit gemessen wird. Atomuhren, Quarzuhren und biologische Rhythmen erfahren das Verstreichen der Zeit alle auf dieselbe Art gedehnt oder komprimiert.

Wir haben kein intuitives Gefühl für die relativistische Zeitdehnung, weil ihre Auswirkungen in unserer Umwelt völlig vernachlässigbar sind. Im Alltagsleben ist die Verformbarkeit der Zeit aufgrund der Schwerkraft lächerlich klein. Nehmen wir beispielsweise an, daß identische Zwillinge die Nacht in einem Stockbett verbringen. Einer schläft einen Meter über dem anderen. Am nächsten Morgen ist der Zwilling, der oben schlief, einige wenige Billionstel einer Sekunde älter. Sicher leben die Zwillinge nicht so lange, daß die Zeitdehnung aufgrund der Gravitation ein Anlaß für Geschwisterrivalität werden könnte, die Erde aber hat eine Lebensdauer von 38 kosmologischen Dekaden, und über diese lange Zeitspanne erzeugt diese Zeitdehnung einen Zeitunterschied von 10^{22} Jahren oder 22 kosmologische Dekaden.

Das starke Schwerefeld eines Schwarzen Lochs führt zu einer äußerst starken Zeitdehnung. In der Nähe eines Schwarzen Lochs laufen Uhren viel langsamer als im leeren Raum. In der Nähe des Ereignishorizonts, der effektiven Oberfläche eines Schwarzen Lochs, kommen Uhren fast zum Stehen. Wie bei allen Effekten, die auf die Relativität zurückgehen, hängt die genaue Bedeutung dieser Aussage vom Beobachter ab. Ein stationärer Beobachter, der in der Nähe des Ereignishorizonts schwebt, wird auf den Boden seines Raumschiffs gedrückt und erlebt sowohl die zermalmende Stärke der Schwerkraft des Schwarzen Lochs als auch ein stark verlangsamtes Verstreichen der Zeit. Ein freifallender Beobachter jedoch merkt nichts von der Schwerkraft, spürt keine Beschleunigung und erlebt die Zeit wie gewöhnlich.

Die von Schwarzen Löchern bewirkte Zeitdehnung eröffnet bemerkenswerte Möglichkeiten. Es gibt Umlaufbahnen um ein Schwarzes Loch, auf denen Uhren außerordentlich langsam gehen. Bei sorgfältiger Wahl einer solchen Umlaufbahn ließe sich die Zeit sogar beliebig stark verlangsamen. Man könnte diese Wirkung nutzen, indem man beispielsweise Protonen auf die Umlaufbahn brächte. Die Protonen würden dann in einer Umwelt leben, in der die Zeit im wesentlichen stillsteht. Sie würden noch lange Bestand haben, wenn die gewöhnliche Materie im externen Universum, in dem die Zeit mit der normalen Geschwindigkeit abläuft, schon zerfallen ist. Diese langfristige Lagerung hat jedoch ihren Preis. Wenn der Protonenvorrat später einmal angezapft werden sollte, etwa um damit eine Maschine zu bauen oder einen Klon zu züchten, ließen sich die Teilchen nur mit beträchtlichem Energieaufwand von ihren Bahnen abbringen. Die dazu nötige Energie wäre etwa dieselbe, wie die, die nötig ist, um nach Einsteins bekannter Formel $E = mc^2$ Energie in Masse umzuwandeln.

Eine weitere ausgefallene Möglichkeit besteht darin, einen Beobachter, entweder einen Menschen in einem Raumschiff oder einen Roboter, in der Nähe eines Schwarzen Lochs auf eine Umlaufbahn zu bringen, die extremer Zeitdehnung unterliegt. Der Beobachter könnte dann tatsächlich in die Zukunft »reisen«. Im Extremfall könnte die Zeitdehnung so stark sein, daß der Zeitreisende nur ein Jahr durchlebt, die Außenwelt – in großer Entfernung vom Schwarzen Loch – dagegen 60 kosmologische Dekaden. Dieser Effekt ermöglicht Abenteurern eine Reise in die ferne Zukunft, zu den geruhsamen Bereichen des Zeitalters der Schwarzen Löcher.

Krümmung

Schwarze Löcher verzerren die Struktur des Raums genauso wie den Lauf der Zeit. Der Raum – oder genauer, die Raumzeit – in der Nähe eines Schwarzen Lochs ist sehr stark gekrümmt. Wir sind dem Begriff eines gekrümmten Raums schon begegnet, als wir über die Expansion des Weltalls nachdachten. Wenn das Universum offen ist, hat die Geometrie des Raums im ganz Großen eine negative Krümmung. Wenn das Universum geschlossen ist, hat der Raum eine positive Krümmung. Wenn das Universum genau auf der Grenzlinie zwischen offen und geschlossen liegt, ist der Raum flach (siehe Abbildung S. 146).

Was bedeutet es für eine Raumgeometrie, wenn sie gekrümmt ist? Die Krümmung des dreidimensionalen Raums ist außerordentlich schwer zu veranschaulichen. Wenn wir an Raum denken, sehen wir intuitiv einen flachen euklidischen Raum, der sich gleichförmig in drei senkrechte Richtungen erstreckt. Der Begriff der Raumkrümmung ist uns deshalb so völlig fremd, weil der Raum, in dem wir leben, so außerordentlich wenig gekrümmt ist. Unsere Vorstellungskraft ist durch den Druck der Evolution geprägt, und weil der Raum unserer Welt fast vollständig flach ist, hätte die Fähigkeit, sich einen gekrümmten dreidimensionalen Raum vorstellen zu können, für das Überleben keinerlei Vorteil bedeutet. Wir wurden erst in den letzten hundert Jahren vor die Notwendigkeit gestellt, ernsthaft über gekrümmte Räume und die zugehörige nichteuklidische Geometrie nachzudenken.

Obwohl der Begriff der Krümmung in drei Dimensionen schwierig ist, läßt er sich in einem zweidimensionalen Raum leicht fassen. Betrachten wir unsere alltägliche Vorstellung von einem Kreis. In zwei Dimensionen ist ein Kreis die Menge der Punkte, die eine feste Entfernung vom Mittelpunkt haben. In einer normalen zweidimensionalen Ebene ist der Umfang eines Kreises $\pi = 3{,}14159\ldots$ Mal länger als sein Durchmesser. Diese Beziehung läßt sich durch sorgfältige Messungen an einem auf Papier gezeichneten Kreis bestätigen.

Nehmen wir jetzt an, daß wir den Umfang großer Kreise messen könnten, die auf die Oberfläche der Erde gezeichnet wurden. Dazu müßten wir eine vollkommen glatte Fläche finden, beispielsweise die antarktische Polebene, und einen langen Faden an einen festen Stab binden, der beispielsweise am Südpol steht. Dann messen wir die Entfernung, die wir zurücklegen, wenn wir am Ende dieses Fadens um den Pol herumgehen. Nachdem wir mehrere solche Messungen gemacht haben, jedes Mal mit einem längeren Faden, entdecken wir eine interessante Eigenschaft der so entstandenen Kreise. Wenn nämlich der Faden zehn Kilometer lang ist, ist der Durchmesser des Kreises 1,000001 Mal zu lang, also länger als der Durchmesser, den wir erwarten, wenn wir den gemessenen Umfang durch π dividieren. Bei einem Faden von 100 Kilometer Länge ist der Durchmesser des Kreises 1,0001 Mal zu lang, und wenn wir den Faden 10 000 Kilometer lang machen, so daß er vom Südpol zum Äquator reicht, entspricht der Durchmesser des »Kreises« seinem halben Umfang, ist also 1,57 Mal zu lang.

Die auf die Erdoberfläche gemalten Kreise verhalten sich so, weil die Erde eine gekrümmte zweidimensionale Oberfläche hat. Wir können uns die Krümmung einer Kugelfläche gut vorstellen, weil wir sehen, wie die Kugel in den flachen dreidimensionalen Raum eingebettet ist. Leider erfordert jedoch die Veranschaulichung eines gekrümmten dreidimensionalen Raums, daß wir eine weitere Dimension berücksichtigen und uns den vierdimensionalen Raum vorstellen, in den der dreidimensionale eingebettet ist. Und das fällt dem menschlichen Geist sehr schwer.

Wenn sich eine Fläche wie die Oberfläche der Erde so verhält, daß der Durchmesser eines Kreises länger ist als sein durch π geteilter Umfang, nennen wir die Oberfläche positiv gekrümmt. Entsprechend heißt die Krümmung negativ, wenn der Durchmesser eines Kreises kleiner ist als der Quotient aus Umfang und π. Die Allgemeine Relativitätstheorie sagt uns, daß Materie einen dreidimensionalen Raum krümmt. Der Radius einer imaginären Kugel, die einen massereichen Körper umgibt, ist etwas größer als der, den wir aus der Messung des Umfangs der Kugel am Äquator berechnen würden. Entsprechend ist das tatsächliche Volumen einer Kugel größer als das Volumen, das man aufgrund der Messung der Kugeloberfläche und der anschließenden Anwendung mit Hilfe der

Formeln der gewöhnlichen euklidischen Geometrie vorhersagen würde. Die von der Masse der Erde erzeugte Krümmung ist sehr klein. Die Entfernung zum Erdmittelpunkt ist etwa 1,5 Millimeter länger als der durch 2π dividierte Umfang des Planeten. In diesem Sinn weicht die Geometrie unseres lokalen Raums um vier Milliardstel von einer vollkommen flachen Ebene ab. Wenn die Erde mehr Masse hätte, würde sie mehr Krümmung erzeugen. Objekte mit größerer Masse können eine entsprechend größere Krümmung erzeugen. Die Entfernung vom Mittelpunkt der Sonne zu ihrer Oberfläche beispielsweise ist einen halben Kilometer länger als der durch 2π dividierte Umfang der Sonne. Weiße Zwerge und Neutronensterne, die viel dichter sind als die Sonne, krümmen ihre unmittelbare Nachbarschaft noch viel stärker. Die Entfernung zum Zentrum eines Neutronensterns ist um fast zehn Prozent größer als der durch 2π dividierte Umfang des Sterns.

Die Krümmung des dreidimensionalen Raums in der Nähe eines kompakten Sterns läßt sich gut an einem sogenannten Einbettungsdiagramm veranschaulichen. Dazu schneiden wir in Gedanken einen Stern in der Mitte durch und deuten die intrinsische Krümmung in der Äquatorebene an, indem wir diese Ebene als gekrümmte zweidimensionale Oberfläche in einem flachen dreidimensionalen Raum darstellen (siehe Abbildung S. 147). Mit diesem Trick können wir die räumlichen Beziehungen zwischen Punkten darstellen, die auf der Schnittfläche durch den Äquator dieses Sterns liegen. Das Einbettungsdiagramm zeigt, daß der Raumschnitt durch den Neutronenstern positiv gekrümmt ist. Die Zeichnung der Krümmung der zweidimensionalen Äquatorebene läßt erkennen, warum der Durchmesser eines kompakten Sterns im Verhältnis zu seiner Oberfläche so überraschend groß ist. Mit anderen Worten: Der von dem Stern im Einbettungsdiagramm eingenommene Raum ist positiv gekrümmt.

In der Nähe eines Schwarzen Lochs ist die lokale Krümmung des Raums so stark, daß die Entfernung zum Zentrum des Schwarzen Lochs unendlich viel länger ist als sein Umfang (der Schwarzschild-Horizont des Lochs). Genau diese unendliche Verformung des Raums in einem Schwarzen Loch macht diese Dinge so seltsam. Die Krümmung erzeugt den Ereignishorizont, sie führt dazu, daß verschiedene Beobachter den Zeitverlauf extrem unterschiedlich erleben. Darüber hinaus ermöglicht die Krümmung es großen Schwarzen Löchern, bis in die extrem ferne Zukunft zu überleben.

GEZEITENKRÄFTE

Einstein hat gezeigt, daß die von der Konzentration der Masse verursachte Raumkrümmung eine Gezeitenkraft bewirkt. Die in der Nähe ihrer Er-

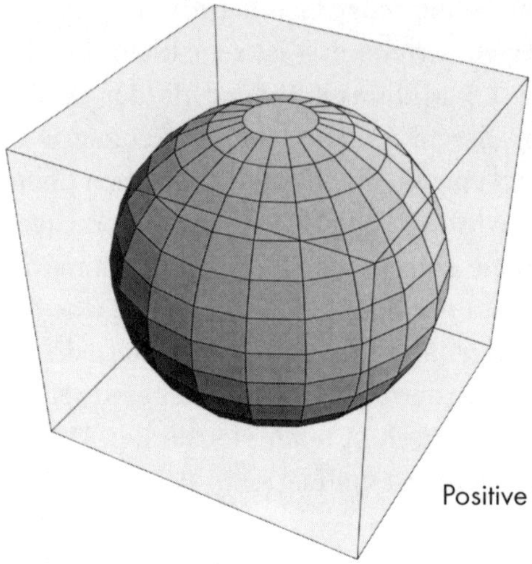

Positive Krümmung

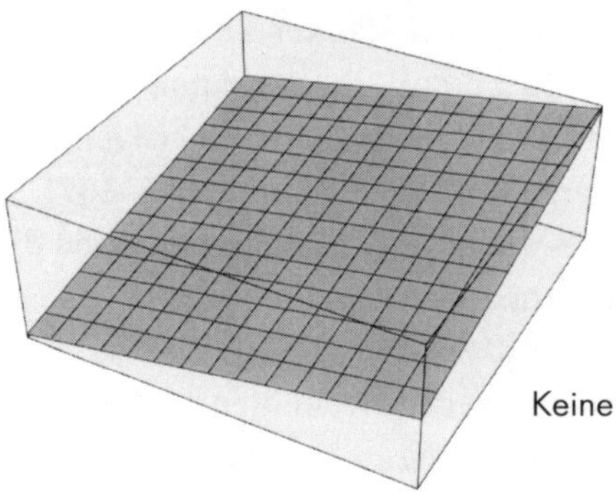

Keine Krümmung

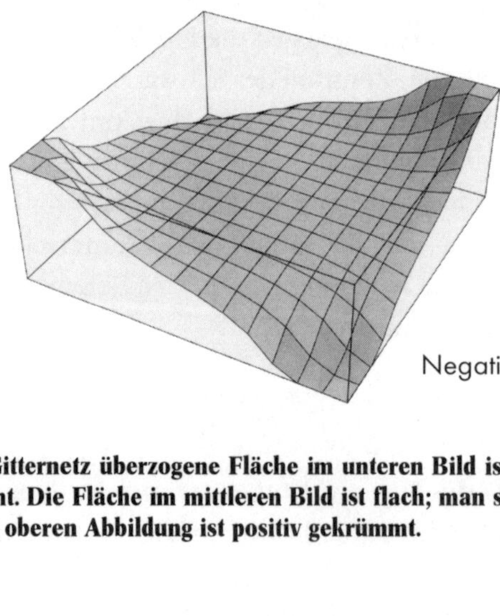

Negative Krümmung

Die mit einem Gitternetz überzogene Fläche im unteren Bild ist sattelförmig; man nennt sie negativ gekrümmt. Die Fläche im mittleren Bild ist flach; man sagt, ihre Krümmung sei Null. Die Kugel in der oberen Abbildung ist positiv gekrümmt.

eignishorizonte extrem starken Gezeitenkräfte bewirken einen großen Teil des infamen Verhaltens Schwarzer Löcher. Aber was genau ist eine Gezeitenkraft? Die Antwort läßt sich am besten anhand eines Beispiels erläutern. Wenn man auf der Erde steht, ist der Kopf geringfügig weiter vom Erdmittelpunkt entfernt als die Füße. Da die Schwerkraft der Erde mit der Entfernung abnimmt, wirkt auf den Kopf etwas weniger Schwerkraft als auf die Füße. Deswegen werden die Füße vom Kopf weggezogen. Glücklicherweise ist dieser Gezeiteneffekt sehr gering. Weil die von der Erde bewirkte Raumkrümmung extrem klein ist, ist die von der Gezeitenkraft bewirkte Zugkraft etwa zwei Millionen Mal kleiner als die Schwerkraft selbst, und deshalb merken wir nichts von dieser zusätzlichen Kraft, wenn wir auf der Erde spazieren.

In der Nähe eines Schwarzen Lochs jedoch sind die Gezeitenkräfte gewaltig. Stellen wir uns vor, wir wären in der Nähe eines Schwarzen Lochs mit Son-

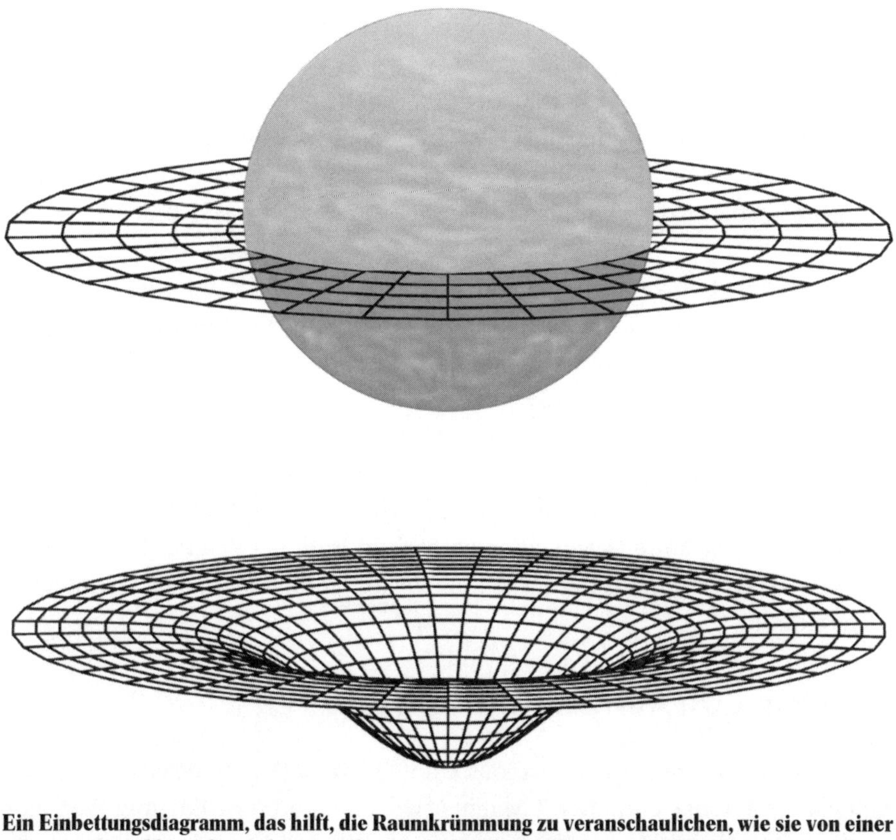

Ein Einbettungsdiagramm, das hilft, die Raumkrümmung zu veranschaulichen, wie sie von einer schweren Kugel bewirkt wird. Die nach unten gekrümmte Fläche zeigt die räumliche Beziehung zwischen Punkten, die auf der Schnittfläche durch die dichte Kugel liegen.

nenmasse. Der Schwarzschild-Radius beträgt nur etwa drei Kilometer. Wenn man auf dem Schwarzen Loch stehen könnte, würden die Füße wieder durch den Gezeitensog vom Kopf weggezogen. Diesmal jedoch ist die Kraft eine Milliarde Mal größer als die Schwerkraft auf der Erde, die Füße würden also mit der Kraft eines Gewichts von etwa einhundert Milliarden Kilogramm vom Kopf weggezogen. Jeder gewöhnliche makroskopische Körper – ein Stein, eine Raumsonde, ein Astronaut – würde von diesen gewaltigen Gezeitenkräften vollständig zerrissen.

Die Gezeitenkräfte haben außerdem die Wirkung, alles in senkrechter Richtung zusammenzupressen. Da Gravitationskräfte immer radial nach innen zur Mitte des Schwarzen Lochs oder jedes anderen massereichen Körpers drängen, wirkt die Kraft auf der einen Seite des Körpers nicht in genau dieselbe Richtung wie die auf der anderen Seite. Wegen dieser Richtungsunterschiede wird der Körper zusammengepreßt. Wie im Fall des Gezeitensogs ist die Größe dieser zusätzlichen Kraft in einem so schwachen Schwerefeld wie dem irdischen äußerst klein. In der Nähe eines Schwarzen Lochs jedoch können diese Druckkräfte gewaltig sein, etwa so groß wie die Gezeitenkräfte. Stellen wir uns vor, wir stünden nahe der Oberfläche eines Schwarzen Lochs mit Sonnenmasse. Während uns der Kopf mit der Kraft eines Gewichts von einhundert Milliarden Kilogramm von den Füßen weggezogen wird, quetschen uns gleich große Kräfte von den Seiten her zusammen – welch unerfreuliche Aussicht!

Wenn ein Schwarzes Loch an Masse gewinnt, nimmt seine Gravitationswirkung zu, aber die Gezeitenkräfte in der Nähe der Oberfläche nehmen ab. In der Nähe eines Schwarzen Lochs mit der Masse von einer Milliarde Sonnen beispielsweise sind die Gezeitenkräfte so gering, daß Astronauten den Ereignishorizont ohne besondere Unannehmlichkeiten durchqueren könnten. Diese supermassiven Schwarzen Löcher bergen aber für zukünftige Raumreisende eigene Gefahren. Weil die Gezeitenkräfte schwach sind und das Loch völlig schwarz, könnten sie den Schwarzschild-Radius – den Punkt, nach dem es keine Umkehr gibt – überqueren, bevor ihnen klar wird, daß irgendetwas nicht stimmt.

Eine Menagerie Schwarzer Löcher

Wie viele Schwarze Löcher wird das Universum zu Beginn des Zeitalters der Schwarzen Löcher enthalten? Machen wir eine grobe Schätzung: Fast jede heutige Galaxie, auch unsere eigene, hat in ihrer Mitte ein supermassives Schwarzes Loch. Diese gigantischen Schwarzen Löcher haben zwischen einer

Million und mehreren Milliarden Sonnenmassen. Wir wissen auch, daß weitere supermassive Schwarze Löcher nicht etwa en masse durch die äußeren galaktischen Weiten treiben, denn wenn viele solche Löcher in den Halos von Spiralgalaxien herumtrieben, würden sie in den galaktischen Scheiben Unheil anrichten, denn sie stören die Bahnen der Sterne erheblich. Weil wir keine solchen destruktiven Vorgänge beobachten, können wir die supermassereichen Schwarzen Löcher einfach abzählen – pro Galaxie eins.

Sicher überwiegt die Anzahl der bei Supernova-Ausbrüchen erzeugten stellaren Schwarzen Löcher die der supermassiven, denn etwa drei von je 1000 Sternen reicht das Geburtsgewicht aus, einen Eisenkern zu schaffen und sie Supernova werden zu lassen, und der Prozentsatz der Supernovae, bei denen Schwarze Löcher übrigbleiben und nicht Neutronensterne oder gar nichts, liegt bei ein bis zehn Prozent. Somit enthält jede Galaxie nach Abschluß der Phasen der Sternbildung und -entwicklung etwa eine Million stellarer Schwarzer Löcher. Diese Schwarzen Löcher haben Massen zwischen etwa drei und einhundert Sonnenmassen, wobei das mittlere Schwarze Loch eher am unteren Ende dieser Skala liegt.

Bis zur 40. kosmologischen Dekade sind alle Galaxien vollständig zerstört. Die Gas- und Staubwolken der Galaxien haben sich dann schon lange in alle Winde zerstreut, wenn sie nicht in Sterne eingebaut wurden. Weil ihre Bestandteile, die Protonen, zerfallen sind, sind Sternreste, braune Zwerge und Planeten völlig verdampft. Bis auf etwas Strahlung und vereinzelte Elementarteilchen hinterläßt jede Galaxie lediglich ein superschweres Schwarzes Loch und etwa eine Million stellarer Schwarzer Löcher. Wenn diese Schwarzen Löcher langsam ihre Bahnen durch riesige gravitativ gebundene Haufen ziehen, verschmelzen einige der superschweren Schwarzen Löcher zu ungeheuren Gebilden. Das Raumvolumen, das jetzt unser beobachtbares Universum ausmacht, trägt zu diesem Vorgang etwa 30 Milliarden superschwere Löcher und etwa 30 Millionen Milliarden stellare Schwarze Löcher bei. Wenn die großräumige Geometrie der Raumzeit flach ist, enthält das beobachtbare Universum etwa 10^{40} supermassive und fast 10^{46} stellare Schwarze Löcher, so daß auf jeden Stern im heutigen Kosmos eine Billion Billion Löcher kommen. Der Horizont des beobachtbaren Universums ist zu Beginn des Zeitalters der Schwarzen Löcher dann 10^{30} Mal weiter entfernt als jetzt.

Schwarze Apokalyse

In den vorhergehenden Zeitaltern der leuchtenden und der entarteten Sterne wurden Schwarze Löcher immer größer und massereicher, indem sie Materie aus dem sie umgebenden Universum ansammelten. Die Ansammlung der Materie beruht auf der Wirkung der gewöhnlichen Schwerkraft – ein Schwarzes Loch saugt nicht etwa wahllos alles in sich hinein. Es verhält sich gegenüber Objekten, die wesentlich größer sind als der Schwarzschild-Radius, genau wie ein Stern oder ein anderes astronomisches Objekt mit großer Masse. Wenn beispielsweise eine Raumsonde in die Nähe eines Schwarzen Lochs geriete, würde die Schwerkraft des Lochs die Sonde normalerweise auf eine hyperbolische Bahn peitschen und dann in eine andere Richtung wegschleudern. Die Sonde könnte den Ereignishorizont nur dann überqueren, wenn sie genau auf die Mitte des Schwarzen Lochs zusteuerte. Ein Schwarzes Loch gewinnt am meisten Masse, wenn sich die gas- und staubförmige Materie als Akkretionsscheibe in einer Kreisbahn um das Schwarze Loch herum ansammelt. Dann führen reibungsähnliche Kräfte, die auf das Gas wirken, zu einer Erwärmung der umlaufenden Materie, wodurch sie Energie verliert und in das Schwarze Loch hineintrudelt.

Der Auslöser für die Bildung einer Akkretionsscheibe sind die starken Gezeitenkräfte, die von dem Schwarzen Loch ausgehen. Um die schreckliche Macht dieser Gezeiten zu veranschaulichen, malen wir uns die eher trübselige Situation aus, in der die Erde mit einem Schwarzen Loch zusammenprallt. Da es in unserer Galaxie nur etwa eine Million stellarer Schwarzer Löcher gibt, sind die Chancen für eine Kollision der Erde mit einem Schwarzen Loch viel zu gering, als daß wir ihr Eintreten befürchten müßten. Die Wahrscheinlichkeit, daß es im Zeitraum eines Jahres zu einem direkten Zusammenstoß kommt, ist nur etwa eins zu 10^{26}. Immerhin können wir beschreiben, welche Vorgänge ablaufen würden, falls durch einen ungeheuer unglücklichen Zufall ein Schwarzes Loch mit der Masse von zwei Sonnen auf Kollisionskurs mit der Erde wäre.

Das eindringende Schwarze Loch entstand beim Tod eines massereichen Sterns der galaktischen Scheibe. Es rast mit einer Geschwindigkeit von mehreren Kilometern pro Sekunde durch den Raum direkt auf die Erde zu. Die ersten indirekten Hinweise auf das habgierige Schwarze Loch erreichen uns Jahrtausende vor dem tatsächlichen Zusammenstoß, denn wenn das winzige Monstrum die Oort-Wolke passiert, den diffusen Gürtel der Sonne, in dem so viele Kometen sind, bringt es die Bahnen dieser Kometen durcheinander. Einige werden in den tiefen Raum geschleudert, viele werden auf eine Bahn um das Schwarze Loch gezogen und wieder andere werden ins innere Sonnensystem ausgesandt, wo sie am Nachthimmel gelegentlich hell aufleuchten. Jahrhunderte vor Ankunft des Schwarzen Lochs können Astronomen deutliche Veränderungen in den Bahnen der äußeren Planeten beobachten, die damit auf die

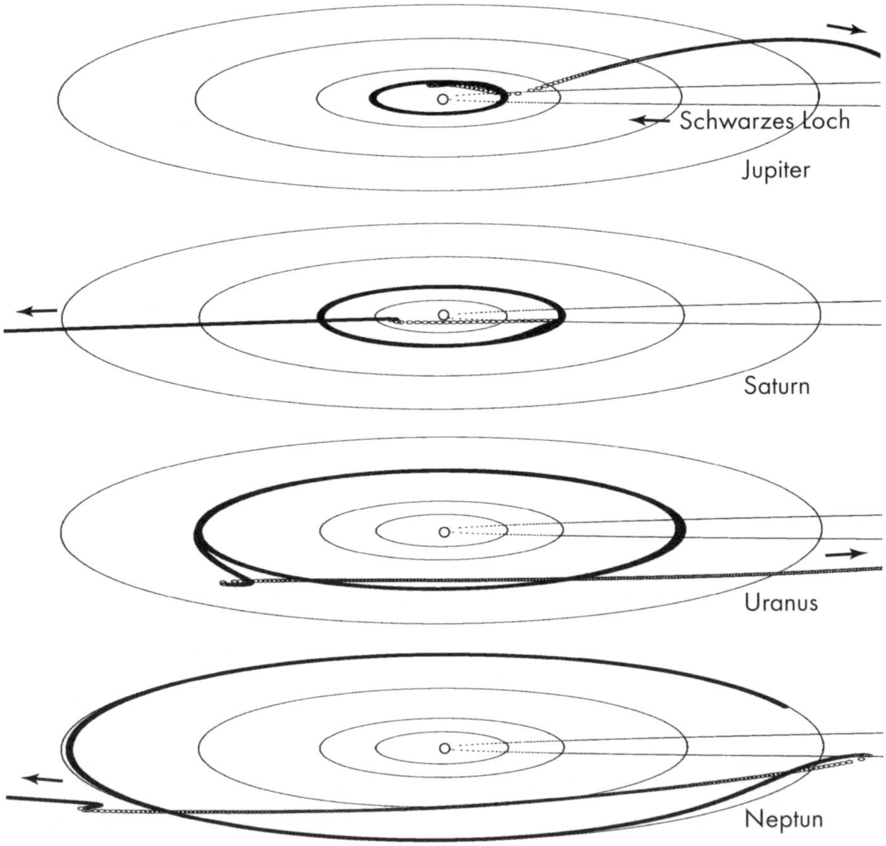

Die Zerstörung des äußeren Sonnensystems durch den nahen Vorübergang eines Schwarzen Lochs mit doppelter Sonnenmasse. In dieser Computersimulation, die einen Zeitraum von 200 Jahren erfaßt, dringt das Schwarze Loch auf direktem Kollisionskurs mit der Erde in die Bahnebene des Sonnensystems ein. Jedes der vier Diagramme zeigt, wie das eindringende Schwarze Loch die Bahnbewegung eines der äußeren Planeten stört. Der Deutlichkeit halber wurden diese Skizzen jeweils den ursprünglichen Bahnen überlagert. In dieser Simulation werden Saturn und Neptun aus dem Sonnensystem hinausgeworfen, während Jupiter und Uranus auf elliptische Bahnen um das eindringende Schwarze Loch gezwungen werden. Die aufeinanderfolgenden Bahnpositionen sind in Intervallen von jeweils zwei Wochen aufgetragen.

Gravitationswirkung des Schwarzen Lochs reagieren, und sie können aus den Abweichungen der tatsächlichen Planetenbahnen von den berechneten die Bahn, die Masse und die Geschwindigkeit des sich nähernden Schwarzen Lochs bestimmen. Den Astronomen wäre sofort klar, daß der Eindringling kein gewöhnlicher Stern sein kann, denn wenn ein Stern mit doppelter Sonnenmasse durch die äußeren Bereiche der Oort-Wolke dringen würde, wäre er so hell wie die Straßenlampe an der übernächsten Ecke. Vielleicht konferieren sie darüber, ob es sich um ein Schwarzes Loch handelt oder um einen Neutronenstern, aber das wird unwichtig, sowie ihnen klar wird, daß ein Objekt mit doppelter Sonnenmasse auf die Mitte des Sonnensystems zusteuert.

Teleskope, die in die Richtung des Schwarzen Lochs zeigen, registrieren bizarre Schwankungen im Bereich der Helligkeit von Hintergrundsternen und Galaxien. Aus der Ferne wirkt ein Schwarzes Loch wie eine Linse, weil seine Schwerkraft die Raumzeit krümmt und damit die Bilder von Objekten in der Sichtlinie vergrößert und verzerrt. Vielleicht finden Sterngucker wehmütige Freude an der großen Präzision, die ihnen das sich nähernde unerbetene Teleskop gewährt.

Inzwischen erweisen sich Berechnungen der Bahn des Schwarzen Lochs als wahrhaft alarmierend. Mit Sicherheit wird es zu einer beängstigend nahen Begegnung kommen, und ein direkter Zusammenstoß liegt im Bereich der Möglichkeiten. Wenn das Schwarze Loch die Bahn von Pluto kreuzt, verlassen die Planeten ihre normalen, geordneten Bahnen. In der perversen, aber mathematisch korrekten Simulation der Abbildung S. 151 werden Jupiter und Uranus von dem Schwarzen Loch eingefangen, während Saturn und Neptun in unerforschte Bereiche des interstellaren Raums hinausgeschleudert werden. Diesen verbannten Planeten steht eine Zukunft als einsame Reisende vor, denn es kann jeweils Billionen Jahre dauern, bis sie irgendwelchen anderen Sonnensystemen begegnen.

Aus dem unvorteilhaften Blickwinkel der Erde nähert sich das Schwarze Loch von der anderen Sonnenseite her. Die kombinierte Schwerkraft der Sonne und des Schwarzen Lochs zieht die Erde durch das verzerrte Echo eines gewöhnlichen Jahres. In wenigen Wochen kommt die Sonne der Erde näher denn je in den 4,6 Milliarden Jahren der Erdgeschichte. Die Erde hat die Sonne während fast der halben Lebenszeit des Kosmos regelmäßig umlaufen. Nun kommen alle geordneten Abläufe im Lauf von wenigen letzten Tagen durcheinander. Die Menschheit ist wie betäubt und ringt doch gemeinsam mit ihrem Schicksal. Während die Sonne die Kontinente versengt, schmilzt mit alarmierender Geschwindigkeit das Eis der Antarktis und überschwemmt die Küstenstädte, und Wirbelstürme von nie dagewesener Stärke fegen über die Meere.

Das Ende kommt rasch. Durch ein Teleskop gesehen, hat das Schwarze Loch Ähnlichkeit mit einem psychedelischen Kometen, der in schwach glühendes Gas eingehüllt vor einem Hintergrund gekrümmter Bilder von Sternen und Galaxien dahinrast. Die letzte Stunde ist wirklich verheerend. Wenn die Gezeitenkräfte des Schwarzen Lochs zu wirken beginnen, zieht das Schwarze Loch die ihm zugewandte Seite der Erde mit großer Kraft zu sich hin und verzerrt sie grausam. Der Druck in der Erdkruste nimmt zu, Erdbeben erschüttern die

Oberfläche – sechs, sieben, acht, neun … die Richterskala reicht nicht zur Beschreibung der enormen Beben aus. Flutwellen branden über die Kontinente. Die Kruste des Planeten reißt an den alten Faltungslinien auf und Felsbrocken schwimmen auf der siedenden Lava des deformierten Planeten. Die Erde wird wie ein Sahnebonbon zu einer Scheibe von vaporisiertem Gestein plattgedrückt, die in das aufprallende Schwarze Loch hinein wirbelt. Die beim Dahinscheiden freigesetzte Energie ist weit über die Galaxis hinaus sichtbar.

Dieses Bild der Kollision ist so melodramatisch, weil wir einen höchst unwahrscheinlichen direkten Zusammenstoß annehmen und weil uns der dabei annektierte Körper besonders am Herzen liegt. Aber das fiktionale Ende der Erde durch Akkretion durch ein Schwarzes Loch ist für viele Sterne und wahrscheinlich nicht wenige Planeten höchst real. Das nahe Schwarze Loch Cygnus X-1 entreißt gerade jetzt seinem Begleiter – einem blauen Superriesen – Materie. Der Superriese und das Schwarze Loch sind in einer engen Bahn gefangen, und der Stern wird von der Gezeitenkraft des Schwarzen Lochs stark aufgebläht. Dem Stern wird fortwährend Materie entzogen, die sich zu einer wirbelnden Scheibe aus heißem glühenden Gas ansammelt. Dieses Gas wird durch Reibung erhitzt, läuft auf Spiralbahnen nach innen läuft und füttert so das Schwarze Loch. Die so entstandene Scheibe flackert mit Röntgenstrahlung. Zwar muß der blaue Überriese als Supernova explodieren, aber bis dahin hat das Schwarze Loch einen beträchtlichen Teil des Sterns verzehrt.

Die gierigsten Sternfresser sind supermassive Schwarze Löcher, die sich neu in den Zentren von Galaxien bilden. Kleinere Vorläufer dieser superschweren Löcher entstehen in den dichten Kernen neugeborener Galaxien, dort, wo reichlich Rohstoff zur Verfügung steht, um die Löcher zu füttern. Ein Teil des Gases in der Nähe des Schwarzen Lochs kann nicht direkt in das Loch fallen, weil sein Drehimpuls zu groß ist. Dieses Gas bildet eine Scheibe um das massereiche Schwarze Loch, ähnlich wie die Scheibe um Cygnus X-1, aber größer. Ganze Sterne, die sich zu nahe an das Loch heranwagen, werden von Gezeitenkräften zerrissen und der Scheibe einverleibt. Wir beobachten die dabei freigesetzte enorme Energie als Quasar.

GRAVITATIONSSTRAHLUNG IM ZEITALTER DER SCHWARZEN LÖCHER

Während das Zeitalter der Schwarzen Löcher seinen Lauf nimmt, entzieht die Gravitationsstrahlung umlaufenden astronomischen Systemen aufgrund von Dissipation allmählich Energie. Diese Energiequelle ist uns aus dem Alltagsleben nicht vertraut, deshalb veranschaulichen wir sie mit einem Vergleich.

Stellen Sie sich vor, Sie spannten eine dünne Gummimembran über einen Metallrahmen und legten dann einen schweren Ball in die Mitte. Der Ball sinkt nach unten und bildet eine Mulde. Lassen Sie dann in Gedanken eine Murmel auf die Membran rollen. Geeignet angestoßen rollt sie in einem Kreis um den schweren Ball, bis sie nach einigen Umläufen auf einer Spirale nach innen trudelt und schließlich unten in der Mulde zur Ruhe kommt. Die kinetische Energie der Murmel geht in den Reibungskräften zwischen Murmel und Membran verloren, und die Energie wird in Wärme und Schallwellen umgewandelt.

Etwas Ähnliches passiert, wenn Schwarze Löcher oder Sterne einander umrunden. Die Masse bringt den Raum dazu, sich lokal zu krümmen. In unseren Einbettungsdiagrammen veranschaulicht die gekrümmte zweidimensionale Oberfläche – analog zur Oberfläche der Gummimembran –, die Entfernungen zwischen Punkten im gekrümmten Raum. In der Nähe eines Sterns ermöglicht die Raumkrümmung Planetenbahnen und ist analog zur Krümmung der Membran. Im System Planet–Stern gibt es auch eine Entsprechung zur Reibung zwischen Membran und Murmel – diese Reibung ließ die Murmel nach innen laufen, und auch die Schwerkraft hat eine reibungsähnliche Wirkung. Wenn massereiche Körper sich bewegen oder schwingen, erzeugen sie in der grundlegenden Struktur der Raumzeit außerordentlich schwache Störungen oder Wellen. Wenn sich ein massereicher Körper durch den Raum bewegt, muß sich auch die Krümmung der Raumzeit bewegen, und die Bewegung führt zu Störungen, die durch die Raumzeit nach außen laufen. Diese Störungen sind Gravitationswellen. Sie entziehen massereichen gravitierenden Körpern Energie, ähnlich wie Schwingungen der Gummimembran und der Luft einer rollenden Murmel Energie entziehen.

Ein weiterer analoger Vorgang läuft in einem Rundfunksender ab. In einem Sender bewegen sich geladene Teilchen, Elektronen, und erzeugen dadurch Störungen des elektromagnetischen Feldes. Diese Störungen sind die Radiowellen, die Musik, Sport und Wettervorhersagen um die Erde tragen. Während elektromagnetische Strahlung von der Bewegung elektrischer Ladungen und damit von elektromagnetischen Kräften herrührt, ist Gravitationsstrahlung ein Ergebnis der Schwerkraft und der Bewegung von Materie.

Weil die Schwerkraft so schwach ist, ist die Energie der Gravitationswellen im allgemeinen sehr klein. Wenn man jedoch lange genug wartet, machen sich die Auswirkungen dieses winzigen Energieverlusts bemerkbar, und die Objekte in der Bahn laufen allmählich nach innen. Der Zerfall der Bahnen durch Gravitationsstrahlung spielt sich im allgemeinen quälend langsam ab. Wenn keine anderen Katastrophen eintreten, würde die Erde beispielsweise erst nach mehr als 19 kosmologischen Dekaden auf Spiralbahnen in die Sonne laufen.

Trotz dieser geringen Zielstrebigkeit treibt die Gravitationsstrahlung den Bahnverfall eines beobachtbaren astronomischen Systems an – den eines Binärpulsars. Dieses Doppelsternsystem besteht aus einem Paar von Neutronensternen, die einander einmal alle acht Stunden umrunden. Sie sind eine Million Kilometer voneinander getrennt, eine Entfernung, die dem Durchmesser unserer Sonne entspricht. Die Neutronensterne selbst haben nur 20 Kilometer Durchmesser, so daß sie im Verhältnis zu ihrer Größe sehr weit voneinander entfernt sind. Dieser Binärpulsar nun versorgt uns mit zwei außerordentlich guten Uhren. Die eine Art Uhr sind die Radiopulse, die sich aus dem Drehimpuls eines der Neutronensterne ergeben. Ein Neutronenstern, von dem Radiopulse ausgehen, wird Pulsar genannt. Die zweite Art Uhr ergibt sich aus den regelmäßigen Variationen der Pulse, die auf der Bahnbewegung der beiden Neutronensterne beruhen. Beide Uhren ermöglichen sehr genaue Zeitmessungen, aber ein Vergleich zeigt, daß die orbitale Uhr deutlich schneller geht. Die Gravitationsstrahlung läßt die Bahn auf einer nach innen trudeln, und dadurch nimmt der Abstand zwischen den beiden Sternen allmählich ab. Deshalb wiederum müssen die Sterne einander rascher umrunden, was die orbitale Uhr – im Vergleich mit der Uhr des Pulsars – immer noch rascher laufen läßt.

Die Umlaufzeit des Binärpulsars nimmt ab, in genauer Übereinstimmung mit der Allgemeinen Relativitätstheorie und der zugehörigen Vorstellung, daß die Gravitationsstrahlung zum Bahnverfall führt. Der Binärpulsar ermöglicht uns also eine äußerst genaue Überprüfung der Vorhersagen der Allgemeinen Relativitätstheorie. Joe Taylor und Russell Hulse, die diese Möglichkeit 1974 erkannten, führten zwei Jahrzehnte lang sorgfältige Zeitmessungen durch, deren Ergebnisse verblüffend gut mit den Vorhersagen der Allgemeinen Relativitätstheorie übereinstimmen, und dafür erhielten sie 1993 den Nobelpreis für Physik.

Im Vergleich mit den sehr langen Zeiträumen, an die wir mittlerweile gewöhnt sind, hat der Binärpulsar nicht sehr lange Bestand. Nach 250 Milliarden Jahren schon erreichen die beiden Neutronensterne die Mitte ihrer Spirale und verschmelzen miteinander. Dabei entsteht ein Schwarzes Loch und enorm viel Gravitationsstrahlung. Der Binärpulsar wird also lange vor dem Ende des Zeitalters der leuchtenden Sterne verschwunden sein, das dabei entstandene Schwarze Loch jedoch ist viel langlebiger und sollte bis weit in die 65. Dekade hinein existieren.

Wenn das Universum in das Zeitalter der Schwarzen Löcher übergeht, bleiben nur solche »Doppelsternsysteme« übrig, deren Komponenten Schwarze

Löcher sind. Genau wie der Binärpulsar seine Bahn verengt, ist die Bahn aller Doppelsterne zum Verfall bestimmt, so daß die Sterne schließlich mit einem Feuerwerk an Gravitationsstrahlung verschmelzen. Damit ein Binärsystem das Zeitalter der Schwarzen Löcher überlebt, müssen seine Komponenten zunächst mehr als zwei Lichtjahre voneinander entfernt sein. Um noch länger zu überleben und den unvermeidlichen Aderlaß der Gravitationsstrahlung zu überdauern, müssen Doppelsternsysteme noch weiter voneinander entfernt sein. In der 50. kosmologischen Dekade müssen überlebende Doppelsterne anfangs 650 Lichtjahre weit getrennt sein, und um die 60. kosmologische Dekade zu überleben, müssen sie um mehr als die ganze Milchstraße getrennt sein. Damit ein Binärsystem Schwarzer Löcher die 80. kosmologische Dekade erlebt, müssen die Partner zunächst weiter voneinander entfernt sein, als das gesamte heute beobachtbare Universum groß ist.

Hawking-Strahlung und der Zerfall Schwarzer Löcher

Schwarze Löcher sind nicht vollständig schwarz, denn im Lauf ungeheuer langer Zeiten strahlen sie ganz außerordentlich langsam Wärme in den Raum. Wärme ist eine Energieform, und Energie ist äquivalent zu Masse. Ein Objekt, das Wärme erzeugt, verliert also auch Masse. Wenn ein Schwarzes Loch seine Massenenergie vertröpfelt, verliert es allmählich immer mehr Wärme, daher kann es nicht ewig leben. Es ist dazu bestimmt, zu Nichts zu verdampfen.

Es scheint widersprüchlich, daß »ein Objekt, das das Raumzeit-Kontinuum so stark verzerrt, daß nicht einmal Licht seiner Oberfläche entkommt« (vergleiche Kapitel »Definition der Schwarzen Löcher«), doch Energie in den Raum abstrahlen kann. Dieses Phänomen der Strahlung Schwarzer Löcher ist ein quantenmechanischer Effekt, der sich nicht allein aufgrund der Allgemeinen Relativitätstheorie verstehen läßt. Die Verdampfung Schwarzer Löcher ist eines der wenigen berechenbaren Ereignisse, die in den Bereich der Quantengravitation fallen.

Der quantenmechanische Prozeß, der die Verdampfung Schwarzer Löcher bewirkt, wurde 1974 von Stephen Hawking entdeckt und ihm zu Ehren Hawking-Strahlung genannt. Die Hawking-Strahlung, die von der Oberfläche eines stellaren oder supermassiven Schwarzen Lochs strömt, besteht hauptsächlich aus Photonen und Neutrinos und zu einem kleinen Teil aus Gravitonen. Das Spektrum der Strahlungsenergie eines Schwarzen Lochs hat genau dieselbe Form wie das Schwarzkörperspektrum der Photonen, das von einem Objekt mit einer festgelegten Temperatur ausgesandt wird (wie in

Kapitel 1 behandelt). Die Temperatur eines Schwarzen Lochs wird durch seine Masse bestimmt; je größer das Schwarze Loch, um so geringer die Temperatur. Ein Schwarzes Loch mit Sonnenmasse hat eine Temperatur von nur 0,0000001 Grad über dem absoluten Nullpunkt, und supermassive Schwarze Löcher sind noch viel kälter.

Die Wärmestrahlung eines Schwarzen Lochs läßt sich mit dem Heisenbergschen Unschärfeprinzip der Quantenmechanik erklären. Bei der Betrachtung der Eigenschaften weißer Zwergsterne sahen wir, daß nach dem Unschärfeprinzip Impuls und Ort eines Teilchens nicht beide gleichzeitig genau bekannt sein können. Entsprechend folgt aus dem Unschärfeprinzip auch, daß die Energie eines Systems und die Zeitspanne, in der das System eine bestimmte Energiemenge enthält, nicht beide gleichzeitig genau bekannt sein können. Aus dieser Fassung des Unschärfeprinzips folgt, daß das Gesetz der Energieerhaltung im Mittel gilt und nicht absolut genau. Die Energieerhaltung kann verletzt werden, falls die Verletzung auf ein hinreichend kleines Zeitintervall beschränkt bleibt. Je größer die Verletzung der Energieerhaltung, um so kürzer der Zeitraum. So entstehen aus dem Gewebe des Raums fortwährend paarweise Teilchen, die wegen ihrer Flüchtigkeit virtuell genannt werden. Diese Teilchen leben nur sehr kurze Zeit, bevor sie wieder zu Nichts verfallen. Um sich diesen ungewöhnlichen Begriff der virtuellen Teilchen klarzumachen, kann man sich das Vakuum – den vermeintlich leeren Raum – als ein Pfandhaus für Energie vorstellen. Paare virtueller Teilchen borgen sich Energie aus und leben für kurze Zeit auf Pump, bevor sie ihre Schulden an das Vakuum zurückzahlen und verschwinden.

Um zu sehen, was dies mit der Hawking-Verdampfung zu tun hat, stelle man sich ein Paar virtueller Teilchen vor, das in der Nähe des Ereignishorizonts eines Schwarzen Lochs entsteht. In den kurzen Momenten seiner Existenz kann ein Partner in das Schwarze Loch fallen und Energie gewinnen. Wenn die so gewonnene Energie ausreicht, werden die Teilchen aus ihrem zeitweiligen virtuellen Status in den Zustand wirklicher Existenz befördert. Dazu wird ein kleiner Teil der Gravitationsenergie des Schwarzen Lochs zur Erzeugung der Massenenergie der Teilchen genutzt. Nachdem der zweite Partner, der nicht in das Schwarze Loch fiel, ein existentes Teilchen wurde, kann es unter Umständen entkommen. In vielen Fällen fällt dieses neu erschaffene Teilchen in das Schwarze Loch und zahlt dem Schwarzen Loch sein Energiestipendium vollständig zurück. In anderen Fällen jedoch entkommt das zweite Teilchen dem Zugriff des Lochs und fliegt in den Raum hinaus. Nach einer solchen Flucht ist die Massenenergie des Schwarzen Lochs etwas verringert. Das Schwarze Loch hat Energie in den Hintergrund gestrahlt.

Eine andere Möglichkeit, sich die Teilchenerzeugung aufgrund der Hawking-Strahlung vorzustellen, beruht auf den enorm starken Gezeitenkräften in der Nähe der Oberfläche eines Schwarzen Lochs. Wenn virtuelle Teilchenpaare geschaffen werden, können diese starken Gezeitenkräfte sie auseinanderziehen, so daß sie einander nicht mehr vernichten können. Die Gezeitenkraft wirkt auf das Teilchenpaar und gibt ihnen dadurch Energie. Wenn das Paar genug Energie erhalten hat, wenn also die Gezeitenkraft genug Arbeit leistet, kann ein virtuelles Teilchen den Status eines wirklichen Teilchens erhalten, es wurde mit Energie ausgestattet, die ursprünglich dem Schwarzen Loch gehörte.

In jedem Fall ist das Endergebnis des von Hawking beschriebenen Vorgangs, daß das Schwarze Loch Strahlung und Teilchen abgibt, die ihm Energie entführen. Auf diese Weise verliert das Schwarze Loch langsam seine Energie und seine Masse. Über lange Zeiten hinweg erfordert der von der Hawking-Strahlung verursachte Energieverlust seinen Zoll und läßt das Schwarze Loch allmählich verdampfen.

Nach dem Diktat der Thermodynamik muß Wärme von Heiß nach Kalt fließen, aber nicht anders herum. Da Schwarze Löcher Wärme, also Energie, ausstrahlen, müssen sie auch eine Temperatur haben. Ein Schwarzes Loch ist etwas wärmer als der kalte leere Raum – seine Temperatur liegt über dem absoluten Nullpunkt. Die Temperaturen Schwarzer Löcher sind jedoch unglaublich gering: Ein Schwarzes Loch mit Sonnenmasse hat eine Temperatur von nur einem Zehnmillionstel (10^{-7}) Kelvin. Größere Schwarze Löcher halten noch mehr Massenenergie fest, strahlen viel weniger effizient und haben noch geringere Temperaturen. Die Oberflächentemperatur eines Schwarzen Lochs ist umgekehrt proportional zu seiner Masse. Mit drei Millionen Sonnenmassen hat das Schwarze Loch in der Mitte unserer Galaxis eine effektive Temperatur von weniger als 10^{-13} Kelvin. Die größten Schwarzen Löcher, jene in der Mitte aktiver Galaxien, die Milliarden Sonnenmassen haben, sind sogar noch kälter.

Das Universum badet in einem Strahlungsmeer, das aus dem Zeitalter der Urmaterie übrig geblieben ist. Diese kosmische Hintergrundstrahlung gibt dem Universum eine effektive Temperatur, die zur Zeit etwa drei Kelvin beträgt. Damit ist das Universum wesentlich wärmer als Schwarze Löcher, und deshalb strömt in unserem Zeitalter der kosmischen Geschichte Wärme aus dem Universum in die Schwarzen Löcher. Die Wirkung ist zwar gering, aber Schwarze Löcher werden tatsächlich etwas massereicher, indem sie Strahlung absorbieren. Wenn das Universum älter wird, werden die Strahlungsfelder des Hintergrunds jedoch zu längeren Wellenlängen gedehnt, und die effektive Temperatur nimmt ab. Zu einer bestimmten Zeit in der Zukunft, wenn das Universum schließlich kühl genug ist, werden Schwarze Löcher Energie und Masse an den Hintergrund abgeben. Wann das passiert, hängt davon ab, wie rasch sich das Universum ausdehnt – ob das Universum geschlossen oder offen ist – und davon, welche Masse die Schwarzen Löcher haben.

Falls das Universum flach ist, wird die Temperatur des Raums während der 21. kosmologischen Dekade niedriger sein als die eines Schwarzen Lochs von Sonnenmasse. Schwarze Löcher mit einer Million Sonnenmassen machen diesen Übergang während der 30. kosmologischen Dekade. Entsprechend beginnen Schwarze Löcher mit einer Milliarde Sonnenmassen in der 35. Dekade zu verdampfen. Wenn das Zeitalter der Schwarzen Löcher beginnt, senden alle bis auf die allergrößten Schwarzen Löcher aktiv Energie aus und verlieren Masse.

Außer mit der kosmischen Hintergrundstrahlung füllt sich das Universum auch durch die Vernichtung dunkler Materie und den Zerfall von Protonen in den weißen Zwergen mit einem Strahlungsmeer. Diese zusätzliche Hintergrundstrahlung verzögert die Verdampfung Schwarzer Löcher ein wenig. Schließlich aber führt die Ausdehnung des Universums dazu, daß diese Strahlungsfelder aufgrund ihrer niedrigen Temperaturen Energie rascher abstrahlen als aufnehmen. Die Lebensdauer eines Schwarzen Lochs hängt von seiner Anfangsmasse ab. Große Schwarze Löcher können mehr Masse verstrahlen, haben niedrigere Temperaturen und eine längere Lebensdauer. Ein Schwarzes Loch mit Sonnenmasse verdampft in etwa 65 kosmologischen Dekaden oder 100 000 Billiarden Billiarden Billiarden Billiarden Billiarden Jahren, einer Zeit, die so lang ist, daß es fast lächerlich ist, sie aufzuschreiben. Die kleinsten einigermaßen häufig vorkommenden Schwarzen Löcher haben Massen von drei bis fünf Sonnenmassen und werden während der 67. kosmologischen Dekade verdampfen.

Schwarze Löcher mit der Masse von Millionen Sonnen, wie es eines in der Mitte unserer Galaxis gibt, werden die stellaren Schwarzen Löcher lange überleben, aber auch sie werden nach 83 kosmologischen Dekaden vergehen. Selbst ein Schwarzes Loch mit der Masse einer Galaxie, also 100 Milliarden Sonnenmassen, wird in der 98. kosmologischen Dekade verdampft sein. Deshalb werden nach der 100. kosmologischen Dekade fast alle Schwarzen Löcher verschwunden sein, und das Universum wird vor allem aus Strahlung, Neutrinos, Elektronen, Positronen und anderen Zerfallsprodukten bestehen.

Die Verdampfung Schwarzer Löcher durch Hawking-Strahlung liefert ein weiteres Beispiel für den anhaltenden astrophysikalischen Wettstreit zwischen Schwerkraft und Thermodynamik. Schwarze Löcher sind eine natürliche Folge der Schwerkraft, wie sie von der Allgemeinen Relativitätstheorie beschrieben wird. Schwarze Löcher bilden sich, wenn die Schwerkraft ihren Kampf gegen den Druck gewinnt und alle anderen Kräfte besiegt. Andererseits ist die Verdampfung Schwarzer Löcher ein klassisches Beispiel für die Erzeugung von Entropie. Die von diesem Prozeß erzeugte Strahlung hat viel Entropie. Die Tatsache, daß Schwarze Löcher verdampfen, bedeutet, daß auch bei diesen extremen astrophysikalischen Objekten die Thermodynamik schließlich überwiegt.

Im Inneren Schwarzer Löcher

Was ist eigentlich im Inneren eines Schwarzen Lochs? Diese außerordentlich schwer zu beantwortende Frage ist eine der aktuellen Fragen der heutigen Forschung. Wir erörtern hier einige der vielen faszinierenden Möglichkeiten.

Eine der Schwierigkeiten, die sich ergeben, wenn man über das Innere eines Schwarzen Lochs sprechen will, hat mit dem Ereignishorizont zu tun, der wie eine Art halbdurchlässiger Membran wirkt. Der Horizont läßt zwar Information ins Schwarze Loch hinein, aber nicht hinaus. Das Vorliegen des Horizonts bedeutet in Verbindung mit den Gesetzen der Allgemeinen Relativitätstheorie, daß die Schwarzen Löcher in gewisser Weise ziemlich einfache Gebilde sind. Wie schon bemerkt, haben sie kein Haar.

Aber was bedeutet das wirklich? Zum einen kommt es einfach nicht darauf an, aus welcher Materie das Schwarze Loch gebildet wird. Wenn die Materie einmal im Inneren des Schwarzen Lochs ist, lassen sich von außen nur seine Gesamtmasse, Ladung und Drehimpuls bestimmen. Ganz gleich, ob Protonen, Eisenkerne oder exotische Teilchen dunkler Materie zum Bau eines Schwarzen Lochs beitrugen, im Schwarzen Loch sind sie alle gleich. Ein Schwarzes Loch hat keine anderen Eigenschaften als Masse, Ladung und Drehimpuls.

Zur Konkretisierung unserer Gedanken betrachten wir einen gewöhnlichen Stern und stellen uns vor, er würde sich zu einem Schwarzen Loch zusammenziehen. Ein Stern hat viele Haare, komplizierte Strukturen wie Magnetfelder, Gasausbrüche, Oberflächendeformationen und Sternflecken. Wenn dieser Stern zu einem Schwarzen Loch implodiert, hat das Schwarze Loch keinerlei Möglichkeit, Information über seine Magnetfelder, Protuberanzen und andere Eigenschaften zu bewahren, denn sonst gäbe es ja, grob gesagt, eine Verbindung zwischen dem Inneren des Ereignishorizonts und dem Äußeren. Da eine solche Kommunikation streng verboten ist, muß das Schwarze Loch auf alle Äußerlichkeiten verzichten. In der Praxis geschieht das dadurch, daß das Schwarze Loch die gesamte überschüssige Energie abstrahlt, die mit diesen Strukturen zusammenhängt. Am Ende bleiben nur Masse, Ladung und Drehimpuls übrig. Alle anderen Erinnerungen an den ursprünglichen Stern wurden gelöscht.

Wenn Schwarze Löcher gleiche Masse, Ladung und Drehimpuls haben, sind sie also haargenau gleich. Wegen dieser Eleganz und Einfachheit sind Schwarze Löcher trotz ihrer Exotik theoretisch besonders gut zu beschreiben. Sie sind durch nur drei Zahlen gekennzeichnet, die alle drei in den Gleichungen der Allgemeinen Relativitätstheorie vorkommen. Das ist eine ganz andere Situation als beispielsweise bei Sternen wie unserer Sonne. Wir wissen viel über Sterne und können ihre Lebensdauern und allgemeinen Eigenschaften vorhersagen. Aber Sterne sind ihrem Wesen nach so kompliziert, daß wir keine Gleichungen angeben können, die alle ihre Eigenschaften beschreiben – jede Protuberanz, jeden Sternfleck und jede koronale Schleife. Die vollständige Beschreibung eines Sterns setzt viel mehr als drei Zahlen voraus.

Schauen wir uns nun die Schwarzen Löcher der Zukunft an. Diese Schwarzen Löcher können und werden mit dem Universum in Wechselwirkung sein, besonders durch die Aussendung von Hawking-Strahlung. Wenn ein stellares Objekt, auch ein Schwarzes Loch, Strahlung aussendet, führt das dazu, daß sich das Objekt entweder rascher oder langsamer dreht. Welche Möglichkeit eintritt, hängt davon ab, wie die Strahlung ausgeschickt wird, also welchen Drehimpuls sie mitnimmt. Bei Schwarzen Löchern verlangsamt die ausgesandte Strahlung die Rotation, statt sie zu beschleunigen. Deshalb verliert ein Schwarzes Loch zuerst seinen Drehimpuls. Die Schwarzen Löcher der fernen Zukunft haben also nur noch zwei Eigenschaften – Masse und Ladung. Bei großen Schwarzen Löchern, solchen, die durch astrophysikalische Vorgänge entstehen und bis ins Zeitalter der Schwarzen Löcher Bestand haben, bewirkt die Ladung eine viel kleinere Kraft als die Masse. Meistens werden die Schwarzen Löcher daher durch eine einzige Zahl gekennzeichnet – ihre Masse. Die Ladung spielt erst in den letzten Momenten der Verdampfung eine Rolle.

Wenn Schwarze Löcher kein Haar haben, können wir also nur ihre Masse, die Ladung und das Drehimpuls in Erfahrung bringen. Aber irgendetwas muß in ihrem Inneren sein! Um etwas über das Innere des Schwarzen Lochs in Erfahrung zu bringen, müssen wir auf das zurückgreifen, was man »reine Theorie« nennen könnte. Wir nehmen also die Naturgesetze – hier vor allem Einsteins Allgemeine Relativitätstheorie – zu Hilfe, um zu berechnen, was sich im Inneren des Schwarzen Lochs abspielt, aber wir haben keine Möglichkeit, diese Überlegungen experimentell zu überprüfen.

Nach der klassischen Allgemeinen Relativitätstheorie, also ohne Berücksichtigung der quantenmechanischen Effekte, ist die aufregendste Eigenschaft des Inneren eines Schwarzen Lochs seine zentrale raumzeitliche Singularität. Der bedeutende theoretische Physiker und Mathematiker Roger Penrose bewies einen Satz, wonach jedes Schwarze Loch eine Singularität enthalten muß. Dieses Ergebnis ist weitreichend und gilt unabhängig von der Art der Entstehung und der sonstigen Vorgeschichte des Schwarzen Lochs. Eine Singularität ist ein Punkt, an dem, grob gesagt, die Hölle los ist. An der Singularität eines Schwarzen Lochs wird die Dichte der Materie unendlich. Mit unendlich meinen wir nicht nur einen sehr großen Wert, sondern eigentlich einen Wert, der größer ist als jede vorstellbare Zahl. Eine Singularität ist offenbar höchst interessant.

Wenn physikalische Größen in einer Theorie unendlich werden, bedeutet das gewöhnlich, daß etwas schrecklich falsch gelaufen ist oder daß die Theorie unvollständig ist. Die Singularität in der Mitte eines Schwarzen Lochs ist eine Folge davon, daß wir die Physik bei hinreichend hohen Energien und Dichten oder, entsprechend, kleinen Größenordnungen nicht kennen. Bei den gewaltigen Dichten in der Nähe der in einem Schwarzen Loch vermuteten Singularität müssen quantenmechanische Effekte eine Rolle spielen. Bedauerlicherweise aber haben wir keine vollständige und widerspruchsfreie Fassung der physikalischen Gesetze, die gleichzeitig sowohl die Gravitation – die Allgemeine Relativitätstheorie – als auch die Quantenmechanik umfaßt. Zweifellos brauchen wir die Quantengravitation, um das wahre Wesen der Singularität in einem Schwarzen Loch zu erfassen, aber zur Zeit verfügen wir noch nicht über eine endgültige Beschreibung.

Immerhin wissen wir, daß an der Singularität eine Menge faszinierender Effekte möglich sind. Einige Physiker haben vermutet, daß die Singularität einen Weg von unserem Universum zu anderen Universen oder vielleicht auch zu einem anderen Ort in unserem Universum bahnt. Wenn wir so von unserem Universum und anderen Universen sprechen, müssen wir vorsichtig sein. In diesem Zusammenhang ist unser Universum der ganze kausal zusammenhängende Bereich der Raumzeit. Mit anderen Worten: Unser Universum enthält all die Orte, die man besuchen könnte, wenn man ein Raumschiff hätte, das mit Lichtgeschwindigkeit so lange reisen könnte, wie es das Universum gibt. Von einer Reise ins Innere des Ereignishorizonts eines Schwarzen Lochs könnte man niemals in unser Universum zurückkehren. Der Ereignishorizont stellt also effektiv eine Grenze unseres Universums dar. Aber im Prinzip kann etwas in die Singularität in der Mitte eines Schwarzen Lochs gelangen und in einem anderen Universum wieder herauskommen – in einem Universum mit einer Raumzeit, die nicht mit unserem Universum zusammenhängt, außer vielleicht an der Singularität des Schwarzen Lochs. Auf diese Weise können die Singularitäten in Schwarzen Löchern Tore zu anderen Universen darstellen.

Die Tatsache der Existenz Schwarzer Löcher in unserem Universum impliziert notwendigerweise, daß die Raumzeit unseres Universums keine einfache

Geometrie hat. Zusätzlich zur Krümmung der Raumzeit, die mit der starken Schwerkraft Schwarzer Löcher zusammenhängt, stellen Ereignishorizonte effektive Grenzen unseres Universums dar.

Komplexität im Zeitalter der Schwarzen Löcher

Streng reduktionistisch gesehen, ist ein Mensch eine große Ansammlung von Protonen, Neutronen und Elektronen. Diese drei Elementarteilchen sind die Grundbausteine der Atome, die sich zu Molekülen verbinden, die auf fantastisch komplizierte Weise Zellen bilden, von denen sich Billionen zu einem Menschen zusammenfinden. Auf großartige Weise arbeiten fast 10^{29} einfache Teilchen zusammen, um ein System zu erzeugen, das offenbar viel mehr ist als die Summe seiner Teile.

Unsere Welt ist komplex, weil die ungeheuer vielen Protonen, Neutronen und Elektronen viel Zeit hatten, wechselzuwirken und sich zu interessanten Strukturen zu entwickeln. Weil das Universum viel länger existiert als die wenigen Nanosekunden, die chemische Reaktionen erfordern, konnten Planeten entstehen, Sedimente im Meer abgelagert werden und Lebewesen eine Evolution durchmachen. Wenn wir in die Zeit zurückreisen könnten, zu der die Kerne verschmolzen und das Universum nur wenige Minuten alt war, fänden wir es wohl unglaublich, daß das fast gleichförmige Meer aus Wasserstoff- und Heliumkernen je in der Lage sein würde, zu etwas so Kompliziertem wie einem einzigen Computer zu werden – und erst recht, daß es einmal eine planetarische Gesellschaft von sechs Milliarden Menschen geben würde, die in einem erstaunlich reichhaltigen und ausgeklügelten Ökosystem zusammenlebt.

Selbstverständlich können sehr viele Teilchen, die einfachen wohldefinierten Gesetzen gehorchen, zusammenwirken, um sehr komplexe Strukturen zu erschaffen. Wir möchten den Gedanken etwas ausschmücken, daß die Vielzahl der Schwarzen Löcher im Zeitalter der Schwarzen Löcher die Rolle übernehmen könnten, die heute Protonen, Elektronen und Neutronen zukommt. Können sich wirklich komplexe Strukturen entwickeln, wenn es genug Zeit, genug Raum und genug Schwarze Löcher gibt? Kann eine Welt, in der Schwarze Löcher miteinander wechselwirken, in demselben Sinn existieren, in dem unsere Welt der Protonen, Neutronen und Elektronen existiert? Wir kennen die Antwort nicht, aber es scheint im Bereich der Möglichkeit zu liegen. Insbesondere können wir ausdrücklich beschreiben, wie aus interagierenden Schwarzen Löchern einfache Analog- und Digitalschaltkreise konstruiert werden können. Wo Schaltkreise sind, können auch Computer gebaut werden. Und wenn es Computer gibt, sind Leben und Intelligenz vielleicht nicht weit.

Computer aus Schwarzen Löchern

Es klingt fantastisch, und doch könnte eine Ansammlung Schwarzer Löcher, ein selbstgravitierendes System also, wie eine Art Computer funktionieren. Wir lassen uns auf diese Überlegung ein, ohne uns dabei die offensichtliche Frage zu stellen, wie ein solcher Computer in der Praxis konstruiert werden könnte. Wir werden also nicht darüber nachdenken, wie Schwarze Löcher auf die nötigen Bahnen gebracht oder wie große Massen so situiert werden könnten, daß sie die für den Bau unseres hypothetischen Computers im Hintergrund nötigen Gravitationskräfte liefern. Wir zeigen jedoch, daß eine geeignete Menge Schwarzer Löcher dann, wenn sie erst einmal richtig angeordnet ist, tatsächlich einen funktionierenden Computer bilden könnte. Die Komponenten unseres rein theoretischen Putativcomputers aus Schwarzen Löchern sind sicherlich weder die effizientesten noch die praktischsten Vorrichtungen, die man sich vorstellen kann. Trotzdem würden solche Komponenten, wenn sie zusammengesetzt werden können, ihre Funktion erfüllen.

Im Grunde beruhen Digitalrechner auf drei logischen Elementen, die gewöhnlich NICHT-, UND- und ODER-Gatter genannt werden. Durch Kombination sehr vieler dieser einfachen Gatter, die die Grundoperationen der Logik durchführen, lassen sich Computer von praktisch unbegrenzter Komplexität konstruieren.

Logische Gatter wirken auf Zahlen, oder genauer auf Darstellungen von Zahlen. Jede Zahl kann in binärer Form als eine Reihe von Einsen und Nullen dargestellt werden,

10101010100001101010 …

So hat die Zahl 100 im Binärsystem beispielsweise die Form

1100100.

Das erste Problem beim Entwerfen eines SLC, eines Computers aus Schwarzen Löchern, besteht nun darin, Binärzahlen mit Hilfe Schwarzer Löcher darzustellen. Am einfachsten läßt sich dieses Ziel wohl erreichen, wenn man eine Folge Schwarzer Löcher, die sich durch den Raum bewegt, als Ziffernfolge deutet. Man stelle sich eine in regelmäßigen Abständen unterteilte Linie vor. Jeder Platz auf der Linie kann mit einem Schwarzen Loch besetzt sein oder auch nicht. Wenn in einem bestimmten Ort ein Schwarzes Loch ist, wird der zu konstruierenden Zahl an dieser Stelle eine (1) zugeschrieben. Wenn diese Stelle jedoch leer ist, wird dieser Zahl eine Null (0) zugeschrieben. Um die Zahl Hundert darzustellen, brauchen wir eine Linie mit sieben Stellen, bei der an der dritten, sechsten und siebten Stelle – von der ersten Ziffer rechts gezählt – ein Schwarzes Loch sitzt. Darstellungen größerer Zahlen benötigen wir längere Linien mit Schwarzen Löchern und Leerräumen.

Wenn wir auf diese Weise eine Zahldarstellung erhalten, können wir logische Gatter bauen, die auf die Zahlen einwirken. Im ersten Beispiel konstruieren wir ein ODER-Gatter, das zwei eingegebenen Zahlen eine einzige Ausgabe zuordnet. Die beiden Zahlen werden in Binärform eingegeben und so angeordnet, daß die ersten Ziffern, Einserstellen jeder Zahl also, nebeneinander liegen. Wenn nun in einer der Inputfolgen an einem bestimmten Ort eine 1 steht, hat auch die Outputfolge dort eine 1. Wenn beispielsweise die beiden Eingaben die Folgen

101000101110

und

010101010101

sind, ergibt sich nach Passieren des ODER-Gatters als Output die neue Zahl

111101111111.

Damit wir diese Operation mit Hilfe von Folgen Schwarzer Löcher durchführen können, die Zahlen darstellen, müssen wir eine Gravitationspotentialmulde oder ein Kraftfeld bauen, das die beiden Folgen Schwarzer Löcher nebeneinander aufreiht. Während die beiden Folgen Schwarzer Löcher einander näherkommen, wirkt sich die Gravitationsanziehung aus. Wenn die Abstände zwischen den beiden Folgen viel kleiner sind als der Abstand zwischen benachbarten Folgengliedern, verschmelzen die Schwarzen Löcher, falls an dieser Stelle welche sind, und bilden neue Schwarze Löcher. Damit haben wir ein ODER-Gatter geschaffen. Wenn eine der beiden Inputfolgen an einer bestimmten Stelle ein Schwarzes Loch hat, hat die Outputfolge dort ebenfalls ein Schwarzes Loch (siehe Abbildung S. 166).

Jetzt wollen wir das NICHT-Gatter konstruieren. Bei diesem logischen Gatter besteht der Input aus nur einer Ziffernfolge, die von dem NICHT-Gatter an jeder Stelle verändert wird. Aus jeder 1 wird also eine 0, und aus jeder 0 eine 1. So wird unter der Wirkung des NICHT-Operators die Folge

11010001

in die Outputfolge

00101110

umgewandelt.

Das Verfahren, mit dem wir ein NICHT-Gatter für Folgen Schwarzer Löcher erstellen, ist kostspielig. Das NICHT-Gatter selbst liefert eine lückenlose Folge Schwarzer Löcher, eine Bezugsfolge also, bei der an jeder Stelle ein Schwarzes Loch ist. Diese Bezugsfolge wird senkrecht zur Folge der eingegebenen Zahl gefeuert. Die Outputfolge ist der Teil der Bezugsfolge – nicht der Inputfolge –, die nach der Wechselwirkung der beiden Folgen übrig bleibt. Wenn an einer bestimmten Stelle der Inputfolge ein Schwarzes Loch ist, kommt es zu einer Kollision. Der Gesamtimpuls der Kollision verstößt das Ergebnis aus der

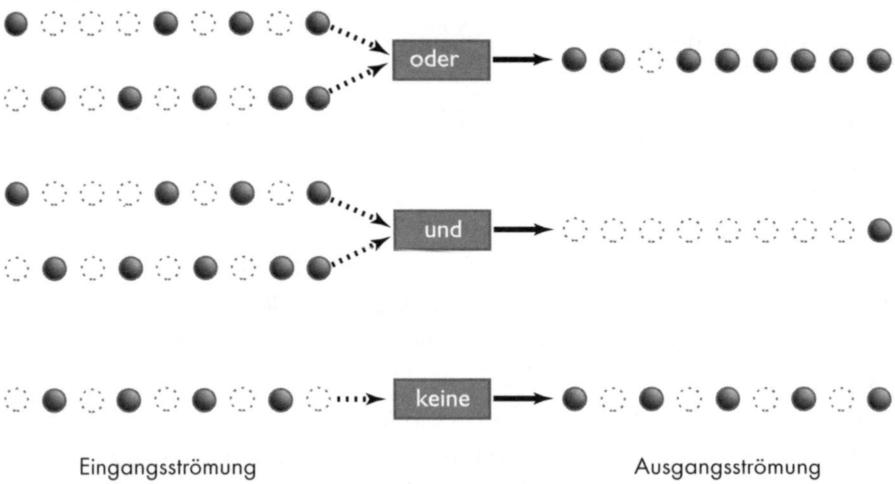

Dieses Diagramm zeigt, wie ein SLC funktionieren könnte. Der obere Teil des Diagramms zeigt ein gravitatives ODER-Gatter. Zwei Folgen Schwarzer Löcher, zwei »Zahlen«, sind der Input, und der Output ist eine einzelne Folge Schwarzer Löcher, eine einzige »Zahl«. An einer bestimmten Stelle der Outputfolge ist dann ein Schwarzes Loch, wenn die entsprechende Stelle in einer der Inputfolgen besetzt war. Der mittlere Abschnitt des Diagramms stellt ein gravitatives UND-Gatter dar. In der Outputfolge, die wieder durch eine Folge Schwarzer Löcher dargestellt wird, ist an einer bestimmten Stelle dann und nur dann ein Schwarzes Loch, wenn in beiden Inputfolgen dort ein Schwarzes Loch ist. Der untere Teil veranschaulicht ein gravitatives NICHT-Gatter. Der Input ist eine einzelne Zahl, eine Folge Schwarzer Löcher also, und das Gatter verwandelt dann Schwarze Löcher in Leerräume und Leerräume in Schwarze Löcher.

Folge, und das führt im Ergebnis zu einer Leerstelle (einer 0). Wenn also ein Schwarzes Loch an das NICHT-Gatter kommt, ergibt sich eine Leerstelle. Wenn an einer bestimmten Stelle der Inputfolge kein Schwarzes Loch ist, wird das Schwarze Loch aus der Bezugsfolge nicht gestört. Wenn also eine Leerstelle an das NICHT-Gatter gelangt, kommt ein Schwarzes Loch heraus. Wie erfordert, wandelt unser NICHT-Gatter Schwarze Löcher in Leerstellen und Leerstellen in Schwarze Löcher um (siehe Abbildung S. 166).

Das dritte und letzte logische Gatter, das sogenannte UND-Gatter, verwandelt zwei ankommende Zahlen in einen einzigen Output. Die Ziffernfolge des Outputs enthält dann und nur dann eine 1, wenn beide Inputfolgen an dieser Stelle eine 1 haben. Andernfalls hat die Outputfolge an dieser Stelle eine 0, wenn eine der Inputfolgen dort eine 0 hat. Mit den beiden vorigen Inputfolgen,

101000101110

und

010101010101

erzeugt das UND-Gatter die Outputfolge (Zahl)

000000000100.

Wenn wir mit Hilfe Schwarzer Löcher ein UND-Gatter erzeugen wollen, beginnen wir mit dem früher konstruierten Begriff des NICHT-Gatters. Der erste Inputfolge Schwarzer Löcher wird durch ein NICHT-Gatter geschickt, so daß der Output dieser Wechselwirkung »das Gegenteil« der ursprünglichen Inputfolgen ist. Diese bearbeitete Folge wird dann auf einen Kollisionskurs mit der zweiten Inputfolge geschickt. Der verbleibende Teil des verarbeiteten Folge wird nach dem Zusammenstoß mit der zweiten Eingabe die Outputfolge des ganzen UND-Gatters (siehe die Abbildung auf Seite 166).

Schauen wir uns dieses Gatter genauer an und betrachten wir eine bestimmte Stelle in dem Strom. Wenn die erste Inputfolge an dieser Stelle ein Schwarzes Loch hat, hat die Folge der Ergebnisse an dieser Stelle eine Leerstelle. Diese Leerstelle ist in Wechselwirkung mit der zweiten Inputfolge. Wenn die dort ebenfalls ein Schwarzes Loch hat, hat auch die Outputfolge dort ein Schwarzes Loch. Beide Ströme müssen also an der vorgegebenen Stelle ein Schwarzes Loch haben, damit auch die Outputfolge ein Schwarzes Loch hat.

Obwohl diese Operationen einfach sind, kann mit ihrer Hilfe ein ungeheuer komplizierter Rechner gebaut werden, wenn genug logische Gatter zur Verfügung stehen. Im Prinzip. In der Praxis müßte ein aus diesen logischen Elementen konstruierter logischer SLC auf drei wichtige Faktoren Rücksicht nehmen, nämlich die Instabilität, die Dissipation und das Verdampfen der Komponenten selbst. Die Instabilität stört das System aufgrund seiner eigenen Wechselwirkung. Die Dissipation führt zu einem Energieverlust und zur Verzerrung der Bahnen Schwarzer Löcher. Und schließlich ist die Lebensdauer der Schwarzen Löcher zwar lang, aber endlich. Wenn sie verdampfen, kann der Computer natürlich nicht mehr rechnen.

Wie unser SLC sind auch Systeme, die aufgrund ihrer Schwerkraft wechselwirken, oft instabil. Betrachten wir beispielsweise das aus der Science-fiction bekannte Szenario, bei dem unser Sonnensystem auf der anderen Seite der Sonne einen bösen Planeten beherbergt. Dieser böse Planet soll dieselbe Umlaufbahn haben wie die Erde, aber mit einer Verschiebung von genau einem halben Jahr. Die beiden Planeten bekommen einander nie zu Gesicht, weil sie immer von der Sonne getrennt sind. Diese Konfiguration ist jedoch instabil, und das Szenario kann keinen Bestand haben. Man stelle sich vor, man verschiebe die Sonne ein wenig aus dem Zentrum eines solchen Systems (siehe Abbildung S. 169); dann wirken die beiden Planeten zusammen und ziehen die Sonne weiter vom Zentrum weg. Die Sonne kann dann das Gleichgewicht zwischen den entgegengesetzt wirkenden Gravitationskräften nicht wahren. Wenn unser SLC nicht sorgfältig gebaut wurde, ist auch er solchen Instabilitäten ausgesetzt; sowie eine der »Ziffern« unserer Binärzahlen etwas aus ihrem eigentlichen Ort verschoben wird, kann sie von den anderen Leerstellen dieser Folge weiter von der richtigen Position abgelenkt werden, was möglicherweise zu einer falschen Rechnung, oder, schlimmer noch, zur Zerstörung der ganzen Zahl führt. Um die Zeit hinauszuschieben, die solche Instabilitäten zum Anrichten von Unheil brauchen, können wir den Computer größer machen und die Schwarzen Löcher weiter voneinander trennen. Vielleicht ließen sich auch gescheitere und kompliziertere logische Elemente entwerfen, die weniger anfällig sind für gravitative Instabilitäten.

Unser SLC wäre nicht nur für die Instabilitäten anfällig, die die logischen Komponenten plagen, sondern wie jedes physikalische System auch für mehrere Arten von Dissipation. In alltäglichen Systemen ist Reibung eine gewöhnliche Quelle der Dissipation. Sie führt dazu, daß Maschinen langsamer werden, anhalten oder verschleißen. Innerhalb eines SLC führt offensichtlich der Energieverlust durch gravitative Strahlung zu Dissipation. Beim Verschieben so massereicher Körper, wie es die Schwarzen Löcher sind, aus denen unser

Computer besteht, wird Energie abgegeben. Die Körper reagieren auf den Energieverlust mit einer Veränderung der Bahn. Das ganze System kann nur so lange Bestand haben, wie diese Strahlung die Bahnen nicht allzu sehr verändert. Glücklicherweise wird dann, wenn wir die Entfernungen zwischen Schwarzen Löchern vergrößern, um Instabilitäten hinauszuschieben, auch die Zeit länger, die die Gravitationsstrahlung braucht, um das System zu beeinflussen. Natürlich nimmt damit auch die Zeit zu, die der Computer für seine Rechnungen braucht – die Folgen der Schwarzen Löcher müssen längere Strecken zurücklegen. Bei einer vorgegebenen Entfernungszunahme nehmen die Auswirkungen der Gravitationsstrahlung rascher ab, als die Rechenzeit länger wird.

Ein letztes Hindernis für die Konstruktion eines SLC ist, daß die Schwarzen Löcher eine endliche Lebenszeit haben. Im Lauf der Zeit verdampfen Schwarze Löcher. Obwohl diese Zeit ziemlich lang ist, setzt die Hawking-Strahlung der in Zukunft möglichen Rechenleistung doch eine Grenze.

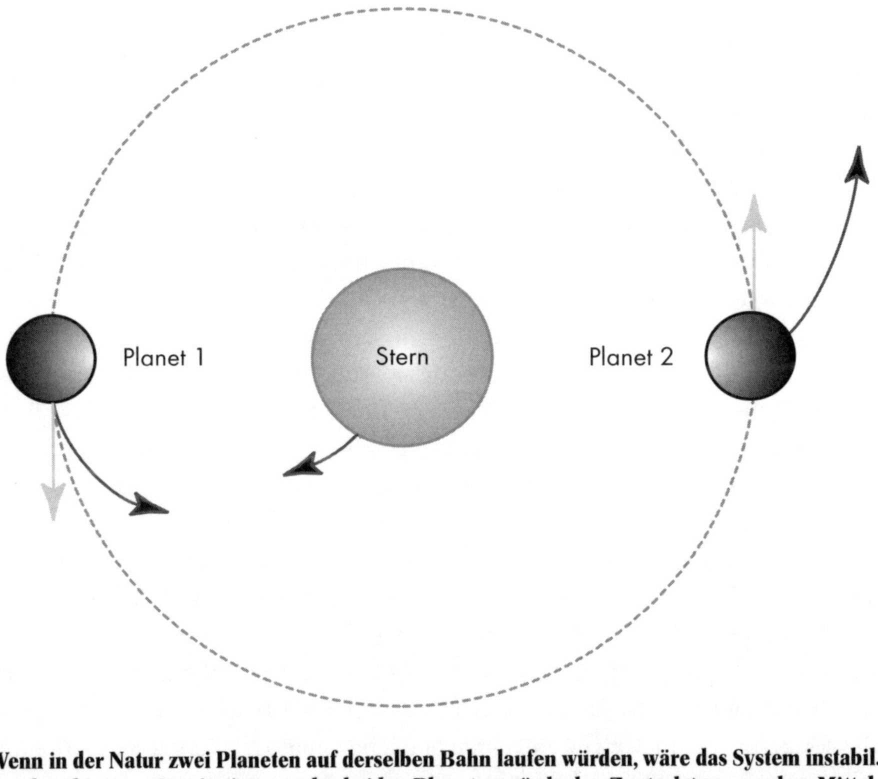

Wenn in der Natur zwei Planeten auf derselben Bahn laufen würden, wäre das System instabil. Der kombinierte Gravitationssog der beiden Planeten würde den Zentralstern aus dem Mittelpunkt des Systems verdrängen und die Planeten auf komplizierte instabile Bahnen entsenden.

Schwarze Löcher als Schaltkreise

Eine andere Möglichkeit, sich komplizierte Strukturen im Zeitalter der Schwarzen Löcher vorzustellen, besteht darin, selbstgravitierende Schaltkreise zu betrachten; die wir hier als selbstgravitierende Maschinen (SGM) bezeichnen wollen. Solche Schaltkreise sind direkte Verwandte der Computer – sie können Analogrechnungen durchführen und werden auch bei den meisten Digitalrechnern benötigt.

Ein einfacher Schwingkreis, ein sogenannter LRC, hat drei Grundkomponenten: Der erste, der Induktor, verleiht dem System Trägheit und wirkt damit ähnlich wie eine Masse. Die zweite Komponente, der Widerstand, verstreut Energie und erzeugt damit so etwas wie Reibung. Die dritte Komponente, der sogenannte Kondensator, ermöglicht das Speichern von Ladung und damit Energie. Aus diesen einfachen Teilchen kann man leicht einen Oszillator konstruieren, ein Gerät, das einen elektrischen Strom erzeugt, der sich im Lauf der Zeit auf wohldefinierte Weise verändert. Aus diesen Oszillatoren und anderen Komponenten lassen sich noch komplexere Geräte bauen.

Auch aus den gravitierenden Komponenten, die im Zeitalter der Schwarzen Löcher zur Verfügung stehen, ließe sich ein einfacher Oszillator bauen. Als Entsprechung zum Kondensator, dem Energiespeicher, verwenden wir einen selbst gravitierenden Halo umlaufender Körper, ähnlich dem Halo unserer heutigen Galaxis. In der Zukunft muß dieser Halo vor allem aus Schwarzen Löchern bestehen und anders geformt sein, damit das Verfahren des Energiespeicherns genau analog ist zu dem eines Kondensators, aber sehr viele Halos lassen Oszillationen irgendeiner Art zu. Die Reste von Galaxien- und Superhaufen stellen große gravitativ gebundene Ansammlungen Schwarzer Löcher dar, genau die Art Struktur, die für einen solchen Halo nötig ist. Außerdem brauchen wir eine große Masse – entweder ein großes Schwarzes Loch oder eine Zusammenballung Schwarzer Löcher, die zu einem astronomischen System gebunden sind –, die auch wirklich oszilliert. Die Gesamtmasse spielt in dem Schwingkreis die Rolle eines Induktors. Schließlich brauchen wir einen Widerstand, einen Mechanismus, der für Dissipation sorgt. Wenn die Massen der Körper in dem Halo klein sind im Vergleich zur Masse des Oszillators, neigen gravitative Wechselwirkungen dazu, den größeren oszillierenden Körper zu verlangsamen, wenn er das Meer der kleineren Körper durchquert. Dieser Effekt ist die dynamische Reibung und liefert einen Widerstand. Wir haben damit alle Komponenten beisammen, die nötig sind, um in der Zukunft einen einfachen analogen Schaltkreis zu bauen. Alle diese Komponenten bestehen aus selbst-gravitierenden Körpern, die im Zeitalter der Schwarzen Löcher zur Verfügung stehen werden.

Leben im Zeitalter der Schwarzen Löcher

In der fernen Zukunft des Zeitalters der Schwarzen Löcher kann es also komplexe Maschinen geben. Wie ist es dann mit Leben? Können in einer solch fremdartigen Umwelten Lebewesen irgendeiner Art existieren? Wenn wir in diesem fremdartigen Rahmen die Möglichkeit von Leben in Betracht ziehen wollen, müssen wir die optimistische Sicht vertreten, daß es nur auf die Grundarchitektur ankommt und nicht auf die tatsächliche Materie, aus der die bekannten irdischen Lebensformen bestehen. Insbesondere ist Leben auf der Basis von Kohlenstoff in dieser zukünftigen Epoche nicht mehr möglich, wenn schon alle Protonen und damit auch alle Kohlenstoffkerne in kleinere Teilchen zerfallen sind. Das Leben muß andere, viel weniger konventionelle Formen annehmen.

Wenn wir einmal annehmen, daß es abstrakte Lebensformen geben kann, lassen sich einige allgemeine Aussagen über das Wesen solchen Lebens machen. Nach der von Freeman Dyson vertretenen und in der Einleitung umrissenen Skalierungs-Hypothese ist der Grundumsatz eines abstrakten Geschöpfes proportional zu seiner Eigentemperatur. Für bewußte Wesen ist die Bewußtseinsrate, die Geschwindigkeit, mit der Ereignisse in wahrgenommen werden, ähnlich skaliert.

Die höchste in dieser zukünftigen Epoche leicht zugängliche Temperatur ist die effektive Oberflächentemperatur stellarer Schwarzer Körper. Wegen des Hawking-Effekts strahlen diese Körper mit einer Temperatur von etwa einem zehnmillionstel Kelvin, näherungsweise drei Milliarden Mal weniger als die Körpertemperatur eines Menschen (335 Kelvin). Die höchstmögliche Körpertemperatur eines Geschöpfes im Zeitalter der Schwarzen Löcher ist damit um einen Faktor von mehreren Milliarden geringer als die Temperatur irdischer Lebensformen. In Anbetracht dieser Temperaturbegrenzung ist auch die rascheste vorstellbare Bewußtseinsrate um einen Faktor von mehreren Milliarden langsamer als die heutige.

Diese Verlangsamung der Grundumsatzraten und Gedankenprozesse wird mehr als ausgeglichen durch die gewaltige Zunahme der zur Verfügung stehenden Zeit. Vom Beginn des Zeitalters der Schwarzen Löcher an haben die Lebensformen der Zukunft einen Faktor von 10^{30} mehr Zeit als jene, die im heutigen Universum leben. Es wird reichlich Zeit für bewußtes Denken geben, auch wenn es sehr viel langsamer abläuft. Das Aussprechen dieses Satzes könnte beispielsweise einige Jahrtausende brauchen, oder auch noch länger.

Obwohl die langsameren Bewußtseinsraten leicht durch den größeren Betrag der zur Verfügung stehenden Zeit ausgeglichen werden, erlegen Überlegungen zur Energie und Entropie den möglichen Lebensformen der Zukunft zusätzliche Zwänge auf. Wieder Dyson folgend, können wir die effektive Komplexität eines Lebewesens als die Geschwindigkeit definieren, mit der es pro subjektiver Zeiteinheit Entropie erzeugt. Die Entropie liefert ein Maß für die Menge an Information, die in einem physikalischen System oder Prozeß enthalten ist. Die subjektive Zeit ist gerade die durch die Temperatur skalierte wirkliche physikalische Zeit, die die Verlangsamung sowohl der Grundumsatzraten als auch der Denkgeschwindigkeit von Geschöpfen mit niedriger Eigentemperatur berücksichtigt. Dieses Komplexitätsmaß stellt damit die Geschwindigkeit dar, mit der ein Lebewesen Information verarbeiten kann.

Nach diesem Schema hat ein Mensch einen effektiven Komplexitätswert von 10^{23}. Um diesen Wert zu erhalten, nehmen wir an, daß ein Mensch mit einer Körpertemperatur von etwa 300 Kelvin eine Leistung von etwa 200 Watt erbringt und daß ein Augenblick Bewußtsein einer Sekunde Echtzeit entspricht. Zu Vergleichszwecken betrachten wir ein stellares Schwarzes Loch als Lebewesen. Es hätte einen effektiven Komplexitätswert von nur 10^{13}. In diesem Sinn sind Menschen um einen Faktor von zehn Milliarden ungeheuer viel komplexer als Schwarze Löcher. Dieses Ergebnis ist sehr bedeutungsvoll: Selbst wenn eine mögliche Lebensform die ganze Leistung eines stellaren Schwarzen Lochs aufbringen würde, wäre seine gesamte Komplexität im Vergleich zum Leben heute stark eingeschränkt.

Die letzten Momente

Die letzten Sekunden eines Schwarzen Lochs sind enorm aufregend. Während ein Schwarzes Loch schrumpft und Masse verliert, wird es allmählich heißer und verdampft rascher. Wenn ein Schwarzes Loch auf die Masse eines großen Asteroiden geschrumpft ist, gleicht seine Hawking-Temperatur etwa der Zimmertemperatur, und es leuchtet schwach infrarot. Wenn es weitere 95 Prozent seiner Masse verloren hat, ist seine Oberfläche so heiß wie die Sonne. Ein Schwarzes Loch mit Sonnentemperatur ist ein interessanter Körper, besonders in diesem schwachen vorletzten Zeitalter. Mit einer Masse von 10^{22} Gramm wäre seine Schwerkraft nicht besonders stark, solange man sich in respektvoller Ferne hält. Noch in einer Höhe von zehn Kilometern über dem Ereignishorizont wäre sie etwas geringer als die Schwerkraft auf der Erdoberfläche. Aus dieser Entfernung von zehn Kilometern würde ein Loch mit Sonnentemperatur einem schwachen Stern am Nachthimmel ähneln. Der Stern wäre für das nackte Auge unsichtbar, könnte aber mit einem guten Teleskop als blasser weißer, in der Dunkelheit schwebender Fleck ausgemacht werden.

Selbst ein relativ heißes Schwarzes Loch hat lange Bestand. Ein Schwarzes Loch von Sonnentemperatur beispielsweise kann 10^{32} Jahre lang leben. Den größten Teil dieser Zeit sendet das verdampfende Schwarze Loch vor allem masselose Teilchen wie Neutrinos und Photonen aus. Das Schwarze Loch gibt auch eine kleine Beimischung von Gravitonen ab, den masselosen Teilchen, die die Schwerkraft vermitteln. Während die Masse des Schwarzen Lochs so allmählich in den Raum hineinsickert, nehmen sowohl die Temperatur als auch die Verdampfungsrate zu. Gegen Ende seines Lebens wird das Schwarze Loch blendend hell, bis eine ansehnliche Explosion den Schlußpunkt setzt. In der letzten Sekunde seines Lebens wandelt ein Schwarzes Loch fast eine Million Kilogramm Materie in Strahlungsenergie um. Wenn es verlöscht, erzeugt das Schwarze Loch mehr als nur masselose Teilchen. Schwerere Teilchen, darunter Elektronen, Positronen, Protonen und Antiprotonen überqueren den Ereignishorizont. Im allerletzten Bruchteil des letzten Augenblicks wird eine Vielzahl sehr exotischer Teilchen erzeugt, vielleicht auch die schwach wechselwirkenden massereichen Teilchen der heutigen galaktischen Halos.

Die Sprengkraft der letzten Sekunde eines Schwarzen Lochs ist eine Milliarde Mal größer als die der Atombombe von Hiroshima. Die entstehende Explosion erzeugt soviel Energie, vor allem in Form von Gammastrahlen, daß sie in vielen Lichtjahren Entfernung sichtbar sein sollte. Astronomen haben den Himmel nach solchen Gammablitzen abgesucht und keine Hinweise auf Explosionen Schwarzer Löcher gefunden. Wir sind deshalb relativ zuversichtlich, daß heute – falls überhaupt – nur wenige kleine Schwarze Löcher existieren. Das Universum muß geduldig 67 kosmologische Dekaden warten, bis stellare Schwarze Löcher ihre Masse vergeudet haben und schließlich einmal explodieren.

Die meisten der extrem schweren Teilchen, die mit dem Tod eines Schwarzen Lochs ins Sein explodieren, sind mit Lebensspannen von weit weniger als einer Sekunde außerordentlich kurzlebig. Diese massereichen Teilchen verschwinden fast so schnell, wie sie erzeugt werden. Die Elektronen und Positronen, die bei der Explosion entstehen, leben viel länger. Außerdem kann die Produktion von Protonen und Antiprotonen beim Tod eines Schwarzen Lochs lokal physikalische Vorgänge wiederbeleben, an denen gewöhnliche baryonische Materie beteiligt ist. Da Protonen und Antiprotonen in nahezu gleichen Anzahlen erzeugt werden, geht mit dem Verscheiden eines Schwarzen Lochs ein Nachglanz von Gammastrahlung einher, der von der gegenseitigen Vernichtung von Materie und Antimaterie herstammt. Kurz danach, wenn das Geprassel der Gammastrahlen sich gelegt hat und die Abfallprodukte sich verstreut haben, könnten zufällige Ansammlungen von Protonen und Elektronen zu einfachen chemischen Reaktionen führen und vielleicht gelegentliche

Flecken mit molekularem Wasserstoffeis bilden. Diese winzigen Rückfälle in die hochenergetischen Tage des Zeitalters der entarteten Sterne sind durch dieselben Zerfallsmechanismen zur Zerstörung verdammt, die den universellen Mangel an Protonen überhaupt erst bewirkt haben. In der 67. kosmologischen Dekade ist die Lebenszeit eines Protons ein unwesentlicher Augenblick auf der universellen logarithmischen Uhr. Die kurzen Auftritte der Protonenphysik sind nur flüchtige und vorübergehende Ereignisse, die durch immer größere Zeitabschnitte zur Bedeutungslosigkeit bestimmt sind.

Wenn ein Schwarzes Loch jedoch zu seinen Lebzeiten eine elektrische Ladung erwirbt, kann es die Schmach des völligen Verdampfens vermeiden. Wegen der Ladungserhaltung ist es einem elektrisch geladenen Schwarzen Loch unmöglich, seine ganze Masse abzustrahlen. Wenn ein Schwarzes Loch klein genug wird, so daß seine Massenenergie vergleichbar wird mit der elektrostatischen Energie, die von seiner Ladung herrührt, wird die Hawking-Verdampfung vorzeitig aufgehalten. Die so entstehenden extrem stark geladenen Schwarzen Löcher haben anscheinend keine Möglichkeit mehr, ihre restliche Masse abzuschütteln. Diese bizarren Körnchen könnten sehr wohl zu ewigem Leben bestimmt sein.

Stellen wir uns jetzt vor, wir könnten irgendwo im Universum der 67. kosmologischen Dekade auftauchen, dann, wenn sich die stellaren Schwarzen Löcher allmählich ihrem Untergang nähern. Die Geometrie des Universums ist dann flach und der typische Abstand zwischen einzelnen Schwarzen Löchern unvorstellbar groß, etwa 10^{43} Lichtjahre oder 10^{33} Mal größer als das heutige Universum. Obwohl die durch die Verdampfung Schwarzer Löcher erzeugte Energie nach irdischen Standards im allgemeinen unbedeutend ist, liefert diese Strahlung im heruntergewirtschafteten Zeitalter der Schwarzen Löcher die vorwiegende Antriebskraft. Die dunklen, schwachen und fast eigenschaftslosen Leeren werden von gelegentlichen Explosionen mit Milliarden Kilotonnen unterbrochen. Diese flüchtigen heftigen Ausbrüche werden durch fast unvorstellbare Spannen von Zeit, Raum und Schweigen getrennt.

Wird es immer Schwarze Löcher geben?

Wenn alle Schwarzen Löcher verdampfen, muß das Universum auf etwas verzichten, was praktisch seine ganze Lebenszeit überdauert hat. Das explosive Ende des letzten Schwarzen Lochs ist ein wahrhaft einschneidendes Ereignis. Wenige Stunden lang wird eine winzige Ecke des Kosmos in grelles Licht getaucht. Ein letztes Mal könnten unsere Augen, wenn es sie denn noch gäbe, etwas sehen. Wenn die letzten energiereichen Teilchen mit Lichtgeschwindigkeit von der Explosion wegsausen, ist die sich über dem Universum schließende Dunkelheit wirklich endgültig.

Wenn alle Schwarzen Löcher verschwunden sind, bleiben nur sehr wenige Fossilien übrig, die einen Hinweis auf den energiereichen Beginn der Zeit geben können. Nach dem Ende des Zeitalters der Schwarzen Löcher sind keine Rückblenden auf frühere hochenergetische Zeiten möglich. Es gibt im Universum nichts mehr, was die Rolle der Supernovae spielen könnte, die das Zeitalter der leuchtenden Sterne erhellten und die hochenergetischen Bedingungen wiederherstellten, die während des früheren Zeitalters des Urstoffs vorherrschten. Es gibt dann auch nichts mehr, was analog ist zu den Zusammenstößen brauner Zwerge, die während des Zeitalters der Entartung funkelten und Glanz und Glorie des Zeitalters der leuchtenden Sterne auferstehen ließen. Dann ergießen sich im Universum keine Protonen mehr aus verschwindenden Schwarzen Löchern, die die Bedingungen im Zeitalter der Schwarzen Löcher kurzzeitig in die früherer Epochen zurückverwandeln.

Aber verdampfen wirklich alle Schwarzen Löcher? Die größten heute existierenden Schwarzen Löcher enthalten mehrere Milliarden Sonnenmassen. Wenn diese Schwarzen Löcher sich selbst überlassen bleiben, verschwinden sie bis zur 100. kosmologischen Ära, und deshalb markiert die 100. kosmologische Dekade auf unserer globalen Zeitgeraden das Ende des Zeitalters der Schwarzen Löcher. Es besteht jedoch auch die Möglichkeit, daß Schwarze Löcher länger als 100 kosmologische Dekaden Bestand haben. Wenn sie immer weiter verschmelzen und rascher Masse gewinnen, als sie durch Aussendung der Hawking-Strahlung verlieren, kann das Zeitalter der Schwarzen Löcher in alle Ewigkeit andauern.

Für die Beantwortung der Frage, ob das Zeitalter der Schwarzen Löcher je aufhören wird, ist entscheidend, ob das Universum offen oder flach ist. Ein flaches Universum könnte immer Schwarze Löcher enthalten. Obwohl ein flaches Universum zu ewiger Ausdehnung bestimmt ist, verlangsamt sich die Expansion im Lauf der Zeit. Ohne die rasche Ausdehnung kommen die Inhalte von fernen Teilen des Universums miteinander in gravitativen Kontakt und können wechselwirken. In der fernen Zukunft eines flachen Universums ziehen Superhaufen toter Galaxien andere Superhaufen an und bilden immer größere Zusammenballungen Schwarzer Löcher. In diesen gewaltigen gravitativ gebundenen Aggregaten führen die einzelnen Kräfte zwischen den Billionen Schwarzer Löcher, die zum Gesamtgebilde gehören, dazu, daß die schweren Schwarzen Löcher in die Mitte sinken und verschmelzen. Die kleineren Löcher werden mit hoher Geschwindigkeit von dem Haufen weggeschleudert. Diese Vorgänge der Strukturbildung, die Herstellung immer größerer Ansammlungen

Schwarzer Löcher, und der Entspannung, schwere Körper sinken gewöhnlich zur Mitte eines Konglomerates hin, könnten sehr wohl unendlich weitergehen. Im Endergebnis können Schwarze Löcher rascher verschmelzen und anwachsen, als sie durch die Hawking-Strahlung zerstört werden können.

Andererseits wird das Wachstum Schwarzer Löcher in einem offenen Universum ernsthaft behindert. In diesem Fall ist das Universum auch bestimmt, sich immer weiter auszudehnen, und zwar viel schneller als im anderen Fall. In einem solchen rasch expandierenden Universum, in dem die Schwarzen Löcher mit großen Geschwindigkeiten auseinanderfliegen, wird ihnen das Verschmelzen und Wachsen immer mehr erschwert. Obwohl die Schwarzen Löcher in der Mitte von Galaxien ihre Masse um einige Zehnerfaktoren vergrößern können, wird weiteres Wachstum durch die rasche Ausdehnung aufgehalten. Für ein offenes Universum muß das Zeitalter der Schwarzen Löcher schließlich zu einem Ende kommen, und wir vermuten aufgrund des Standes der heutigen Wissenschaft, daß der Übergang in der Nähe der 100. kosmologischen Dekade sein wird, wenn Schwarze Löcher mit galaktischer oder supergalaktischer Masse verdampft sind. Nach dieser Zeit beginnt für die verbleibenden Reste des Universums der Übergang in das nächste Zeitalter.

5
Das Zeitalter der Dunkelheit

$\eta > 101$

Das dem Tode geweihte Universum kämpft mit dem kosmologischen Wärmetod und rechnet mit der Möglichkeit, durch einen universellen Phasenübergang transformiert zu werden.

Kosmologische Dekade 185:

Der Schock kam still und heimlich, ohne Vorwarnung. Die Welle ließ alle kosmischen Strukturen, über die sie hinwegfegte, entkörpert und verzerrt zurück. Das Unheil war verheerend schnell und schrecklich.

Die Schockwelle begann an einem bestimmten, eher unauffälligen Punkt der Raumzeit und raste mit ungeheurer Geschwindigkeit, fast so schnell wie das Licht, nach außen. Die expandierende Blase umhüllte bald immer größere Teile des Universums. Weil die Schockwelle so phänomenal schnell war, überfiel sie die Raumbereiche ohne vorherige Warnzeichen. Keine Lichtsignale, keine Radiowellen, keinerlei kausale Kommunikation irgendwelcher Art hätten die Front einholen und vor dem drohenden Verhängnis warnen können. Schutzmaßnahmen waren so unmöglich wie vergebens.

Im Inneren der Blase herrschten völlig andere Naturgesetze, und damit war das Universum in ihr ganz anders beschaffen als außerhalb. In der Blase hatten die Naturkonstanten, die Stärken der Grundkräfte und die Massen der Elementarteilchen andere Werte. Wie bei Alice im Wunderland galten hier andere Regeln. Das alte Universum mit seiner alten Fassung der Naturgesetze hatte einfach aufgehört zu sein.

Man könnte diesen Tod und die Zerstörung des alten Universums mit Sorge betrachten. Andererseits könnte dieser natürliche Lauf der Ereignisse auch Grund zum Feiern sein. Im Inneren der Blase mit ihren neuen Naturgesetzen und den damit einhergehenden neuen Möglichkeiten für Komplexität und Struktur hat das Universum einen neuen Anfang gefunden.

Nachdem die Schwarzen Löcher durch den Hawking-Prozeß verdampft sind, verändert das Universum noch einmal sein Aussehen. Wenn die letzte, endgültige Nacht über die Welt hereinbricht, vielleicht schon um die 100. kosmologische Dekade, sieht das Universum ganz anders aus als in jedem anderen Zeitalter. In dieser unwirtlichen Zeit besteht das Universum nur aus allerkleinsten Elementarteilchen und langwelligster, extrem energiearmer Strahlung. Längst sind alle Protonen zerfallen; es gibt keine gewöhnliche baryonische Materie mehr.

Dieses energiearme Universum hat beträchtliche Ähnlichkeit mit dem sehr frühen Universum, in der ersten Sekunde der kosmischen Geschichte, als es dort nur Elementarteilchen und Strahlung gab. Im frühen Universum jedoch waren die Energien der Hintergrundstrahlung so hoch, daß keinerlei komplexe Strukturen wie Sterne oder auch schwere Kerne existieren konnten. In fernster Zukunft wird das Universum aus einem ganz anderen Grund keine komplexen Strukturen enthalten: Es ist so alt, daß alle herkömmlichen zusammengesetzten Gebilde zerfallen sind.

In seiner kosmischen Geschichte war das Universum fast immer von stellaren Objekten bevölkert. Es erhielt seine Energie zunächst von herkömmlichen Sternen, in denen Kernprozesse abliefen. Im nächsten Zeitalter gehörte die Bühne entarteten stellaren Objekten, die ihre Energie aus dem Einfang und der Vernichtung dunkler Materie bezogen. Am Ende zehrten die entarteten Sternreste von ihren eigenen Protonen und Neutronen. Schließlich opferten die verbleibenden Schwarzen Löcher ihre Massenenergie und verdampften. Nach dem endgültigen Ableben dieser großartigen stellaren Energiefabriken ist das

Universum nun darauf angewiesen, seinen Betrieb mit Hilfe der verbleibenden Abgase aufrechtzuerhalten.

Angesichts dieser desolaten kosmologischen Landschaft könnte das Universum den Wärmetod sterben, also in einen statischen, einheitlichen Temperaturzustand geraten, in dem sich keine interessanten Ereignisse abspielen können. Trotz der scheinbaren Einfachheit dieser Spätzeit bietet dieses kosmische Endspiel eine Reihe faszinierender Möglichkeiten. Der in der Eröffnungsszene beschriebene kosmologische Phasenübergang ist eine von vielen möglichen Katastrophen, die sich beim Übergang unseres Universums in das Zeitalter der Dunkelheit ereignen könnten.

Schatten der Dunkelheit

Eine Bestandsaufnahme des Universums zu Beginn des Zeitalters der Dunkelheit, etwa während der 100. kosmologischen Dekade, ist mit viel Unsicherheit behaftet. Ganz allgemein gilt, daß unsere Vorhersagen um so ungenauer sind, je weiter wir die Naturgesetze in die Zukunft extrapolieren. Trotzdem können wir eine vernünftige Abschätzung der Arten und relativen Häufigkeiten der Teilchen und der Strahlung machen, die zu dieser Zeit zur Verfügung stehen werden. Wir würden natürlich gern mehr wissen, aber es ist sehr bemerkenswert, daß die heutige Naturwissenschaft überhaupt etwas über diese so weit von der Gegenwart entfernte Zeit aussagen kann.

Elementarteilchen

Die Hauptbestandteile des Zeitalters der Dunkelheit sind Elektronen und Positronen. Woher kommen diese Teilchen? Zur Beantwortung dieser Frage müssen wir die Vergangenheit des Universums vor dieser Zeit betrachten. Die Positronen, Elektronen und sonstigen Teilchen, die diese zukünftige Ära bevölkern können, stammen aus mehreren Quellen.

Dem Teilchenbestand der Zukunft ist durch das Gesetz der Ladungserhaltung eine wichtige Einschränkung auferlegt. Mit anderen Worten: Das Universum enthält gleich viele positiv und negativ geladene Teilchen. Wegen dieser grundlegenden Symmetrie zwischen Positiv und Negativ muß es für jedes überlebende Positron – Positronen haben positive elektrische Ladung – irgendwo im Universum ein Elektron geben.

Die uns Heutigen vertrauteste Materie ist baryonisch und besteht vor allem aus Wasserstoff. Wenn das Proton eines Wasserstoffatoms zerfällt, hinterläßt es oft ein Positron. Das Elektron im Wasserstoffatom bleibt zunächst intakt, deshalb ist das Endergebnis ein Elektron-Positron-Paar. Ein großer Teil dieser baryonischen Materie wird von Sternen verarbeitet und endet schließlich im entarteten Inneren von weißen Zwergen und anderen Sternresten. Wenn die Protonen zerfallen und diese Körper allmählich verdampfen, finden sich die verbleibenden Positronen in einer dichten Elektronenwolke wieder, die die Zerfallsprodukte einhüllt und die den Positronen reichlich Gelegenheit zur Vernichtung bietet. Auf diese Weise wird fast die gesamte Massenenergie der gewöhnlichen baryonischen Materie in Strahlung umgewandelt, vor allem in Photonen und Neutrinos.

Nur die verbleibenden Protonen, jene, die ihr Leben nicht in Sternen beenden, können zu solchen Positronen werden, die das Universum der Zukunft erleben. Da die Materie bei der Sternentstehung nicht restlos aufgebraucht wird, bleibt ein Teil des Wasserstoffs und anderer Elemente als diffuser Hauch gasförmigen Abfalls übrig. Was im einen Zeitalter wertloser Müll ist, kann in einem späteren ein höchst wertvolles Gut sein. Wenn die Protonen in diesem diffusen Medium zerfallen, haben die von ihnen erzeugten Positronen eine viel bessere Chance, der Vernichtung zu entgehen und bis in das Zeitalter der Dunkelheit zu überleben. Obwohl der größte Teil der baryonischen Materie in entartete Sternreste eingeschlossen ist, werden die meisten der Positronen der Zukunft aus dem gasförmigen Abfall stammen, der bei der Sternbildung übrig bleibt.

Auch die nichtbaryonische dunkle Materie des heutigen Universums trägt zum Teilcheninventar der Zukunft bei. Diese schwach wechselwirkende Materie findet sich zur heutigen Zeit in galaktischen Halos, Galaxienhaufen und anderen großen astrophysikalischen Gebilden. Wie in Kapitel 3 beschrieben, werden entartete Sternreste später einmal einen beträchtlichen Teil dieser dunklen Materie einfangen. Die gefangenen Teilchen werden einander dann vernichten, und ihre Vernichtungsprodukte werden im dichten Sterninneren aufgeheizt. Das Endergebnis dieses Vorgangs ist die Umwandlung eines großen Teils der dunklen Materie in Strahlung, wieder vor allem Photonen und Neutrinos.

Die dunkle Materie wird jedoch nicht hundertprozentig erfolgreich eingefangen. Einige Teilchen haben das Glück, dem Einfang zu entgehen und die Zukunft zu erleben, aber auf lange Sicht ist ihr Schicksal doch ungewiß. Weil wir nicht genau wissen, was die dunkle Materie ist, kennen wir auch die Lebenszeiten dieser AWOL Teilchen nicht. Die mögliche Lebenszeit könnte kürzer oder länger sein als die Zeit, die vor dem Beginn des Zeitalters der Dunkelheit verbleibt, und deshalb können auch die dunklen Teilchen selbst dieses Zeitalter erleben oder auch nicht. Falls die dunkle Materie zerfällt, leisten ihre Zerfallsprodukte jedenfalls einen interessanten Beitrag zum zukünftigen Universum.

Auch Schwarze Löcher tragen wesentlich zum Inventar des Zeitalters der Dunkelheit bei, weil sie durch den Prozeß der in Kapitel 4 beschriebenen Hawking-Strahlung Teilchen in den Raum spucken. Dieser Zerstörungsmechanismus verwandelt den größten Teil der Masse Schwarzer Löcher in Strahlung, die vor allem aus Neutrinos und Photonen und einem kleinen Anteil an Gravitonen besteht. Ganz am Ende seines Lebens erwärmt sich ein Schwarzes Loch, verdampft rascher und erzeugt massereichere Teilchen. Insbesondere erzeugt ein warmes Schwarzes Loch große Mengen von Elektron-Positron-Paaren. Noch wichtiger als die Verdampfung Schwarzer Löcher jedoch ist die Erzeugung von Elektronen und Positronen aus diffusem Wasserstoff, also dem Gas, das am Ende der stellaren Ära nicht in Sterne eingebaut wurde.

In den letzten Augenblicken der Existenz eines Schwarzen Lochs, kurz vor seiner letzten Explosion, ist die Oberflächentemperatur so hoch, daß, wenn auch in relativ kleinen Mengen, Teilchen fast jeder Art erzeugt werden. Schwarze Löcher liefern so eine Mischung von Elementarteilchen, die in das Zeitalter der Dunkelheit hinein überleben können. Unter den neugemünzten massereichen Teilchen sind auch Protonen, die Bausteine der heutigen gewöhnlichen Materie. Diese Protonen sind jedoch durch denselben Prozeß, der unzählige Jahre früher zum Ende des Zeitalters der Entartung führte, zum Zerfall bestimmt. Deshalb haben Protonen im Zeitalter der Dunkelheit verhältnismäßig wenig Einfluß.

Dieser Blick in die Zukunft eröffnet eine ganz neue Perspektive. An den Zeiträumen menschlichen Lebens oder auch am jetzigen Alter des Universums von zehn Milliarden Jahren gemessen, ist die Lebenszeit von Protonen so lang, daß wir gewöhnlich meinen, ihnen ein ewiges Leben zuschreiben zu können. Protonen aber, die durch Verdampfung Schwarzer Löcher erzeugt werden, haben eine im Vergleich zum Alter des zukünftigen Universums so kurze Lebenszeit, daß sie genauso gut sofort zerfallen könnten.

Die Energiedichte in diesem zukünftigen Zeitalter ist so unglaublich gering, daß sie schwer auch nur näherungsweise vorstellbar und noch viel weniger wirklich verstehbar ist. Der Klarheit zuliebe konzentrieren wir uns auf die Dichte von Positronen. Die Elektronendichte sollte genau die gleiche sein, weil ein Naturgesetz die Ladungserhaltung fordert. Andere Teilchen sind vermutlich noch seltener und haben noch geringere Dichten.

Zur heutigen Zeit beträgt die Dichte von Protonen im Universum etwa ein Teilchen pro Kubikmeter. Diese Zahl stellt einen groben Mittelwert über sehr große Räume, selbst Galaxien, dar, berücksichtigt also alle Protonen. Nehmen wir an, die Sternbildung habe etwa 99 Prozent aller Protonen einbezogen, und nur ein Prozent sei diffuser gasförmiger Abfall. Wenn sich das Universum nicht ausdehnte, bliebe nur etwa ein Positron für je 100 Kubikmeter übrig, was eine sicherlich geringe Dichte ist, aber doch eine, die wir uns zumindest vorstellen können.

Aber das Universum dehnt sich aus, und es dehnt sich vor dem Beginn des Zeitalters der Dunkelheit sogar stark aus. Ein flaches Universum, das nicht aufhört, sich auszudehnen, seine Ausdehnung aber verlangsamt, wächst von jetzt bis zum Beginn des Zeitalters der Dunkelheit um einen Faktor 10^{60}. Bei dieser großen Ausdehnung beläuft sich die zukünftige Dichte der Positronen ungefähr auf ein Teilchen pro 10^{182} Kubikmeter. Um ein Gefühl für die unglaubliche Größe dieses Volumens zu erhalten, bedenke man, daß das gesamte heute beobachtbare Universum ein Volumen von »nur« etwa 10^{78} Kubikmeter hat. Die Positronendichte im Zeitalter der Dunkelheit käme also etwa ein Teilchen auf ein Volumen, das 10^{104} Mal größer ist als das heutige Universum.

Im anderen möglichen Fall, einem offenen Universum, das sich noch rascher ausdehnt, ist die Dichte noch viel geringer. Ein offenes Universum wächst bis zum Beginn des Zeitalters der Dunkelheit um einen Faktor von 10^{90}. Bei diesem gewaltigen Ausdehnungsfaktor, der 10^{30} Mal so groß ist wie der oben betrachtete, ist die Dichte eines offenen Universums 10^{90} Mal geringer als die des flachen Universums. Zu jedem einzelnen Positron gehörte dann ein Volumen, das 10^{194} Mal größer ist als das heutige Universum. Und wenn wir noch so lange darüber nachdenken, solche Riesigkeit bleibt unvorstellbar.

Der Strahlungshintergrund

Eine weitere wichtige Komponente des zukünftigen Universums ist die Strahlung, und die Strahlungsfelder haben vielen Quellen. Wenn der Kosmos älter wird, bestimmen eine Reihe von Strahlungsfeldern nacheinander jeweils einige kosmologische Dekaden lang den Strahlungshintergrund des Universums. Jedes einzelne Strahlungsfeld muß an Einfluß verlieren, wenn sich das Universum ausdehnt und die Photonen, aus denen es besteht, bis zur Bedeutungslosigkeit rotverschoben werden (siehe Abbildung S. 186).

Mit der Ausdehnung des Universums nimmt die Wellenlänge der Strahlung zu. Diese wichtige Tatsache ist ausschlaggebend für die zukünftige Entwicklung und den Einfluß des kosmischen Strahlungshintergrunds. Man kann sich Strahlung als eine Menge von »Strahlungsteilchen« vorstellen, die wir Photonen nennen. Wenn sich das Universum ausdehnt, nimmt sein Volumen zu, und die Zahlendichte der Photonen nimmt ab. Aber auch die Wellenlänge der Photonen nimmt zu, und damit nimmt die Energie eines jeden Photons ab. Wegen dieser Dehnung der Wellenlängen, die auch Rotverschiebung genannt wird, verlieren Photonen in einem expandierenden Universum ihre Energiedichte rascher als gewöhnliche, mit Masse behaftete Teilchen.

Vom Energiestandpunkt aus ist zur heutigen Zeit die vom Urknall übrig gebliebene kosmische Hintergrundstrahlung besonders interessant und kosmologisch wichtig. Diese Strahlung hat jetzt eine effektive Temperatur von drei Kelvin und charakteristische Wellenlängen von ein bis zwei Millimeter. Wenn sich das Universum weiter ausdehnt, wird die Wellenlänge dieser Strahlung stark gedehnt. Ein flaches Universum beispielweise nimmt zwischen unserem Zeitalter und dem Beginn des Zeitalters der Dunkelheit um das 10^{60}fache zu. Das dehnt die kosmische Hintergrundstrahlung auf die ungeheure Wellenlänge von 10^{41} Lichtjahren, mehr als den Durchmesser des heute beobachtbaren Universums.

Mit zunehmendem Alter des Universums werden andere Strahlungsquellen wichtiger. Heute pumpen Sterne unablässig Energie in Form von Sternenlicht in den Raum, während die kosmische Hintergrundstrahlung aufgrund der Rotverschiebung verblaßt. In der 12. kosmologischen Dekade schließlich wird das Meer der Sternstrahlung stärker sein als der vom Urknall übriggebliebene Strahlungshintergrund. In dieser relativ nahen Zukunft wird die Strahlung vor allem von roten Zwergen erzeugt, den kleinsten, gewöhnlichsten und langlebigsten Sternen. Diese relativ kühlen Sterne erzeugen Strahlung mit einer charakteristischen Wellenlänge von etwa einem Mikron, einem Millionstel Meter. Auch diese Strahlung wird mit der Ausdehnung des Universums langwelliger, bis ihre Wellenlänge zu Beginn des Zeitalters der Dunkelheit auf nahezu 10^{37} Lichtjahre angewachsen sein wird.

Eine weitere wichtige Strahlungsquelle der Zukunft wird der Einfang und die Vernichtung von Teilchen dunkler Materie in weißen Zwergen sein. Dieser Vorgang läuft darauf hinaus, daß ein großer Teil der Massenenergie des galaktischen Halos in die Strahlung umgewandelt wird, die in der 17. kosmologischen Dekade als Hintergrundstrahlung vorherrschen wird. Wenn die Oberflächen weißer Zwerge im Zeitalter der Entartung diese Strahlung verströmen, beträgt ihre Wellenlänge etwa 50 Mikron oder ein zwanzigstel Millimeter. Auch diese Photonen werden gedehnt, wenn das Universum immer größer wird.

Das Ende des Zeitalters der Entartung wird durch den Zerfall von Protonen und die Umwandlung von gewöhnlicher dunkler Materie in Strahlung gekennzeichnet. In Anbetracht der Lebensdauer von Protonen beginnt die Herrschaft dieser Quelle der Strahlungsenergie über den Hintergrund des Universums während der 31. kosmologischen Dekade. Die charakteristische Wellenlänge dieser Strahlung liegt zunächst bei etwa zwei Zentimetern und wächst im Verlauf der erbarmungslosen Expansion des Universums immer mehr an.

Schließlich verdampfen die Schwarzen Löcher und wandeln zu guter Letzt ihre Ruhemasse in Photonen und Neutrinos um. Sie übernehmen die Herrschaft über den Strahlungshintergrund um die 60. kosmologische Dekade herum. Stellare Schwarze Löcher erzeugen Strahlung mit einer ihrem Durchmesser vergleichbaren charakteristischen Wellenlänge von mehreren Kilometern. Schwarze Löcher mit größerer Masse haben entsprechend geringere Temperaturen und strahlen mit größeren Wellenlängen. Supermassive Schwarze Löcher, Ungeheuer mit Milliarden Sternmassen, die jetzt in der Mitte aktiver Galaxien lauern, haben Wellenlängen von Milliarden Kilometern, etwa der Größe unseres Sonnensystems. Auch all diese Strahlung wird, wie üblich, durch die unablässige Ausdehnung der Raumzeit im Hintergrund des Universums immer langwelliger.

DER WÄRMETOD

Beim Übergang in das Zeitalter der Dunkelheit verlangsamen sich alle Abläufe im Universum wesentlich. Aber verlangsamen sich jemals alle Vorgänge so sehr, daß sie nicht mehr interessant sind, oder hören sie gar auf? Gibt es in der Zukunft einen Zeitpunkt, nach dem überhaupt nichts mehr passiert? Weil der Stillstand des Universums eng mit der Thermodynamik verknüpft ist, bezeichnet man ihn auch als Wärmetod. Die Möglichkeit eines universalen Wärmetods hat seit der Aufstellung des zweiten Hauptsatzes der Thermodynamik Mitte des 19. Jahrhunderts viele Philosophen und Naturwissenschaftler beschäftigt. Der Begriff hat mehrere Aspekte. Wir sprechen vom klassischen Wärmetod, wenn ein Universum das vollständige thermodynamische Gleichgewicht erreicht. Das Universum hat dann überall dieselbe konstante Temperatur. Wenn es keinerlei Temperaturunterschiede gibt, kann kein Motor laufen und keine Arbeit geleistet werden. Wenn im Universum keine Arbeit mehr geleistet werden kann, wird es leblos und träge. Es »läuft aus«.

Wie kommt es zu diesem Wärmetod? Der zweite Hauptsatz der Thermodynamik besagt, daß die Entropie eines abgeschlossenen physikalischen Systems nicht abnehmen kann – in diesem Fall ist das System das ganze Universum. Aber die Entropie kann konstant bleiben und sich im Lauf der Zeit nicht ändern. Nun sind physikalische Vorgänge, die keine Entropie erzeugen, gewöhnlich nicht sehr interessant. Uns sind Vorgänge, die Entropie erzeugen,

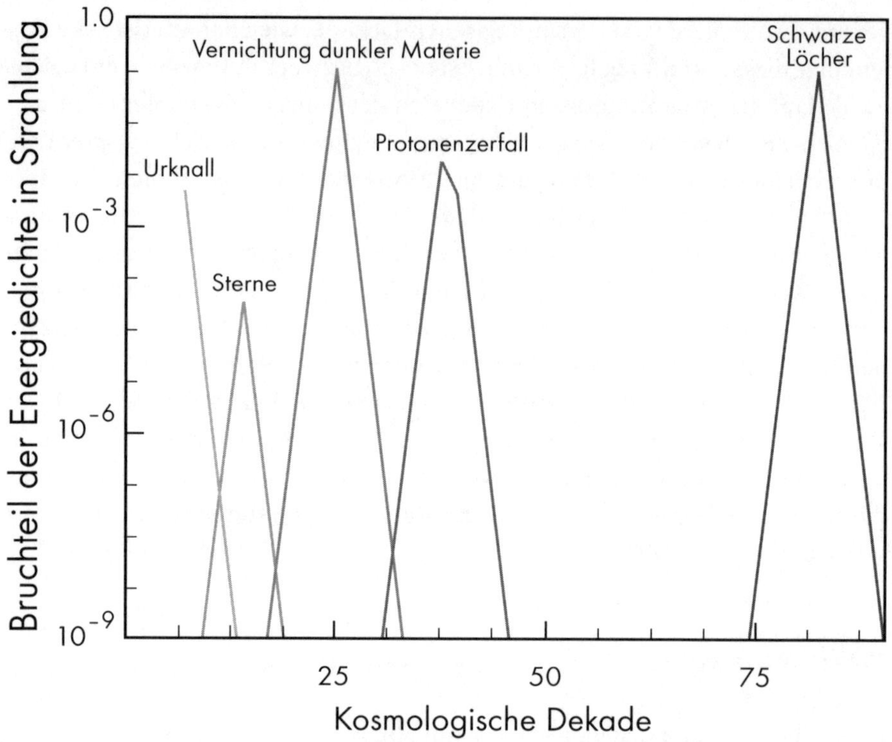

Die Beiträge der unterschiedlichen Prozesse zum Strahlungshintergrund des Universums werden hier für die kosmologischen Dekaden 5 bis 90 in Abhängigkeit von der Zeit aufgetragen. Die senkrechte Achse stellt die relative Energie einiger Strahlungsquellen dar: Urmaterie, Sterne, Vernichtung dunkler Materie, Protonenzerfall und Verdampfung Schwarzer Löcher.

im allgemeinen willkommen, weil sie dem Universum Würze verleihen. Alle physikalischen Systeme streben einen thermodynamischen Gleichgewichtszustand an, der einem Zustand maximaler Entropie entspricht. Im thermodynamischen Gleichgewicht haben alle Teile eines physikalischen Systems dieselbe Temperatur, und die Entropie bleibt streng konstant. Deshalb müssen alle interessanten Prozesse aufhören, wenn das Universum das thermodynamische Gleichgewicht erreicht.

Das heutige Universum ist weit vom thermodynamischen Gleichgewicht entfernt. Die Hintergrundtemperatur des Universums beträgt kühle drei Kelvin, etwa 270 Celsiusgrade unter dem Gefrierpunkt des Wassers. Dieser kalte Hintergrund steht in scharfem Kontrast zur brodelnd heißen Oberfläche von Sternen mit ihrem großen Temperaturbereich von etwa 4000 bis 40 000 Kelvin. Dieses Ungleichgewicht des Universums ermöglicht interessante Vorgänge. Wärme strömt von den heißen Sternen in den Raum und erwärmt Planeten, treibt Wettersysteme in den Atmosphären von Planeten an und ermöglicht sogar die Evolution von Leben. Das Universum wirkt wie ein gigantischer Wärmemotor. Der Energieunterschied ist absolut entscheidend. Wenn das Universum ein thermodynamisches Gleichgewicht erreicht und überall im Raum dieselbe Temperatur herrscht, kann keine Arbeit mehr geleistet werden. Dann wären interessante Prozesse wie die biologische Evolution unmöglich.

Bei Gesprächen über Thermodynamik führt oft ein weitverbreitetes Mißverständnis zu der Frage, wie es überhaupt irgendwelche komplexen Strukturen geben kann, wenn doch die Entropie immer zunehmen muß, die ja schließlich ein Maß für die Unordnung eines Systems ist. Komplexe Systeme sind hoch geordnet. Wie können sie je entstehen, wenn doch die Entropie immer zunehmen muß? Die Lösung dieses scheinbaren Paradoxons ist, daß die Gesamtentropie des Systems zunehmen muß, aber die Entropie eines Teils des Systems abnehmen kann und deshalb ein Teil des Systems sogar sehr geordnet sein kann. Wenn ein Teil des Systems wohlgeordnet wird und Entropie verliert, muß das System insgesamt dafür bezahlen, indem die Entropie an anderer Stelle zunimmt.

Im Rahmen der modernen Kosmologie verändert sich die Temperatur des Universums unablässig, und damit verschiebt sich die Frage nach dem Wärmetod wesentlich. Ein sich fortwährend ausdehnendes Universum erreicht niemals ein wahres thermodynamisches Gleichgewicht, weil seine Temperatur niemals konstant ist. Die Hintergrundtemperatur des Universums nimmt wegen der Ausdehnung immer weiter ab. Der klassische Wärmetod wird also vermieden. Das expandierende Universum kann jedoch im Prinzip rein adiabatisch werden, was bedeutet, daß die Entropie in einem bestimmten Bereich des Universums konstant ist. Auch in diesem Fall kann das Universum träge und leblos werden, also jede Form von Arbeit unmöglich sein. Wir bezeichnen diese Möglichkeit als kosmologischen Wärmetod. Er entspricht einem effektiven Wärmetod, obwohl die Temperatur des Universums nicht konstant ist. Wie wir es in diesem Buch immer wieder gesagt haben, gibt es in unserem Universum weiterhin, jedenfalls bis zur 100. kosmologischen Dekade, interessante kosmologische Ereignisse, die Energie und Entropie erzeugen. Das schiebt den Wärmetod hinaus, bis das Universum weit in das Zeitalter der Dunkelheit gelangt ist.

Welche energie- und entropieerzeugenden Mechanismen dem Universum zur Verfügung stehen, hängt von der Art der langfristigen Evolution ab. Wenn das Universum geschlossen wäre, würde es dazu bestimmt sein, schließlich zusammenzufallen und sein Leben im Endkollaps zu beenden. Dann wäre langfristige Energieerzeugung kein Thema, denn im Universum würden bis zum letzten Augenblick des Zusammenbruchs interessante physikalische Vorgänge ablaufen. Unsere Nomenklatur entbehrt hier nicht der Ironie: Ein geschlossenes Universum kann der Schmach eines Wärmetods entgehen, während gleichzeitig seine komplexen Strukturen unter der starken Strahlung verdampfen, die sich aus dem katastrophalen Kollaps ergeben.

Im Fall eines flachen Universums, bei dem sich die unablässige Ausdehnung verlangsamt, gelangen immer größere und massereichere Strukturen in den kosmologische Horizont und werden durch die Schwerkraft gebunden. Weil die Expansion des Universums sich verlangsamt, wenn das Universum älter wird, hat die Schwerkraft eine Chance, Materie aus immer größeren Entfernungen zusammenzuziehen. In einem flachen Universum können deshalb bis weit in das Zeitalter der Dunkelheit hinein riesige kosmische Gebilde entstehen. Natürlich muß das Zeitalter der Dunkelheit nicht unbedingt sehr dunkel sein. Einige dieser enormen kosmischen Strukturen könnten im Prinzip zu Schwarzen Löchern zusammenfallen, und deshalb hat das vorangehende Zeitalter der Schwarzen Löcher vielleicht gar kein wirkliches Ende. Es ist sogar möglich, aber sicherlich nicht garantiert, daß sich Schwarze Löcher rascher bilden, als sie verdampfen. In diesem Fall könnte das Universum sein Wirken fortsetzen, indem es die Energie nutzt, die von der Hawking-Verdampfung dieser Ungeheuer erzeugt werden. Auf diese Weise kann der kosmologische Wärmetod jedenfalls im Prinzip vermieden werden, solange das Universum nahezu flach ist. In diesem Fall geht der Kampf zwischen Schwerkraft und Thermodynamik praktisch unentschieden aus. Die Schwerkraft erzeugt immer größere gravitativ gebundene Strukturen – Schwarze Löcher – und erringt damit anscheinend einen Sieg. Aber jedes Gebilde muß einmal verdampfen, und dann triumphieren Thermodynamik und Entropie-Produktion.

In einem offenen Universum andererseits nähert sich die Ausdehnungsgeschwindigkeit einem konstanten Wert, und die Schwerkraft verliert ihren Kampf mit der Ausdehnung – sie kann nicht mehr mithalten. Die Bildung kosmischer Strukturen wird von einer bestimmten Größenordnung an eingefroren, und das behindert die weitere Entstehung Schwarzer Löcher oder kosmischer Strukturen überhaupt. In diesem Fall bleiben die Fragen der langfristigen Energieerzeugung und des kosmologischen Wärmetods offen. Diese Aussichten mögen ziemlich düster sein, aber immer noch stehen viele faszinierende Möglichkeiten offen.

Leben und Tod von Positronium

Im Zeitalter der Dunkelheit haben die wohl auffälligsten Vorgänge mit Positroniumatomen zu tun. Wenn es keine Protonen oder Neutronen gibt, kann es auch keine gewöhnlichen Atome geben. Andererseits gibt es dann relativ viele Positronen, die positiv geladenen Antiteilchen der Elektronen. Elektronen und Positronen können zu atomaren Gebilden werden, die analog sind zu herkömmlichen Wasserstoffatomen, die aus einem Proton und einem Elektron bestehen. Atome aus Positronen und Elektronen werden als Positronium bezeichnet.

Die atomaren Eigenschaften von Positronium unterscheiden sich in zweierlei Hinsicht von herkömmlichen Atomen. Weil die Positronenmasse 2000 Mal kleiner ist als die des Protons, laufen die Elektronen auf anderen Bahnen. Die Positroniumchemie ist deshalb eine ganz andere als die Wasserstoffchemie. Vor allem können Positron und Elektron einander vernichten, was Proton und Elektron in einem gewöhnlichen Wasserstoffatom nicht können. Das Schicksal der Positroniumatome ist deshalb schon mit ihrer Entstehung besiegelt. Früher oder später vernichten Elektron und Positron einander und erzeugen dabei einen kleinen Strahlungsausbruch.

Heutzutage werden energiearme Positroniumatome, die etwa so groß sind wie gewöhnliche Atome, in irdischen Labors routinemäßig hergestellt. Diese winzigen Positroniumatome leben nur einen Bruchteil einer Sekunde, bevor sie in einem Blitz zugrundegehen. Diese höchst unbefriedigende kurze Lebenszeit beruht auf der Winzigkeit der Atome.

Glücklicherweise ist die Materie im sehr späten Universum überaus dünn verteilt, und dann können sich Positroniumatome mit unglaublich großen Umlaufbahnen bilden. Positronium, das im Zeitalter der Dunkelheit entsteht, hat einen Durchmesser von Billionen Lichtjahren, größer als das gesamte heute beobachtbare Universum. Solches Positronium sollte um die 71. kosmologische Dekade herum entstehen. Diese Riesenatome werden mit Energien geboren, die viel höher sind als die der rasch zerfallenden mikroskopischen Positroniumatome. Elektron und Positron geben bei ihrem wechselseitigen Umkreisen allmählich außerordentlich kleine Strahlungsmengen ab, wobei ihre Bahnen immer kleiner werden. Dieser exotische Tanz führt schließlich zur vollständigen Zerstörung der Teilnehmer und zum totalen Bankrott ihrer gespeicherten Energie. Wegen der enormen Anfangsgrößen zerfallen die Positroniumatome erst in der 145. kosmologischen Dekade. Das zukünftige Universum enthält somit ein Zeitfenster, in dem Positronium entstehen und eine Weile überleben kann, bevor es zur unvermeidlichen Selbstzerstörung kommt. Dieses Fenster liegt etwa in der 100. kosmologischen Dekade, der Zeit also, zu der Schwarze Löcher mit den Massen von Galaxien mit einer Explosion ihren Abschied vom Universum nehmen.

Eine wichtige Frage ist, ob diese Positroniumatome oder auch die noch ungewöhnlicheren atomaren Strukturen der Zukunft sich zu irgendwelchen komplexen Gebilden zusammenfinden können. Sind in der dunklen Zukunft Vorgänge möglich, die auch nur entfernt den chemischen Reaktionen ähneln, die wir heute auf der Erde beobachten? Bieten 145 kosmologische Dekaden genug Zeit für eine Art »biologischer« Evolution? Wie würden Lebensformen in dieser Ära aussehen? Die unbekannten Antworten auf diese Fragen enthalten den Schlüssel zu möglichen Lebensprozessen während des Zeitalters der Dunkelheit.

Bei der Bildung und schließlichen Zerstörung von Positronium läßt sich eine weitere Auseinandersetzung in dem unaufhörlichen Wettstreit zwischen Schwerkraft und Thermodynamik beobachten, einem Konflikt, der weit in das Zeitalter der Dunkelheit hineinreicht. In dieser späten Zeit beruht die Bildung von Positronium im Grunde auf der elektrischen Anziehung zwischen Teilchen, während die Schwerkraft größere Ansammlungen von Teilchen binden kann. Diese Positroniumatome sind zwar nach den Maßstäben des heutigen Universums extrem langlebig, aber auch sie sind vergänglich und müssen zu Strahlung zerfallen. Das unvermeidliche Verschwinden des Positroniums stellt damit einen weiteren Sieg der Thermodynamik und der Entropieerzeugung dar. Wieder einmal triumphiert am Ende die Unordnung.

Die unaufhörliche Vernichtung

Der einfache Vorgang der Teilchenvernichtung zeigt, wie sich die Vorgänge im Universum verlangsamen, aber doch immer in Gang bleiben. Solche Vernichtungsprozesse wandeln Massenenergie in Strahlung um und liefern damit eine Energiequelle für das Universum. Ganz ähnlich ist die Sonne eine Energiequelle für die heutige Erde, und ebenso sind Sterne eine Energiequelle für das Universum, wenn auch natürlich in ganz anderen Größenordnungen. Das Universum der Zukunft enthält beispielsweise sowohl Elektronen als auch ihre antimaterielle Entsprechung, Positronen. Wenn die Teilchen nahe beieinander sind, vernichten sie sich und setzen ihre gesamte Massenenergie in einem Strahlungsausbruch frei. Bei dieser Explosion wird Entropie erzeugt. Vor ihrer endgültigen Vernichtung bilden Positronen und Elektronen oft, wie oben beschrieben, Positronium. Wenn wir diesen Vorgang auf Zeitskalen betrachten, die viel länger sind als die 145 kosmologischen Dekaden der Lebenszeit des Positroniums, brauchen wir uns um diesen Zwischenschritt jedoch nicht zu kümmern. Auch andere Teilchen oder Teilchenpaare können bis ins Zeitalter der Dunkelheit hinein überleben und auf ähnliche Weise vernichtet werden. So können beispielsweise schwach wechselwirkende dunkle Materieteilchen bis in diese Periode überdauern und für zukünftige Vernichtungsereignisse zur Verfügung stehen.

Werden dem Universum je die Teilchen ausgehen, so daß sie sich nicht mehr gegenseitig vernichten können? Die Antwort ist sehr erhellend und veranschaulicht gut die ewige Wiederkehr dieses kosmischen Endspiels. Der Anteil an der Energiedichte des Universums, der während des Zeitalters der Dunkelheit vernichtet wird, macht nur einen kleinen und festen Bruchteil der gesamten Energiedichte aus. Die Vernichtung der Teilchen liefert im gesamten Zeitalter der Dunkelheit – in einem bestimmten Bereich des Universums – nur endlich viel Energie. Die Vernichtungsrate verlangsamt sich zwar wesentlich, wenn sich das Universum ausdehnt und diffuser wird, aber die Teilchenvernichtung geht weiter, so lange das Universum existiert. Zu keiner Zeit in der Zukunft erreicht das Universum einen Zustand, in dem keine Teilchen mehr vernichtet werden. Und wenn das Universum noch so alt wird, immer wird es explosive Vernichtungsereignisse geben, die den Himmel auf ihre bescheidene Weise erhellen.

Wir haben damit einen etwas verwirrenden Zustand: Die Teilchenvernichtung geht immer weiter, erzeugt aber in jedem Bereich des Universums nur endlich viel Energie. Dieses scheinbare Paradoxon läßt sich leicht lösen, wenn man berücksichtigt, daß die Geschwindigkeit der Vernichtung abnimmt. Das Universum verteilt einen bestimmten Energiebetrag über eine unendliche Zeitdauer. Dieses Erhaltungsverfahren verdeutlicht die Energiekrise der Zukunft und definiert geradezu, was es für ein Universum bedeutet, wenn es im Alter »ausläuft«. Das Universum wird also wesentlich langsamer, kommt aber nie völlig zur Ruhe. Könnte man von einem Universum mit dieser Eigenschaft sagen, es lebe ewig? Vielleicht, aber das wäre ein eher optimistischer Standpunkt. Der bekannte Physiker und Schriftsteller Paul Davies hat diese letzte Phase der Evolution als »ewigen Tod« bezeichnet. Das immer sterbende Universum entwickelt sich weiter und wird immer langsamer, erreicht aber niemals ein todesähnliches Ende.

Die fortwährende Teilchenvernichtung und andere verwandte Prozesse liefern ein weiteres Beispiel für das in der Einführung erwähnte kopernikanische Zeitprinzip. Unabhängig davon, wie alt das Universum wird, immer spielen sich interessante physikalische Prozesse ab. Das Zeitalter der Dunkelheit muß übrigens nicht unbedingt träge und langweilig sein. Seine Evolution könnte durch wahrhaft weltweite dramatische Ereignisse aufgepeppt werden, wenn die Zeit dazu ausreicht. Die Zeit wiederum ist das eine Gut, das im sterbenden Universum der Zukunft reichlich zur Verfügung steht.

Tunneln und zukünftige Phasenübergänge

Die kleine Geschichte zu Beginn dieses Kapitels beschreibt einen kosmologischen Phasenübergang, eine potentielle kosmische Katastrophe von unbegreiflichen Ausmaßen. In Anbetracht der enormen Größe dieses hypothetischen, aber möglichen zukünftigen Ereignisses lohnt es sich, diesen Prozeß etwas genauer zu betrachten. Das Universum könnte im Prinzip einen wesentlichen Betrag an Vakuumenergie enthalten. Mit anderen Worten: Der scheinbar leere Raum ist womöglich gar nicht so leer. Man erinnere sich, daß ein solcher Energiebeitrag wenige Augenblicke nach dem Urknall, als das Universum noch ganz jung war, zur inflationären Ausdehnung des Universums führte. Dieselbe Art Vakuumenergie könnte es auch im heutigen Universum geben, allerdings mit viel geringerer Energiedichte. Wenn wir einmal begriffen haben, daß der Vakuumzustand des Universums Energie enthalten kann, fällt die Vorstellung nicht schwer, daß das Vakuum viele mögliche Zustände mit unterschiedlichen Energien haben könnte. In einem Universum mit vielen Vakuumenergiezuständen kann es einen außerordentlich interessanten langfristigen Effekt geben: Das Vakuum könnte instabil sein, und das Universum könnte in einen völlig neuen Zustand übergehen, einen mit weniger Vakuumenergie.

Leider ist der Beitrag des Vakuums zur Energiedichte des Universums unbekannt. Der »natürliche Wert« der Vakuumenergiedichte scheint sogar um mehrere Größenordnungen größer zu sein als der von der Kosmologie erlaubte Wert. Die einfachsten Berechnungen ergeben, daß die Energiedichte des Vakuums um einen Faktor von etwa 10^{122} größer sein sollte als die beobachtete gesamte Energiedichte des Universums. Diese unglaubliche Diskrepanz wird im allgemeinen als das Problem der kosmologischen Konstante bezeichnet und hat zur Zeit keine allgemein anerkannte Lösung. Die Vakuumenergiedichte des Universums könnte Null sein oder so groß wie die gesamte Energiedichte, die auf die gewöhnliche baryonische Materie, die exotische dunkle Materie und alles andere zurückgeht. Wir wissen überhaupt nicht, wie wir diesen Bereich der Möglichkeiten reduzieren können. Wenn wir dieses störende Problem erfolgreich lösen, werden wir das vergangene, jetzige und zukünftige Universum wesentlich besser verstehen.

Nehmen wir jetzt die Möglichkeit an, daß das Universum wirklich eine Vakuumenergiedichte hat und in einem »falschen« Vakuumzustand ist. Dann ist das Universum jetzt in einer Konfiguration mit einer »großen« Vakuumenergie gefangen, aber es gibt einen niedrigeren Zustand der Vakuumenergie. In diesem Szenario kann das Universum durch einen quantenmechanischen Tunnelprozeß in einen energieärmeren Zustand übergehen. Wenn das Tunneln weitergeht, macht das Universum einen Phasenübergang durch, der etwa analog ist zu der Zustandsänderung, bei der flüssiges Wasser zu festem Eis gefriert.

Der Vorgang des quantenmechanischen Tunnelns beruht auf zwei wesentlichen Voraussetzungen. Erstens muß das physikalische System mehr als einen

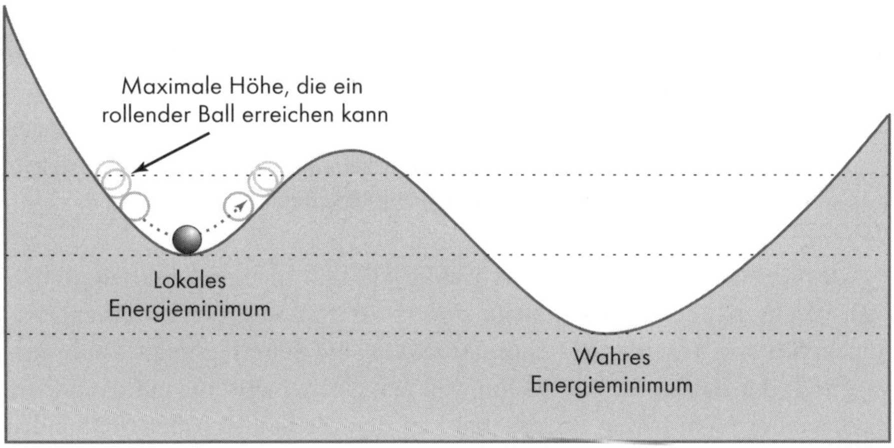

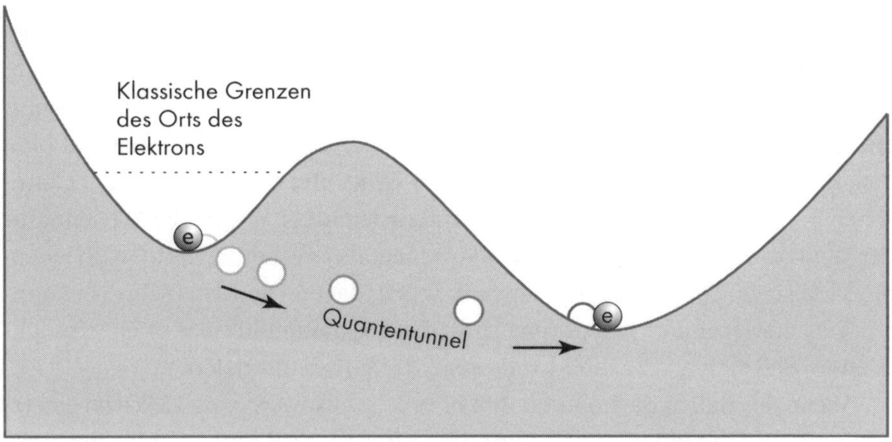

Die obere Abbildung stellt das Wesentliche der potentiellen Energie in einem klassischen System dar. Ein Ball rollt im linken Tal hin und her. Das Tal auf der rechten Seite ist tiefer und stellt deshalb einen energieärmeren Zustand dar, aber der Ball hat nicht genug Energie, um über den Hügel in das nächste Tal zu gelangen. Das untere Bild stellt das Wesen der potentiellen Energie in einem Quantensystem dar und zeigt, wie ein Elektron von der linken Potentialmulde zur rechten tunnelt. Diese Potentialmulden entsprechen den Tälern der oberen Abbildung. Das Elektron hat nicht genug Energie, um die Hürde zu überwinden, und deshalb ist dieses Verhalten klassisch verboten. Aufgrund der Quantenmechanik aber schafft das Elektron den Übergang doch.

Energiezustand haben, so daß Übergänge zwischen den beiden möglich sind. Außerdem muß das System eine Energieschranke haben, die den Übergang zwischen unterschiedlichen Zuständen erschwert. Dieses Merkmal ist wichtig, weil alle physikalischen Systeme eine Tendenz haben, ihren niedrigsten Energiezustand, den sogenannten Grundzustand, anzunehmen, genau wie Wasser nach unten fließt und nicht nach oben. Ohne eine Energieschranke nehmen physikalische Systeme rasch den Zustand geringster Energie an und bleiben die restliche Zeit dort. Der interessanteste Fall ergibt sich, wenn ein physikalisches System in einem höheren – nicht dem niedrigsten – Energiezustand gefangen ist und im Prinzip später in den niedrigen übergehen könnte. Das physikalische System kann ein Atom sein, ein Kern oder die Vakuum-Konfiguration des Universums.

Der Grundbegriff der Energieschranke läßt sich an einer klassischen Analogie veranschaulichen. Man stelle sich einen Ball vor, der zwischen zwei Hügeln hin und her rollt, wie es die Abbildung auf Seite 193 zeigt. Ohne Reibung rollt der Ball in der Mulde hin und her, gelangt aber nie auf die andere Seite, weil er nicht genug Energie hat, um den die beiden Täler trennenden Hügel zu überwinden. Der Hügel stellt also eine Energieschranke dar, die den Ball daran hindert, von einem Tal ins nächste zu gelangen. Der Ball bleibt im linken Tal gefangen, obwohl das Tal rechts tiefer ist und einem geringeren Energiezustand des Systems entspricht.

Im klassischen Beispiel des Balls mit zwei Tälern und einer festen Gesamtenergie sind keine Übergänge möglich. Nie. Der Ball muß in seinem Tal bleiben, bis ein äußerer Mechanismus auf ihn wirkt. Bei einem quantenmechanischen System ist die Lage jedoch grundsätzlich anders. Wegen der Wellennatur der Wirklichkeit im Kleinen ist die Natur niemals vollständig in Ruhe. In jedem physikalischen System gibt es Schwankungen, die von dem uns schon bekannten Unschärfeprinzip herrühren. Und diese Quantenfluktuationen ermöglichen es, daß sich anscheinend verbotene Ereignisse abspielen.

Wenn der Ball in dem oberen Bild beispielsweise durch ein Elektron ersetzt wird und statt der Hügel gleich geformte elektrische Schranken aufgebaut werden, haben wir in viel kleinerem Maßstab ein analoges System, bei dem quantenmechanische Effekte eine Rolle spielen müssen. Wegen der Quantenfluktuationen ist das Elektron mit einer gewissen Wahrscheinlichkeit im rechten Tal, auch wenn es im linken Tal sein sollte. Die Wahrscheinlichkeit, das Elektron auf der falschen Seite der Potentialschranke zu finden, ist im allgemeinen ziemlich gering, aber nicht Null. In der Praxis bedeutet diese Unschärfe, daß das Elektron dann, wenn genug Zeit zur Verfügung steht, irgendwann einmal vom linken Tal in den niedrigeren Energiezustand des rechten Tals übergehen wird. Wenn der Übergang abgeschlossen ist, verliert das Elektron de facto Energie und bleibt im tieferen Energietal.

Wenn das Elektron diesen Übergang von einem Tal zum anderen schafft, passiert es eine Energiehürde, die zu überwinden seine Energie nicht ausreicht. In diesem Sinn durchtunnelt das Elektron die Grenze, und deshalb wird dieser Prozeß als quantenmechanisches Tunneln bezeichnet. Dieses scheinbar geheimnisvolle Verhalten ist eine unmittelbare Folge davon, daß das Elektron wellenähnliche Eigenschaften aufweist. Obwohl dieses Quantenverhalten von Elektronen sehr seltsam aussehen mag, liefert das Elektronentunneln die Grundlage für die Konstruktion von Transistoren und anderen Schaltkreisen. Ohne das quantenmechanische Tunneln von Elektronen wäre die ganze Halbleiterindustrie bankrott.

Nicht nur Quantenwellen können tunneln, sondern alle Wellen, auch klassische. So tunneln beispielsweise spiralige Dichtewellen, die wellenähnlichen Störungen, denen wir die schönen Spiralmuster in Galaxien verdanken. Diese Wellen sind wesentlich größer als unser Sonnensystem, so groß, daß Quanteneffekte bei ihnen sicher keine Rolle spielen. Der seltsame Anteil der Quantenmechanik besteht im Grunde darin, daß Teilchen Welleneigenschaften haben und sich wie Wellen verhalten. Wellen aller Arten tunneln ganz natürlich durch Schranken, erzeugen Beugungsmuster und gehorchen einem Unschärfeprinzip. Wenn wir einmal akzeptieren, daß Teilchen und andere physikalische Systeme auf hinreichend kleinen Skalen Wellencharakter haben, lassen sich viele der widersinnigen Quanteneffekte leicht verstehen.

Wie das Elektron in unserem Beispiel könnte der Vakuumzustand des Universums in einem Zustand hoher Vakuumenergie gefangen sein, obwohl es einen Zustand mit geringerer Vakuumenergie gibt. Wenn das Universum einmal in einem Zustand großer Vakuumenergie gefangen ist, muß es dort längere Zeit verharren, weil die Energieschranke es davon abhält, sofort in den energieärmeren Zustand überzugehen. Eine solche langlebige Konfiguration heißt metastabil, weil sie zwar kurzzeitig stabil, aber letztlich instabil und zum Zerfall bestimmt ist. Übergänge in den energiearmen Zustand sind nicht nur möglich, sondern sogar notwendig, wenn die Zeit lang genug ist.

Wie, wann und wo werden sich solche Phasenübergänge abspielen? Wir würden gern die Wahrscheinlichkeit für einen Übergang des Universums von seinem falschen in seinen wahren Vakuumzustand kennen, also für einen Übergang von einem Zustand mit hoher Vakuumenergie in einen mit geringerer. Für ein bestimmtes theoretisches Modell des Vakuumzustands können wir diese Übergangsrate ziemlich direkt berechnen. Das Ergebnis hängt jedoch sehr empfindlich von den Eingabeparametern ab, die nicht gut bekannt sind. Zur Präzisierung dieser Vorhersage brauchen wir eine vollständige Theorie des Vakuumzustands des Universums, und eine solche Theorie sollte aufgestellt werden können, sobald das Problem der kosmologischen Konstanten gelöst ist. Noch aber gibt es sie nicht. Inzwischen können wir der Möglichkeit dieses furchterregenden, aber faszinierenden Ereignisses Einschränkungen auferlegen.

Offensichtlich muß für das Tunneln viel Zeit zur Verfügung stehen, sonst wäre das Universum im jetzigen Zeitalter schon zerfallen. Wir können ziemlich sicher sein, daß sich im beobachtbaren Teil des heutigen Universums noch kein Zerfallskern gebildet hat. Die Zeitskala für diesen Phasenübergang kann sehr wohl länger sein als die etwa zehn Milliarden Jahre, die das Universum bisher besteht. In Zukunft könnte das Universum jedoch einen Phasenübergang durchmachen und praktisch jederzeit in seinen niedrigeren Vakuumzustand übergehen, vielleicht schon morgen, vielleicht auch erst in 10 000 kosmologischen Dekaden.

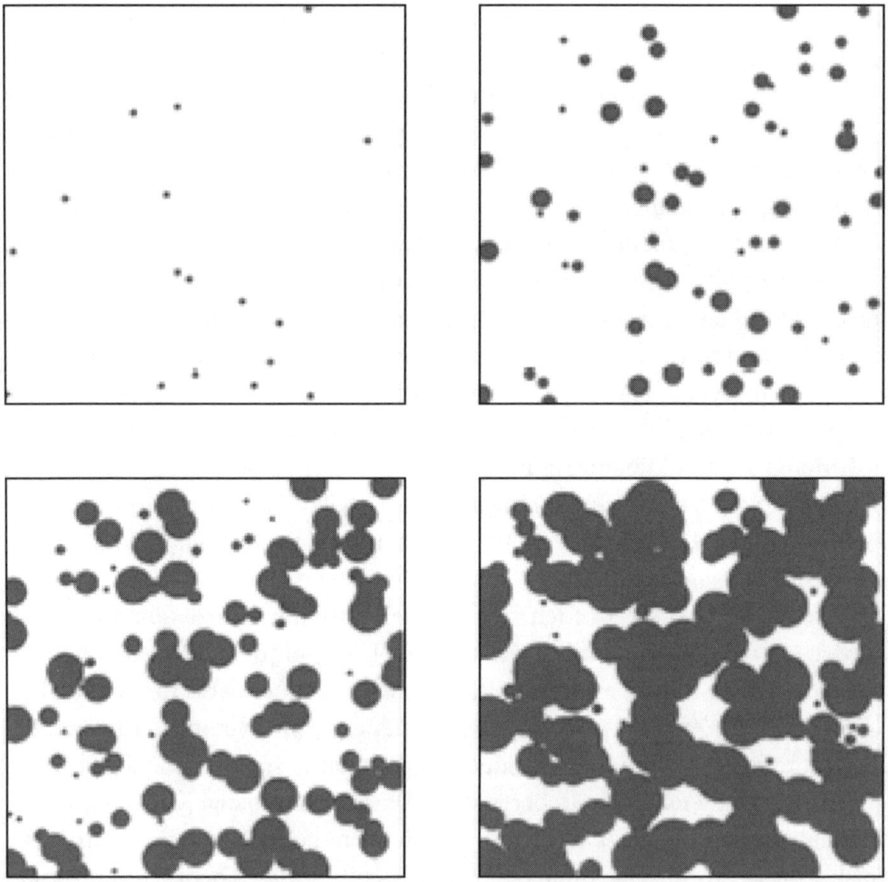

Hier veranschaulichen wir einen kosmologischen Phasenübergang. Die Blasen des neuen Vakuumzustands (der schattierte Bereich) haben sich im Hintergrund des alten Vakuumzustands gebildet. Sie werden im Lauf der Zeit größer, bis sie einander begegnen und der Phasenübergang vollständig ist.

Was wird tatsächlich ablaufen, falls und wenn dieses Tunneln passiert? An einem bestimmten Raumpunkt verwandelt sich dann ein mikroskopisch kleiner Bereich spontan in den neuen, energieärmeren Vakuumzustand. Wenn der Phasenübergang beginnt, bilden sich im Hintergrundmeer des falschen Vakuums mikroskopisch kleine Blasen des wahren Vakuumzustands und wachsen allmählich nach außen. Dieser Prozeß hat Ähnlichkeit mit dem Wachstum von Eiskristallen in Wasser, das unter den Gefrierpunkt gekühlt wird. Die Eiskristalle beginnen ihr Wachstum an einem wohldefinierten, aber gewöhnlich willkürlichen Punkt und werden immer größer. Die Front des gefrorenen Bereichs schiebt sich immer weiter vor und verwandelt dabei flüssiges Wasser in festes Eis. Ähnlich wächst die Blase des neuen Vakuumzustands nach außen und läßt das Universum im Hintergrund aus dem alten Vakuumzustand in die neue Phase mit einem neuen Vakuumzustand übergehen.

Der kosmologische Phasenübergang spielt sich rasch ab, weil die Blasenwände außerordentlich rasch beschleunigt werden. Die Blasen breiten sich wohl sogar fast sofort nach ihrer Entstehung mit nahezu Lichtgeschwindigkeit aus. Wenn die Außenwand einer Blase expandiert, vereinnahmt sie Bereiche des alten Universums und hinterläßt in ihrem Kielwasser Bereiche des neuen. Die Blasen wachsen, bis sie einander begegnen, zusammenstoßen und damit den Phasenübergang vollenden. Auf diese Weise wird das alte Universum in ein neues Universum mit einem neuen Vakuumzustand verwandelt (siehe Abbildung S. 196).

Im Inneren der Blase, in dem Bereich mit dem neuen Vakuumzustand, verändert das Universum sein Wesen fast vollständig. Wenn der Phasenübergang abgeschlossen ist, gelten andere Naturgesetze, und die Naturkonstanten haben andere Werte. Auch die Massen der Elementarteilchen und die Stärken der Kopplungskonstanten, die die Naturkräfte bestimmen, haben im neuen Vakuumzustand andere Werte. Das Universum, das wir kennen, hat einfach aufgehört zu existieren.

Wenn Lebewesen von dem Phasenübergang erfaßt würden, wären sie zum sofortigen Tod verdammt. Sie könnten weder ihre gewohnten biologischen Funktionen noch auch nur chemische Reaktionen ausführen. Weil sich die Blasen nahezu mit Lichtgeschwindigkeit ausdehnen, könnte kein Beobachter dieses wahrhaft monumentalen Ereignisses irgendein Vorzeichen wahrnehmen. Weil kein Signal schneller sein kann als das Licht, könnte auch kein Warnzeichen das Unheil ankündigen. Kurz, es wäre unmöglich, den Phasenübergang vorherzusehen.

Wenn die Blasenfront ankommt, beträgt die Zeit, die für den Übergang von dem alten in den neuen Vakuumzustand nötig ist, einen winzigen Bruchteil einer Sekunde, etwa 10^{-10} bis zu 10^{-30} Sekunden. Diese mikroskopische Zeitskala ist wesentlich kürzer als die Reaktionszeit eines Neurons im menschlichen Gehirn. Der Übergang ist deshalb viel zu abrupt, als daß Menschen ihn wahrnehmen könnten. Die Geschwindigkeit des Denkens, mit der mutmaßliche Lebensformen in ferner Zukunft denken, sollte sich nach Dysons Skalierungs-Hypothese mit abnehmender Temperatur verlangsamen. Zukünftige Lebensformen operieren wahrscheinlich bei geringeren Temperaturen als Menschen und reagieren sogar noch langsamer. Ein Wesen, das diesen kosmischen Phasenübergang miterlebt, würde buchstäblich niemals wissen, was da abläuft.

Die Abläufe im Universum und die Naturgesetze sind vor und nach dem Phasenübergang oder, was auf dasselbe herauskommt, außerhalb und innerhalb der wachsenden Blasen grundverschieden. Wie das neue Universum im einzelnen beschaffen ist, hängt entscheidend von dem neuen Vakuumzustand ab. Insbesondere ist der Beitrag der kosmologischen Konstante vor und nach dem Phasenübergang verschieden. Auch die Gravitationstheorie nimmt eine neue Form an. Das optimistischste Bild ergibt sich, wenn die kosmologische Konstante zur Zeit positiv ist und das Universum mit einer Vakuumenergie von genau Null in einen neuen Vakuumzustand tunnelt. In diesem glücklichen Fall hat das neue Universum mit seinen neuen Naturgesetzen die Möglichkeit, eine neue Komplexität und vielleicht sogar neue Lebenschancen zu entwickeln. Für dieses wiedergeborene Universum sind die Möglichkeiten reich und vielfältig, praktisch unbegrenzt.

Wenn andererseits die kosmologische Konstante des heutigen Universums schon genau Null ist und der neue Vakuumzustand des Universums negativ, ist die Apokalypse viel grausamer. In diesem verheerenden Fall ist die Raumzeit des neuen Phasenzustands – der Bereich innerhalb der anwachsenden Blasen – gravitativ instabil. Das Innere einer jeden Blase erleidet einen wirklich katastrophalen Gravitationskollaps. Die Dichte und die Temperatur der Materie im Inneren nehmen unaufhaltsam zu. Die Blase kollabiert so in einer Miniaturfassung des großen Zusammenbruchs, dem im nächsten Kapitel beschriebenen Tod des Universums. Die Blasen erleiden ihren Feuertod innerhalb weniger Mikrosekunden, viel zu rasch also, als daß eine biologische Evolution beginnen könnte oder sich auch nur bescheidenere Komplexität entwickeln könnte. Diese Möglichkeit eines letzten Phasenübergangs ist aus pyrotechnischer Sicht interessant, birgt aber wenig Hoffnung auf zukünftiges Leben.

Der quantenmechanische Tunnelprozeß, der den Phasenübergang bewirkt, tritt spontan ein, wenn genug Zeit zur Verfügung steht. Ein besonders verstörender Aspekt dieses potentiellen Desasters ist, daß der Phasenübergang jedenfalls im Prinzip auch ausgelöst werden könnte. Wenn die Vakuumstruktur des Universums die richtige Form hat und wenn die richtige Technologie zur Verfügung steht, könnten Lebewesen, menschliche oder andere, den Phasenübergang bewirken. In diesem bewußt herbeigeführten Fall beginnt der Phasenübergang in einem wohldefinierten Raumpunkt und bewegt sich, wieder nahezu mit Lichtgeschwindigkeit, nach außen. Dann fegt eine einzige Wellenfront durch das alte Universum und hinterläßt Tod, Zerstörung und einen neuen Vakuumzustand. Wenn die Front einmal in Bewegung ist, setzt sie ihren Weg der völligen Vernichtung fort, ohne sich aufhalten zu lassen. Ein solches Ereignis wäre die endgültige Form von Terrorismus.

Es gibt eine andere alarmierende Möglichkeit. Ein Phasenübergang in einen neuen Vakuumzustand könnte auch zufällig ausgelöst werden, entweder durch ein Lebewesen oder durch natürliche Umstände. Der Funke, der den Phasenübergang entzündet, könnte von Zusammenstößen von kosmischen Strahlen mit extrem hohen Energien und hohen Geschwindigkeiten stammen. Auch andere Naturkatastrophen sind denkbar.

Ein zukünftiger Phasenübergang, der dem Universum als Auswirkung des Quantentunnelns widerfährt, gehört zu den spekulativeren der in diesem Buch behandelten Themen. Trotzdem sollte die Möglichkeit erwähnt werden, denn der Akt des Tunnelns von einem falschen Vakuum in ein wahres Vakuum verändert das Wesen des Universums dramatischer als wohl jeder andere Naturvorgang. Das Universum könnte sehr wohl am Rand katastrophaler Instabilität torkeln.

Diese Idee eines kosmologischen Phasenübergangs ist nicht annähernd so ungewöhnlich oder unnatürlich, wie es auf den ersten Blick erscheinen mag. In den ersten Augenblicken der kosmischen Geschichte, gleich nach dem Urknall, hat das Universum eine ganze Reihe von Phasenübergängen mit entfernt ähnlichen Kennzeichen durchgemacht. Der erste solche Phasenübergang führte zu der unglaublich raschen Ausdehnung der inflationären Epoche. Ein anderer Phasenübergang zerbrach die Symmetrie des Universums und spaltete die elektroschwache Naturkraft in die beiden Teile, die wir jetzt als Elektromagnetismus und schwache Kernkraft kennen. Ein weiterer Phasenübergang veränderte das junge Universum, als sich freie Quarks zu den Teilchen zusammenfanden, die wir als Hadronen kennen und zu denen auch die uns heute vertrauten Protonen und Neutronen gehören. All diese Aktivität mit ihren vielen Auswirkungen auf das Wesen unseres Universums spielte sich ab, bevor der Kosmos auch nur eine Sekunde alt war. Da dem zukünftigen Universum fast grenzenlos viel Zeit zur Verfügung steht, hat es das reichlich Gelegenheit, das ehrfurchterregende Drama eines weiteren Phasenübergangs zu erleben.

Die Erschaffung neuer Universen

Das Universum der Zukunft birgt noch bizarrere Möglichkeiten. Es könnte sogar spontan durch einen Prozeß, der vage Ähnlichkeit mit dem oben beschriebene Quantentunneln hat, neue »Kind-Universen« schaffen. Dazu müßte sich in einer sonst leeren Raumzeit, die im energieärmsten wahren Vakuumzustand ist, eine Blase mit hoher falscher Vakuumenergie bilden. Dieser Vorgang ist im wesentlichen die Umkehrung des früher erörterten. Wenn die neue Blase groß genug ist, dehnt sie sich, ähnlich wie es sich in der inflationären Epoche der Frühgeschichte unseres Universums abspielte, unglaublich rasch aus und trennt sich schließlich kausal von der ursprünglichen Raumzeit unseres Universums. In diesem Sinn wird die neuerschaffene Blase zu einem neuen und eigenen Universum, in dem wir ein »Kind-Universum« sehen können.

Eine solche Erschaffung eines neuen Universums widerspricht dem gesunden Menschenverstand. Wie kann ein ganzes Universum aus nichts entstehen? Wo und wozu dehnt es sich aus? Der entscheidende Gedanke ist, daß die neu geschaffene Blase neuer Raumzeit sich nicht zu etwas ausdehnt, sondern daß vielmehr die Raumzeit selbst sich ausdehnt. Das neue Universum erschafft also seinen eigenen Raum und »verbraucht« dazu nichts von unserem Universum.

Zur Veranschaulichung betrachten wir ein Einbettungsdiagramm, wie es bei Relativitätstheoretikern beliebt ist und im vorigen Kapitel beschrieben wurde. Wir stellen uns eine zweidimensionale Fassung des Universums als Gummimembran vor, die sich dehnt, wie sich das Universum ausdehnt. Die Abweichung der Gummimembran von einer ganz ebenen Fläche veranschaulicht die Krümmung der Raumzeit oder, äquivalent damit, das Maß, in dem die Raumzeit von einer rein euklidischen oder flachen Geometrie abweicht. Dieses zweidimensionale Universum wird so in einen dreidimensionalen Raum eingebettet, den wir uns gut vorstellen können. Das tatsächliche Universum ist dreidimensional und hat eine zusätzliche Zeitdimension; da wir uns so viele Dimensionen nicht leicht vorstellen können, verwenden wir dieses einfache zweidimensionale Universum als ein Modell.

Auf diese Weise können wir uns die Erschaffung eines neuen Kind-Universums als die Schaffung einer Mulde oder einer Blase in der Gummimembran vorstellen, wie in Abbildung S. 203 gezeigt. Wenn sich das neugebildete Universum ausdehnt, wird es bald zu einer gewaltigen Kugel, die durch eine enge Röhre mit dem alten Universum verbunden ist. Diese stark gekrümmte, enge Verbindung zum alten Universum ist ein Beispiel für ein relativistisches Wurmloch, eine Art Brücke, die unterschiedliche Teile der Raumzeit miteinander verbindet. In diesem Fall verbindet das Wurmloch das neugebildete Kind-Universum mit der flachen Raumzeit des alten Universums. Wenn sich das neue Universum ausdehnt, schrumpft das Wurmloch und ist schließlich verdampft. Wenn das Wurmloch verschwindet, hat das alte Universum keine kausale Verbindung mehr mit dem Kind-Universum, das dann wirklich abgetrennt ist.

Dieses neugeschaffene Universum sieht für Beobachter in der Blase ganz anders aus als für jene außerhalb. Für Beobachter in der Blase expandiert ihr lokales Universum exponentiell, ganz ähnlich wie unser Universum in der inflationären Phase der ersten Augenblicke seiner Existenz. Andererseits sehen Beobachter außerhalb der Blase, die im leeren Raumzeit-Hintergrund unseres heutigen Universums zurückgeblieben sind, das neu geschaffene Universum als kollabierendes Schwarzes Loch, das rasch kausal von unserem Universum getrennt wird. Wegen dieser kausalen Trennung können diese Kind-Universen die zukünftige Evolution unseres Universums nicht beeinflussen.

Aber die Kind-Universen können jedenfalls im Prinzip Information aus unserem Universum erhalten. Bevor das neugeschaffene Universum aus dem kausalen Kontakt mit unserer eigenen Raumzeit herauswächst, sind die beiden Universen durch ein relativistisches Wurmloch verbunden, das auch eine Brücke darstellt, über die Information und vielleicht sogar Materie übermittelt werden kann. Diese Möglichkeit hat weitreichende Folgen. Angesichts der Unvermeidlichkeit von Tod und Vernichtung in unserem heutigen Universum könnte sich eine hinreichend fortgeschrittene Zivilisation als Fluchtmöglichkeit ein anderes Universum erschaffen. Wenn sie die Eigenschaften und physikalischen Gesetze des neuen Universums vorherbestimmen könnte, würde die Zivilisation sicherstellen, daß das Kind-Universum die Entwicklung von Leben begünstigt. Durch das verbindende Wurmloch könnte wichtige Information aus unserem alten und sterbenden Universum in das neue Universum übermittelt werden, bevor es verdampft. Solche Information könnte Blaupausen für das Leben oder andere Schätze der Zivilisation enthalten, die von der betroffenen Gesellschaft für wichtig gehalten werden. Möglicherweise könnte sogar Materie durch das Wurmloch geschickt werden. Vielleicht bauen hinreichend intelligente Wesen ein Universum, in das sie buchstäblich vor Toresschluß hineinspringen.

Dieser Begriff der Kind-Universen hat etwas mit der Vorstellung zu tun, daß Schwarze-Loch-Singularitäten die Tore zu anderen Universen sind, die wir in Kapitel 4 erörterten. Im früheren Fall betrachteten wir implizit sehr langlebige große Schwarze Löcher. Die Singularität, die irgendwo im Ereignishorizont des Schwarzen Lochs enthalten sein muß, stellt eine langfristige Verbindung zum anderen Universum her, die allerdings im Wesentlichen unzugänglich ist. Damit an dieser Singularität ein Kind-Universum entsteht, muß das kollabierende

Schwarze Loch – von Beobachtern in unserem Universum aus gesehen – eher massearm und kurzlebig sein. Von außen gesehen, scheint dieses winzige schwarze Loch sich selbst zu zerstrahlen und schließlich durch den Vorgang der Hawking-Verdampfung zu verschwinden. In diesem Fall ist das Tor nicht nur unzugänglich, sondern auch sehr flüchtig.

Die Entstehung eines Kind-Universums kann sich auch an der Singularität eines schon etablierten Schwarzen Lochs abspielen. Wie bei den anderen oben erörterten Fällen wächst das neu erschaffene Universum rasch aus dem kausalen Kontakt hinaus. Da sich diese gesamte Episode innerhalb des Ereignishorizonts des ursprünglichen Schwarzen Lochs abspielt, hat das Kind-Universum anscheinend überhaupt keine Verbindung zu unserem Universum und ist deshalb anscheinend kaum interessant. Überraschenderweise hat die Bildung eines Kind-Universums jedoch ein Kennzeichen, daß sich in unserem Universum, außerhalb des Ereignishorizonts, messen läßt. Das Ereignis seiner Entstehung unterdrückt nämlich teilweise die von dem Schwarzen Loch ausgestrahlte Hawking-Strahlung, und eben dieses Nachlassen der Strahlung läßt sich messen. Wenn das Kind-Universum aus dem kausalen Kontakt herauswächst, beginnt wieder die gewöhnliche Hawking-Strahlung. Wieder ermöglichen es Quanteneffekte, daß über den Ereignishorizont hinweg eine Art Information übermittelt wird, obwohl ein solcher heimlicher Transport von der klassischen Physik verboten wird.

Genau wie kosmische Phasenübergänge im Prinzip durch äußere Einflüsse ausgelöst werden können, läßt sich auch die Herstellung eines Kind-Universums herbeiführen. Die für diese Art geplanter Elternschaft nötige Technologie steht zur Zeit noch nicht zur Verfügung, aber Physiker haben schon ernsthaft die theoretische Möglichkeit erörtert, ein neues Universum im Labor zu zeugen. In der Zukunft könnte die Herstellung neuer Universen sogar Routine werden und ganz selbstverständlich durchgeführt werden. Sobald wir diese Möglichkeit bedenken, kommt uns eine wichtige philosophische Frage in den Sinn. Wurde unser Universum durch die gezielte Einwirkung anderer Wesen geplant oder ins Leben gerufen?

Die Vorstellung der absichtsvollen Auslösung eines kosmologischen Phasenübergangs oder der Erschaffung eines neuen Universums im Labor sind gute Beispiele dafür, wie wir oder andere empfindungsfähige Wesen die Evolution des Universums unmittelbar beeinflussen können. Diese Großtaten der kosmischen Ingenieurkunst liegen noch weit außerhalb unserer heutigen technologischen Fähigkeiten, wohl aber im Bereich der Möglichkeiten. In den letzten wenigen hundert Jahren haben sich die Menschen auf der Erde zum Guten oder zum Schlechten einer gewissen Kontrolle über den Planeten bemächtigt. Wir

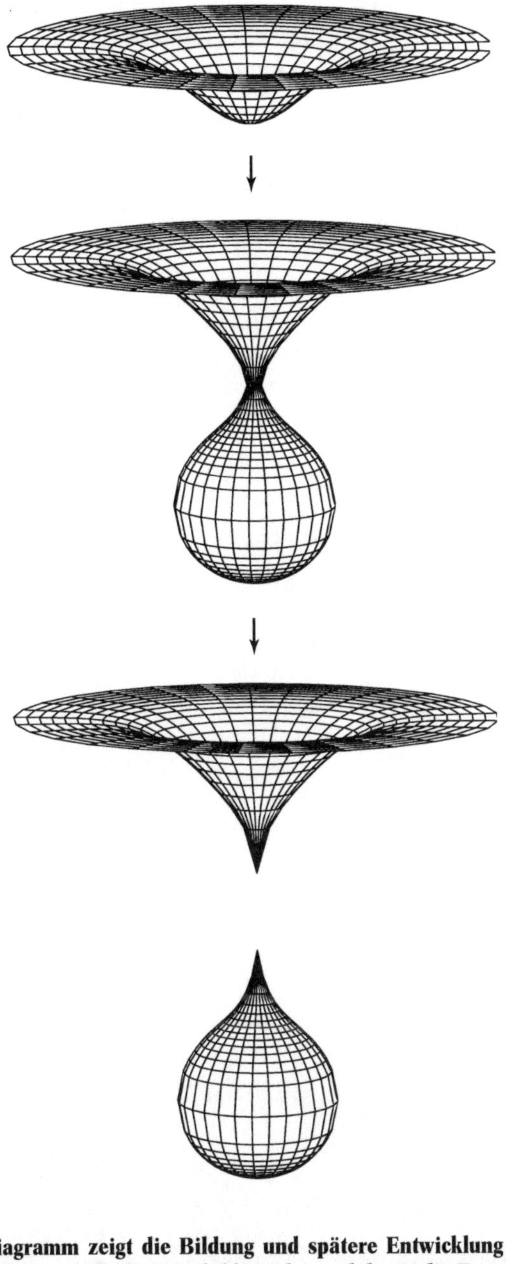

Dieses Einbettungsdiagramm zeigt die Bildung und spätere Entwicklung eines Kind-Universums. Die obere Zeichnung stellt die Kernbildung dar und damit die Erzeugung des Kind-Universums. In der mittleren Zeichnung wird das neu geschaffene Universum rasch größer, ist aber immer noch durch eine enge Röhre, die ein relativistisches Wurmloch darstellt, mit dem alten Universum (dem flachen Bereich) verbunden. In der unteren Zeichnung ist das Wurmloch verdampft, und das Kind-Universum hat sich von der ursprünglichen Raumzeit gelöst, aus der es entstand.

können jetzt die Umwelt, die Bevölkerung, Tier- und Pflanzenarten und selbst das Klima unserer Umwelt unmittelbar beeinflussen. Eine solche Kontrolle war vor wenigen Jahrhunderten noch völlig unvorstellbar, und diese Zeitspanne ist winzig im Vergleich mit den ungeheuren Zeiträumen, die noch vor uns liegen. In der Zukunft ist es nicht nur möglich, sondern sogar wahrscheinlich, daß intelligentes Leben bei der Bestimmung des langfristigen Verlaufs der Evolution in unserem und in anderen Universen eine wichtige Rolle spielen wird.

Zum Schluss

Ein Führer zum Unmöglichen,
Unwahrscheinlichen und Grossartigen.

In einer Dachstube nicht weit vom British Museum:

Cornelius nahm ein neues Blatt Papier, spannte es in seine Schreibmaschine und begann zu schreiben. Der Ausgangspunkt seiner Geschichte war der Urknall selbst, in dem sich der Kosmos auf seine weite Reise in die Zukunft macht. Nach einer kurzen Inflation durchlief das Universum eine Reihe von Phasenübergängen und schuf ein wenig mehr Materie als Antimaterie. Während dieser primordialen Ära hatte das Universum keinerlei kosmische Struktur.

Nach einer Million Jahren und dicken Stapeln Papier kam Cornelius zum Zeitalter der leuchtenden Sterne, einem Zeitraum, in dem die Sterne ihre Lebenszyklen mit großer Energie durchlaufen, die sie aus Kernreaktionen beziehen. Dieser strahlende Abschnitt findet ein Ende, wenn die Galaxien kein Wasserstoffgas mehr enthalten, die Sternbildung aufhört und die langlebigsten roten Zwerge allmählich verblassen.

Fleißig weiterschreibend schildert Cornelius dann das Zeitalter der entarteten Sterne mit seinen braunen Zwergen, weißen Zwergen, Neutronensternen und Schwarzen Löchern. Mitten in dieser gefrorenen Einsamkeit sammelt sich in toten Sternen dunkle Materie an und vernichtet sich selbst zu der Strahlung, die den Kosmos antreibt. Am Schluß dieses Kapitels erzählt er vom Protonenzerfall, davon, wie die Massenenergie der entarteten Reste versickert und das auf Kohlenstoff basierende Leben endgültig verlöscht.

Während der erschöpfte Autor seine Arbeit fortsetzt, bleiben nur noch Schwarze Löcher übrig. Aber auch Schwarze Löcher haben kein ewiges Leben. So schwach diese dunklen Objekte auch leuchten, verdampfen sie doch in einem langsamen quantenmechanischen Prozeß. Weil das Universum keine andere Energiequelle hat, bezieht es seine ganze Leistung aus dieser dürftigen Strahlung. Nachdem die größten Schwarzen Löcher verdampft sind, macht die unangenehme Dämmerung des Zeitalters der Schwarzen Löcher einer tieferen Schwärze Platz.

Als Cornelius beim letzten Kapitel angekommen ist, geht ihm das Papier aus, aber nicht die Zeit. Das Universum enthält keine stellaren Objekte mehr, nur die Abfallprodukte früherer kosmischer Dramen. In diesem kalten, trüben und sehr fernen Zeitalter der Dunkelheit sind alle Vorgänge im Kosmos stark verlangsamt. Die außerordentlich geringen Energieniveaus entsprechen enormen Zeiträumen. Nach seiner feurigen Jugend und seinen energiegeladenen mittleren Lebensjahren schleppt sich das Universum langsam in die Dunkelheit.

Das Universum verändert sich beim Älterwerden. In jeder Phase seiner zukünftigen Evolution laufen in ihm eine erstaunliche Vielfalt komplexer physikalischer Prozesse und andere interessante Vorgänge ab. Unsere Biographie des Universums, von seinem explosiven Beginn bis zu seinem langen und allmählichen Übergang in die Dunkelheit, beruht auf unserem heutigen Verständnis der Naturgesetze und der Wunder der Astrophysik. Ausgehend von den genauen und umfassenden Erkenntnissen der heutigen Naturwissenschaften ist diese Geschichte die wahrscheinlichste uns zugängliche Darstellung der Zukunft.

Irre grosse Zahlen

Beim Nachdenken über den weiten Bereich exotischer Verhaltensweisen, die unserem Universum in Zukunft offenstehen, könnte man meinen, es sei einfach alles möglich. Aber das ist nicht der Fall. Trotz der Reichhaltigkeit und Vielfalt der physikalischen Möglichkeiten wird nur ein winziger Bruchteil der Ereignisse, die passieren könnten, auch tatsächlich eintreten.

Zunächst und vor allem erlegen die Naturgesetze jedem erlaubten Verhalten starke Zwänge auf. Die Gesamtenergie muß erhalten bleiben. Die elektrische Ladung muß erhalten bleiben. Ein allgemeiner Leitfaden ist der zweite Hauptsatz der Thermodynamik, der formal besagt, daß die Entropie eines abgeschlossenen physikalischen Systems nicht abnehmen kann. Grob gesagt, folgt aus diesem Satz, daß sich Systeme immer so entwickeln müssen, daß die Unordnung in ihnen zunimmt. Praktisch bekräftigt der zweite Hauptsatz das

Gefühl, daß Wärme von heißen Objekten zu kälteren fließt und nicht umgekehrt.

Aber selbst innerhalb der von den physikalischen Gesetzen erlaubten Vorgängen finden viele Ereignisse, die im Prinzip eintreten könnten, einfach nicht statt. Ein allgemeiner Grund ist, daß sie einfach zu lange brauchen und andere Vorgänge vorher passieren und sie überflüssig machen. Ein gutes Beispiel dafür ist der Vorgang der kalten Fusion. Wie wir im Zusammenhang mit Kernreaktionen im Sterninneren sagten, ist der Eisenkern der stabilste aller möglichen Atomkerne. Viele kleinere Kerne wie Wasserstoff und Helium würden Energie abgeben, wenn sie zu Eisen würden. Größere Kerne wie Uran am anderen Ende des periodischen Systems würden ebenfalls Energie abgeben, wenn sie zerbrochen und die Bruchstücke zu Eisenkernen angeordnet würden. Eisen stellt den niedrigsten Energiezustand dar, den Kerne haben können. Atomkerne möchten deshalb wohl gern Eisenkerne sein, aber diese Umwandlung wird fast immer von Energieschranken verhindert. Gewöhnlich braucht die Überwindung dieser Hürden entweder sehr hohe Temperaturen oder sehr lange Wartezeiten.

Stellen wir uns einen großen Festkörper vor, etwa einen Felsen oder vielleicht einen Planeten. Seine Struktur ist durch gewöhnliche elektromagnetische Kräfte eingefroren, wie jene, die die chemischen Bindungen herstellen. Statt ihre ursprüngliche nukleare Zusammensetzung zu behalten, könnte sich die Materie im Prinzip auch so umordnen, daß alle ihre Atomkerne aus Eisen bestehen. Dazu müßten die Kerne sowohl die elektrischen Kräfte überwinden, die die Materie zusammenhalten, als auch die abstoßenden elektrischen Kräfte, die die Kerne aufeinander ausüben. Diese elektrischen Kräfte bilden eine starke Energieschranke, sehr ähnlich zu der in der Abbildung auf S. 193. Um diese Hürde zu überwinden, müßten sich die Kerne in einem quantenmechanischen Tunnelprozeß neu ordnen. – Wenn die Kerne die Schranke einmal durchquert haben, bewirkt die anziehende starke Kraft die Fusion. – Dann würde der Klumpen Materie nukleare Aktivität zeigen, und wenn genug Zeit zur Verfügung stünde, würde der ganze Fels oder Planet zu reinem Eisen.

Wie lange würde diese nukleare Umordnung dauern? Bis sich ein Atomkern in einem Gestein in einen Eisenkern umgewandelt hat, sind näherungsweise fünfzehnhundert kosmologische Dekaden nötig. Falls dieser Kernprozeß möglich ist, setzt er Energie frei, denn die Eisenkerne entsprechen einem geringeren Energiezustand. Aber dieser Prozeß der kalten Kernverschmelzung kann niemals vollständig abgeschlossen sein. Er wird nicht einmal richtig in Gang kommen, denn alle Protonen werden lange vor der Umwandlung in Eisenkerne in kleinere Teilchen zerfallen sein. Selbst die Höchstlebensdauer von Protonen beträgt weniger als 200 kosmologische Dekaden, viel weniger als die enorme

Zeitspanne, die die kalte Fusion erfordert. Anders gesagt: Kerne zerfallen, bevor sie eine Chance haben, zu Eisen zu verschmelzen.

Ein anderer physikalischer Prozeß, der wegen seiner langen Dauer kosmologisch keine große Rolle spielt, ist das Tunneln entarteter Sterne in Schwarze Löcher. Weil Schwarze Löcher den niedrigsten Energiezustand einnehmen, der Sternen zur Verfügung steht, hat ein entartetes Objekt wie etwa ein weißer Zwerg mehr Energie als ein Schwarzes Loch mit derselben Masse. Der weiße Zwerg würde also Energie freisetzen, wenn er sich spontan in ein Schwarzes Loch verwandeln könnte. Diese Transformation findet normalerweise nicht statt, weil der Entartungsdruck, der den weißen Zwerg stabilisiert, eine Energieschranke darstellt.

Trotz dieser Energieschranke könnte der weiße Zwerg sich durch quantenmechanisches Tunneln in ein Schwarzes Loch verwandeln. Wegen des Unschärfeprinzips könnten sich alle (etwa 10^{57}) Teilchen, aus denen der weiße Zwerg besteht, in einem so kleinen Raum befinden, daß sie ein Schwarzes Loch bilden. Die für einen solch glücklichen Zufall erforderliche Zeit ist jedoch außerordentlich lang, nämlich etwa 10^{76} kosmologische Dekaden, also $10^{10^{76}}$ Jahren. Man kann gar nicht genug betonen, wie gewaltig groß diese Zahl ist, die ausgeschrieben einer 1 mit 10^{76} Nullen entspricht. Es wäre sinnlos, mit dem Aufschreiben auch nur zu beginnen, denn wir müßten dann für jedes Proton im heutigen beobachtbaren Universum eine Null schreiben, wobei es auf einige Größenordnungen hin oder her gar nicht ankäme. Überflüssig zu sagen, daß Protonen lange zerfallen und weiße Zwerge längst verschwunden sein werden, bevor das Universum die 10^{76}. kosmologische Dekade erreicht.

Was bei der langfristigen Ausdehnung wirklich passiert

Obwohl viele Ereignisse effektiv unmöglich sind, bleibt doch ein großer Bereich an Möglichkeiten. Vor allem hat das zukünftige kosmologische Verhalten damit zu tun, ob das Universum offen, flach oder geschlossen ist. Ein offenes oder flaches Universum wird sich immer ausdehnen, während ein geschlossenes Universum nach einer bestimmten Zeit wieder kollabiert, wobei diese Zeit vom Anfangszustand abhängt. Wenn wir jedoch auch spekulativere Möglichkeiten betrachten, erweist sich die zukünftige Evolution des Universums als viel komplizierter.

Das Grundproblem besteht darin, daß wir physikalisch sinnvolle Messungen und damit definitive Aussagen nur über den lokalen Teil des Universums machen können, den Teil innerhalb unseres heutigen kosmologischen Horizonts. Wir können die Gesamtdichte des Universums in diesem lokalen Bereich messen, der etwa 20 Milliarden Lichtjahre Durchmesser hat. Leider läßt sich jedoch das langfristige Schicksal des Universums nicht notwendigerweise aus Dichtemessungen in diesem lokalen Volumen erschließen, denn das Universum könnte ja viel größer sein.

Nehmen wir beispielsweise an, wir erhielten für die kosmische Dichte einen Wert, der größer ist als der für ein geschlossenes Universum. Wir würden dann folgern, daß unser Universum in Zukunft wieder zusammenfallen muß. Das Weltall wäre also anscheinend dazu bestimmt, eine immer rascher ablaufende Folge von Naturkatastrophen zu erleiden, bis es schließlich, wie im nächsten Abschnitt beschrieben, restlos kollabiert. Aber das ist nicht die ganze Geschichte. Unser lokaler Teil des Universums, der Teil, den wir in diesem Szenario eines Weltuntergangs als geschlossen erleben, könnte in einen viel größeren Bereich mit viel geringerer Dichte eingebettet sein. In diesem Fall würde nur ein Teil des gesamten Universums kollabieren. Der Rest, der möglicherweise den größten Teil des Universums ausmacht, könnte sich grenzenlos ausdehnen.

Man könnte behaupten, daß diese zusätzliche Komplikation nicht viel nützt – immer noch wäre unser eigener Teil des Universums zum Kollabieren bestimmt. Tod und Zerstörung wären lokal nicht zu vermeiden. Aber das Bild sieht im größeren Rahmen ganz anders aus. Wenn das größere Universum überdauert, ist der Tod unseres lokalen Teils nicht so tragisch. Wenn auf der Erde eine Stadt zerstört wird, etwa durch ein Erdbeben, ist das zweifellos schrecklich, aber nicht annähernd so schlimm, wie wenn der gesamte Planet vernichtet wird. Ebenso ist der Verlust eines kleinen Teils des gesamten Universums nicht so verheerend wie der Verlust des Ganzen. Immer noch könnten sich auch in ferner Zukunft irgendwo im Universum komplexe physikalische, chemische und biologische Prozesse abspielen. Die Zerstörung unseres lokalen Universums wäre lediglich eine weitere Katastrophe in der langen Reihe astrophysikalischer Desaster, die die Zukunft bringen könnte: Dazu gehören der Tod der Sonne, das Ende des Lebens auf der Erde, das Verdampfen und die Auflösung der Galaxis, der Zerfall der Protonen und damit die Zerstörung aller gewöhnlichen Materie, die Verdampfung Schwarzer Löcher und so weiter.

Das Überleben des größeren Universums eröffnet die Möglichkeit zum Entkommen, entweder durch wirkliche Fernreisen oder durch stellvertretende Flucht, bei der Information durch Lichtsignale übermittelt wird. Die Fluchtroute könnte kompliziert oder sogar inexistent sein – je nachdem, wie der geschlossene Bereich unserer lokalen Raumzeit mit dem größeren Bereich des Universums zusammenhängt. Die Tatsache, daß Leben woanders weitergehen kann, läßt jedoch hoffen.

Falls unser lokaler Bereich kollabiert, reicht möglicherweise die Zeit nicht, alle in diesem Buch beschriebenen astronomischen Ereignisse dort stattfinden zu lassen. Diese Prozesse würden jedoch irgendwann anderswo im Universum eintreten, weit weg von hier. Wieviel Zeit bis zum Kollaps des lokalen Universums verbleibt, hängt von der lokalen Dichte ab. Zwar ist die Dichte, wie astronomische Messungen nahelegen, jetzt so gering, daß es gar nicht zum Kollaps unseres lokalen Universums kommen wird, aber irgendwo in der Dunkelheit könnte ja noch mehr Materie lauern. Der größte Wert, den die lokale Dichte haben kann, ist etwa doppelt so groß wie die zum Schließen nötige. Selbst bei dieser maximalen Dichte kann das Universum frühesten in 20 Milliarden Jahren mit dem Kollaps beginnen. Dieser Zeitrahmen läßt uns mindestens 50 Milliarden weitere Jahre Zeit, bevor wir die lokale Fassung des großen Zusammenbruchs zu erwarten haben.

Es könnte ebenso umgekehrt sein. Unser lokaler Teil des Universums könnte auch wegen seiner relativ geringen Dichte zu ewigem Leben bestimmt sein. Falls aber dieser lokale Fleck der Raumzeit in einen viel größeren Bereich mit höherer Dichte eingebettet ist, würde unser lokales Universum Teil eines größeren zum Rekollabieren bestimmten Universums, wenn unser lokaler kosmologischer Horizont so groß wird, daß er den größeren Bereich mit höherer Dichte umfaßt. Dieses Szenario der Zerstörung erfordert, daß unser lokales Universum eine nahezu flache kosmologische Geometrie hat, so daß die Expansionsrate weiterhin stetig abnimmt. Aufgrund der fast flachen Geometrie können dann immer größere Bereiche des Metauniversums, dem allergrößten Rahmen, lokale Ereignisse beeinflussen. Dieser größere umfassende Bereich muß gerade so dicht sein, daß er schließlich wieder zusammenfällt, aber er muß auch so lange existieren – er darf also nicht zu früh kollabieren –, daß unser kosmologischer Horizont zu der erforderlichen Größe anwachsen kann.

Wenn diese Möglichkeiten im Kosmos verwirklicht werden, ist unser lokales Universum nicht »dasselbe« wie der viel größere Bereich des Universums, der es enthält. Damit würde das kosmologische Prinzip in hinreichend großen Bereichen verletzt – das Universum wäre nicht überall im Raum dasselbe, nämlich homogen, und nicht notwendigerweise in allen Richtungen gleich, also isotrop. Trotzdem würde unsere Verwendung des kosmologischen Prinzips für die Erforschung der Vergangenheit – etwa bei der Urknalltheorie – nicht ungültig, denn in unserem lokalen Bereich der Raumzeit, der jetzt einen Radius von etwa zehn Milliarden Lichtjahren hat, bleibt das Universum offensichtlich homogen und isotrop. Mögliche Abweichungen von der Homogenität und Isotropie sind auf größere Räume beschränkt und können sich deshalb nur in der Zukunft manifestieren.

Es überrascht ein wenig, daß wir auch dem größeren Teil des Universums, der zur Zeit außerhalb unseres kosmologischen Horizonts ist, Einschränkungen auferlegen können. Die kosmische Hintergrundstrahlung erweist sich bei Messungen als außerordentlich glatt, aber große Unterschiede in der Dichte des Universums würden, selbst wenn sie außerhalb unseres Horizonts sind, den glatten Strahlungshintergrund kräuseln. Wir können aus dem Fehlen großer Kräuselungen also schließen, daß große Dichteschwankungen, falls es sie gibt, sehr weit entfernt sein müssen. Dann aber kann unser lokaler Bereich des Universums ziemlich lange leben, bevor er ihnen begegnet. Eine große Dichteschwankung könnte sich in unserem Teil des Universums frühestens in 17 kosmologischen Dekaden bemerkbar machen. Aber vermutlich würde ein solches Ereignis, das das Universum verändert, erst viel später eintreten. In den meisten Fassungen der Theorie des inflationären Universums ist das Universum Hunderte und sogar Tausende kosmologischer Dekaden lang glatt und nahezu flach.

Der Endkollaps

Wenn das Universum (oder ein Teil davon) geschlossen ist, gewinnt die Schwerkraft ihren Kampf mit der Expansion und führt zum unvermeidlichen letzten Kollaps. Ein solches Universum beendet sein Leben mit einem Feuerwerk, das wir hier Endkollaps nennen. Viele der Anzeichen dieses endgültigen Zusammenbruchs wurden zuerst von Sir Martin Rees untersucht, Englands Königlichem Astronom. Es herrscht kein Mangel an Katastrophen, wenn das Universum zu diesem großen Finale ansetzt.

Obwohl sich das Universum wahrscheinlich unaufhörlich ausdehnen wird, sind wir relativ sicher, daß seine Dichte geringer ist als das Doppelte der kritischen Dichte. Wegen dieser Obergrenze beträgt die kleinste mögliche Zeitspanne, die bis zum Endkollaps verbleibt, etwa 50 Milliarden Jahre. Der jüngsten Tag ist nach menschlichen Maßstäben noch fern, und man sollte ruhig weiterhin seine Miete zahlen.

Nehmen wir an, daß das Universum zusammenfällt, wenn es in 20 Milliarden Jahren seine maximale Größe erreicht hat. Das Universum wäre dann etwa doppelt so groß wie heute und etwa halb so warm, weil die Temperatur der Hintergrundstrahlung dann etwa 1,4 Kelvin beträgt. Nachdem sich das Universum auf diese Minimaltemperatur abgekühlt hat, würde der Kollaps zu einer Erwärmung des Universums führen, die alle je erzeugten Gebilde – Galaxienhaufen, Galaxien, Sterne, Planeten und selbst die Elemente – zerstört.

Näherungsweise 20 Milliarden Jahre nach Beginn des großen endgültigen Zusammenbruchs hätte das Universum wieder die Größe und Dichte des heutigen Universums. Die dazwischen liegenden 40 Milliarden Jahren durchsteht das Universum im wesentlichen unverändert. Weiterhin entstehen Sterne, die ihre Entwickelung durchlaufen und sterben. Kleine Sterne, die wie unser Nachbar Proxima Centauri sparsam mit ihrem Brennstoff umgehen, haben nicht genug Zeit, sich wesentlich zu verändern. Einige Galaxien kollidieren und verschmelzen mit den elterlichen Galaxienhaufen, aber die meisten bleiben fast unverändert. Eine isolierte Galaxie braucht viel mehr als 40 Milliarden Jahre, bis sich die Kräfteverhältnisse in ihr verändern. In einer Umkehrung von Hubbles Gesetz würden sich einige Galaxien unserer Galaxis eher nähern statt davon zurückzuweichen. Nur dieser seltsame Hang zur Blauverschiebung könnte Astronomen einen Hinweis auf die bevorstehende Katastrophe vermitteln.

Ferne Galaxienhaufen, die durch die Leere des Raums verstreut sind und sich locker zu Klumpen und Filamenten sammeln, bleiben intakt, bis sich das Universum bis auf ein Fünftel seiner heutigen Größe zusammengezogen hat. Bei dieser hypothetischen zukünftigen Vereinigung verschmelzen Galaxienhaufen. Im heutigen Universum füllen Galaxienhaufen nur etwa ein Prozent des Volumens, dann aber, wenn das Universum nur noch ein Fünftel seiner jetzigen Größe hat, füllen sie praktisch den ganzen Raum. Das Universum gleicht dann einem gewaltigen Galaxienhaufen, die Galaxien aber behalten während dieser Epoche ihre Individualität.

Wenn der Kollaps weiterginge, wäre das Universum bald 100 Mal kleiner sein als heute. Das Universum hätte dann dieselbe mittlere Dichte wie eine Galaxie. Die Galaxien würden sich überlappen und Einzelsterne ließen sich nicht länger einer bestimmten Galaxie zuordnen, vielmehr wäre das ganze Universum dann eine einzige riesige Galaxie voller Sterne. Die Hintergrundtemperatur des Universums, wie wir sie der kosmischen Hintergrundstrahlung entnehmen, wächst auf 274 Kelvin an, liegt also nahe beim Schmelzpunkt von Eis. Da sich in dieser Epoche die Ereignisse immer mehr drängen, ist es angebrachter, vom anderen Ende der Zeit her zu denken, also vom Endkollaps aus zurückzurechnen. Wenn die Temperatur des Universums den Schmelzpunkt von Eis erreicht hat, bleiben noch zehn Millionen Jahre zukünftiger Geschichte übrig.

Bis zu diesem Zeitpunkt würde Leben auf erdähnlichen Planeten relativ unbeeinflußt von der kosmischen Evolution weitergehen, die sich im Hintergrund abspielt. Tatsächlich würde die Wärme des Himmels gefrorene Planeten wie Pluto, die durch die äußeren Bereiche eines jeden Sonnensystems treiben, schließlich schmelzen lassen und dem Leben im Universum damit überall eine letzte flüchtige Blütezeit ermöglichen. Dieser relativ kurze und letzte Frühling wäre beendet, wenn die Temperatur der Hintergrundstrahlung weiter ansteigt. Wenn es kein flüssiges Wasser mehr gibt, kommt es mehr oder weniger gleichmäßig überall im Universum zu Massenvernichtungen. Die Ozeane verkochen, der Nachthimmel wird heller als der Taghimmel, den wir heute auf der Erde sehen. Sechs Millionen Jahre vor dem großen Zusammenbruch müssen etwaige überlebende Lebensformen entweder tief in Planeten vergraben sein oder elaborierte und effiziente Kühlsysteme entwickeln.

Nachdem zuerst die Galaxienhaufen und dann die Galaxien effektiv zerstört worden sind, geraten die Sterne in die Schußlinie. Wenn nichts dazwischenkäme, würden die Sterne schließlich kollidieren und einander angesichts des fortwährenden und alles zermalmenden Kollaps zerreißen. Vor diesem grausamen Schicksal werden die Sterne jedoch bewahrt, weil sie allmählich zerstört werden, lange bevor das Universum die für Sternzusammenstöße nötige Dichte hat. Wenn die Temperatur der sich erbarmungslos kontrahierenden Hintergrundstrahlung höher ist als 4000 bis 6000 Kelvin, die typische Oberflächentemperatur eines Sterns, beeinflußt das Strahlungsfeld die Struktur der Sterne. Während im Sterninneren weiterhin ungehindert Kernreaktionen ablaufen, bringt das intensive äußere Strahlungsfeld ihre Oberflächen zum Verdampfen. Letztlich also ist der Strahlungshintergrund die Ursache für die Zerstörung der Sterne.

Wenn das Verdampfen der Sterne beginnt, ist das Universum etwa 2000 Mal kleiner als heute. In dieser turbulenten Epoche leuchtet der Nachthimmel so hell wie die Sonnenoberfläche. Dann läßt sich die Gewißheit des nahen Endes kaum noch verdrängen, denn die starken Strahlungsausbrüche zeigen an, daß weniger als eine Million Jahre verbleiben. Falls Astronomen genug technologischen Scharfsinn aufbrächten, um diese Ära zu überleben, könnten sie sich mit zweifelhaftem Vergnügen daran erinnern, daß ihre brodelnde Hölle eines Universums – Sterne, die in einen sonnenhellen Himmel eingebettet sind – dem Bild entspricht, das das Olberssche Paradoxon für ein unendlich altes und statisches Universum malt (siehe Textkasten auf Seite 51).

Alle Sternkerne oder braunen Zwerge, die bis zur Epoche der Verdampfung überlebt haben, werden ohne weitere Umstände zerrissen. Wenn die Hintergrundstrahlung zehn Millionen Kelvin erreicht, was vergleichbar ist mit den heutigen Bedingungen in den Zentralbereichen von Sternen, wird der gesamte verbleibende Kernbrennstoff entzündet, was mit immer heftigeren Explosionen und größeren Feuerwerken einhergeht. So tragen also stellare Objekte, die es schaffen, die Verdampfung zu überleben, wesentlich zur allgemeinen Weltuntergangsstimmung bei, indem sie zu futuristischen Fusionsbomben werden.

Das Schicksal der Planeten in einem kollabierenden Universum hat Ähnlichkeit mit dem der Sterne. Gasförmige Riesenplaneten wie Jupiter und Saturn verdampfen viel rascher als die Sterne und hinterlassen ihre Kerne, die sich nicht von terrestrischen Planeten unterscheiden. Alles flüssige Wasser auf der Oberfläche von Planeten ist dann längst verdampft, und bald ergeht es den Atmosphären ähnlich. Übrig bleibt nur öde und unfruchtbare Wüste. Das Gestein verflüssigt sich bis in immer größere Tiefen, und schließlich sind die Planeten vollständig geschmolzen. Die Schwerkraft hält die sterbenden geschmolzenen Reste zusammen, über denen sich erdrückende Silikat-Atmosphären aufbauen, die wiederum in den Raum hinein verdampfen. Die Planeten verschwinden so spurlos in der blendenden Hitze.

Wenn Planeten von der Bühne verschwinden, zerbrechen allmählich die Atome des interstellaren Raums in die Kerne und Elektronen, aus denen sie bestehen. Das Strahlungsfeld im Hintergrund ist so stark, daß die Photonen (Lichtteilchen) genug Energie haben, um die Elektronen zu befreien. Deshalb gibt es während der letzten etlichen 100 000 Jahre keine Atome mehr, und die Materie wird in geladene Teilchen zerbrochen. Die Wechselwirkung zwischen dem Feld der Hintergrundstrahlung und diesen geladenen Teilchen ist stark, und deshalb sind Materie und Strahlung eng gekoppelt. Die Photonen der kosmischen Hintergrundstrahlung, die seit der Epoche der Rekombination nahezu 60 Milliarden Jahre lang ungehindert reisen konnten, begegnen ihrer »nächsten« Streufläche.

Der Rubikon ist überschritten, wenn das Universum zu einem Zehntausendstel seiner jetzigen Größe geschrumpft ist. An diesem Punkt wird die Strahlungsdichte größer als die Materiedichte, genau wie es zuletzt kurz nach dem Urknall war. Das Universum wird erneut von Strahlung dominiert. Weil Materie und Strahlung unterschiedlich reagieren, wenn sie komprimiert werden, verläuft der Kollaps nach diesem Übergang etwas anders. Jetzt verbleiben nur noch 10 000 Jahre.

Drei Minuten vor dem letzten Zusammenbruch zerbrechen schließlich die Atomkerne. Diese besondere Art von Chaos geht weiter, bis nur noch eine Sekunde verbleibt und alle freien Kerne zerstört sind. Die jetzige Epoche der Anti-Nukleosynthese ist ganz anders als die wilde Zeit der Nukleosynthese in den ersten Minuten des Zeitalters des Urstoffs. In den ersten wenigen Minuten wurden nur die leichtesten Elemente hergestellt, vor allem Wasserstoff, Helium und ein Hauch von Lithium. In diesen letzten drei Minuten jedoch gibt es schwere Kerne aller Arten. Am festesten gebunden sind die Eisenkerne; ihr Zerbrechen erfordert am meisten Energie pro Teilchen. Ein kollabierendes Universum erzeugt jedoch immer höhere Temperaturen und Energien, und in diesem wilden Durcheinander müssen schließlich selbst die Eisenkerne nachgeben. In der letzten Sekunde im Leben des Universums gibt es keine Elemente mehr. Die Protonen und Neutronen sind wieder frei, so frei wie während der ersten Sekunde der kosmischen Geschichte.

Falls irgendeine Spur von Leben bis zu dieser Epoche überdauert hat, findet es sein Ende unweigerlich spätestens mit der Zerstörung der Kerne. Das ist der Punkt, nach dem es keine Umkehr mehr gibt; nichts hat auch nur entfernte Ähnlichkeit mit den auf Kohlenstoff basierenden Lebensformen, die wir auf der Erde kennen. Es gibt kein einziges Kohlenstoffatom mehr. Ein Organismus, der die Zerstörung von Sternen überleben könnte, müßte wirklich exotisch sein. Möglicherweise sind Wesen, die auf der starken Kraft basieren, Zeugen der letzten Sekunde.

Die allerletzte Sekunde hat Ähnlichkeit mit einem rückwärts laufenden Film vom Urknall. Nach der Zerstörung der Kerne, wenn das Universum nur eine Mikrosekunde vom Ende entfernt ist, zerbrechen auch die Protonen und Neutronen, und das Universum wird zu einem Meer freier Quarks. Während der Kollaps weitergeht, wird das Universum noch heißer und dichter, und es gelten andere Naturgesetze. Wenn das Universum eine Temperatur von etwa 10^{15} Kelvin erreicht, vereinigen sich die schwache Kernkraft und die elektromagnetische Kraft zur elektroschwachen Kraft. Dieses Ereignis stellt eine Art kosmologischen Phasenübergang dar, grob analog zum Schmelzen von Eis zu Wasser. Wenn wir zu höheren Energien übergehen und dem Ende der Zeit noch näher kommen, entfernen wir uns immer weiter von direkter experimenteller Bestätigung, und die Überlegungen werden notwendigerweise noch viel spekulativer. Wir machen trotzdem weiter. Schließlich bleiben dem Universum noch 10^{-11} Sekunden.

Der nächste wichtige Übergang passiert, wenn sich die starke Kraft und die elektroschwache Kraft vereinigen. Bei dieser sogenannten Großen Vereinheitlichung kommen die drei der vier Naturkräfte, die starke, schwache und die elektromagnetische Kraft, zusammen. Die Vereinheitlichung spielt sich bei der unglaublich hohen Temperatur von 10^{28} Kelvin ab, wenn nur noch 10^{-37} Sekunden verbleiben.

Das letzte große Ereignis, das wir in den Kalender eintragen können, ist die Vereinheitlichung der Schwerkraft mit den anderen drei Grundkräften. Dieser Meilenstein wird gesetzt, wenn das kollabierende Universum eine Temperatur von etwa 10^{32} Kelvin erreicht und ihm bis zum Zusammenbruch nur 10^{-43} Sekunden verbleiben. Diese Temperatur oder Energieskala ist allgemein als Planck-Skala bekannt. Leider kennen wir noch keine widerspruchsfreie Theorie der Physik auf dieser Energieskala, die durch die Konsolidierung aller vier

Naturkräfte gekennzeichnet ist. Wenn es beim Endkollaps zu dieser Vereinheitlichung der Kräfte kommt, zerbricht unser heutiges Verständnis der physikalischen Gesetze. Was danach kommt, wissen wir nicht.

DIE FEINABSTIMMUNG UNSERES UNIVERSUMS

Nachdem wir unmögliche und unwahrscheinliche Ereignisse betrachtet haben, schauen wir uns jetzt das außerordentlichste Ereignis an, das sich je abgespielt hat – die Entstehung des Lebens. Unser Universum ist für ein Leben, wie wir es kennen, ein gut geeigneter Ort. Für seine Entwicklung spielen sogar alle vier Fenster der Astrophysik eine wichtige Rolle. Planeten, unser kleinstes astronomisches Fenster, bieten dem Leben eine Heimat. Sie stellen die Petrischalen für die Entstehung, Entwicklung und Evolution des Lebens zur Verfügung. Offenbar sind auch Sterne wichtig, weil sie die Energiequelle liefern, die die biologische Evolution antreibt. Sterne spielen eine zweite wichtige Rolle als Alchemisten und Fabrikanten von Elementen, die schwerer sind als Helium – von Kohlenstoff, Sauerstoff, Kalzium und all den anderen, aus denen Lebewesen bestehen.

Es ist zwar weniger offensichtlich, aber auch die Galaxien sind für das Leben äußerst wichtig. Wenn nicht die Galaxien die Sterne zusammenhielten, könnten sich die von Sternen erzeugten schweren Elemente, die wesentlichen Bausteine sowohl von Planeten als auch von Lebensformen, über das ganze Universum zerstreuen. Mittels ihrer großen Masse und deren starker Gravitationsanziehung halten die Galaxien auch die chemisch angereicherten Gase zusammen, die beim Sternentod übrigbleiben und die in spätere Generationen von Sternen, in Planeten und in Menschen eingebaut werden. Die Gravitationsanziehung stellt also sicher, daß für spätere Sterngenerationen und steinige Planeten wie unsere Erde schwere Elemente zur Verfügung stehen.

Schließlich muß auch das Universum selbst die richtigen Eigenschaften haben, damit sich Leben entwickeln kann. Obwohl wir das Leben und seine Evolution noch nicht annähernd vollständig verstehen, ist eine Voraussetzung doch ziemlich sicher: Es braucht viel Zeit. Die Entwicklung der Menschheit erforderte auf unserem Planeten etwa vier Milliarden Jahre, und wir würden wetten, daß die Entwicklung intelligenten Lebens in jedem Fall mindestens eine Milliarde Jahre erfordert. Das Universum muß also Milliarden Jahre alt werden, um die Entwicklung von Leben zu ermöglichen, wenn die Biologie auch nur vage Ähnlichkeit mit der unseren haben soll.

Die Eigenschaften unseres Universums wirken zusammen und erschaffen eine chemische Umwelt, die die Evolution des Lebens begünstigt. Obwohl schwerere Elemente wie Kohlenstoff und Sauerstoff in Sternen synthetisiert werden, spielt auch Wasserstoff eine entscheidende Rolle. Aus ihm bestehen zwei der drei Atome von Wasser, H_2O, einem wesentlichen Bestandteil des Lebens auf unserem Planeten. Wenn wir bedenken, wieviele mögliche Universen es gibt und wie viele Eigenschaften sie haben könnten, wird deutlich, daß die primordiale Kernsynthese den gesamten Wasserstoff auch zu Helium und noch schwereren Elementen hätte verarbeiten können. Andererseits könnte sich das Universum mit so hoher Geschwindigkeit ausgedehnt haben, daß sich Protonen und Elektronen niemals zu Wasserstoffatomen hätten zusammenfinden können. In beiden oben erwähnten Fällen enthielte das Universum am Schluß keine Wasserstoffatome mehr, aus denen sich Wassermoleküle und damit gewöhnliches Leben bilden könnten.

Aus diesen Überlegungen folgt, daß unser Universum in der Tat genau die Eigenschaften hat, die unsere Existenz ermöglichen. Wenn die Naturgesetze gegeben sind, wie sie aus den Werten der Naturkonstanten, den Stärken der Grundkräfte und den Massen der Elementarteilchen folgen, bringt unser Universum ganz natürlich Galaxien, Sterne, Planeten und Leben hervor. Wären die Naturgesetze auch nur ein wenig anders, hätte unser Universum vollständig unbewohnbar und astronomisch verarmt sein können.

Wir veranschaulichen die erforderliche Feinabstimmung unseres Universums genauer. Galaxien, eine der für das Leben nötigen Größen, bilden sich, wenn die Schwerkraft ihren Kampf gegen die Ausdehnung des Universums gewinnt und lokale Bereiche kollabieren läßt. Wenn die Schwerkraft viel schwächer wäre oder die kosmologische Ausdehnungsrate viel größer, hätten sich bei dem jetzigen Alter des Kosmos keine Galaxien bilden können. Das Universum würde sich ausdehnen, aber es enthielte keine gravitativ gebundenen Strukturen, jedenfalls nicht zu dieser Zeit der kosmischen Geschichte. Wenn die Schwerkraft andererseits viel stärker wäre oder die Ausdehnungsrate viel langsamer, würde das ganze Universum endgültig kollabieren, noch bevor sich Galaxien bilden konnten. In jedem Fall würde sich in unserem heutigen Universum kein Leben entwickeln. Der interessante Fall eines Universums voller Galaxien und anderer großer kosmischer Strukturen erfordert also einen ausgewogenen Kompromiß zwischen der Stärke der Schwerkraft und der Ausdehnungsgeschwindigkeit. Und genau einen solchen Kompromiß hat unser Universum verwirklicht.

Im Fall der Sterne ist die nötige Feinabstimmung der physikalischen Theorie sogar noch genauer, weil Kernfusionsreaktionen in Sternen zwei für die Evolution von Leben entscheidende Aufgaben erfüllen, nämlich die Erzeugung von Energie und die Produktion schwerer Elemente wie Kohlenstoff und Sauerstoff.

Dazu müssen Sterne lange leben, in ihrem Inneren hinreichend hohe Temperaturen erreichen und relativ häufig sein. Das Universum muß viele besondere Eigenschaften aufweisen, damit sich alle Teile dieses Rätsels zu einem Bild zusammenfügen können.

Das läßt sich wohl am besten an einem Beispiel aus der Kernphysik erklären. Kernfusionsreaktionen und Kernaufbau hängen von der Stärke der starken Kernkraft ab. Atomkerne existieren als gebundene Strukturen, weil die starke Kraft stark genug ist, die Protonen zusammenzuhalten, selbst wenn die elektrische Abstoßung positiv geladener Protonen den Kern zu zersprengen sucht. Wäre die starke Kraft etwas schwächer, gäbe es einfach keine schweren Kerne. Das Universum würde keinen Kohlenstoff enthalten und also auch keine auf Kohlenstoff basierenden Lebensformen. Wäre die starke Kernkraft dagegen noch stärker, könnten Protonen paarweise zu sogenannten Diprotonen gebunden sein. In diesem Fall wäre die starke Kraft so stark, daß alle Protonen im Universum zu Diprotonen oder auch noch größeren Kernen gebunden wären und kein gewöhnlicher Wasserstoff übrig bliebe. Ohne Wasserstoff würde das Universum kein Wasser und deshalb keine vertrauten Lebensformen enthalten. Glücklicherweise wurde unserem Universum die Gnade der genau richtigen Art starker Kernkraft zuteil, die die Existenz von Wasserstoff, Wasser, Kohlenstoff und anderen für das Leben nötigen Elementen ermöglicht.

Entsprechend würde die Sternentwicklung auch stark beeinflußt, wenn die schwache Kernkraft eine ganz andere Stärke hätte. Wäre sie beispielsweise ähnlich stark wie die starke Kraft, würden Kernreaktionen in Sternen viel rascher ablaufen, und die Sterne würden viel weniger lang leben. Dann müßte die schwache Kraft anders heißen. Es gibt hier einen Spielraum, weil die Sternmassen so sehr unterschiedlich sein können – kleinere Sterne leben länger und könnten statt unserer Sonne die biologische Evolution ermöglichen. Aber der quantenmechanische Entartungsdruck hindert Sterne mit zu geringer Masse am Verbrennen von Wasserstoff. Selbst die langlebigsten Sterne hätten dann also eine wesentlich kürzere Lebenszeit. Wenn die maximale Lebenszeit eines Sterns unter eine Milliarde Jahre sinkt, ist die Entwicklung des Lebens deutlich in Gefahr. Die tatsächliche Stärke der schwachen Kraft, die Millionen Mal kleiner ist als die der starken, ermöglicht es der Sonne, ihren Wasserstoff so langsam zu verbrennen, wie es für die Evolution des Lebens auf der Erde erforderlich ist.

Die Entstehung der Planeten, der kleinsten für das Leben notwendigen astrophysikalischen Objekte, ist nur möglich, wenn das Universum schwere Elemente herstellt. Das erlegt den Kernreaktionen die schon umrissenen Zwänge auf. Außerdem setzt die Planetenbildung voraus, daß die Hintergrundtemperatur des Universums die Kondensierung von Festkörpern erlaubt. Wenn unser

Universum auch nur sechsmal kleiner und damit 1000 Mal so heiß wäre wie heute, würden interstellare Staubkörner verdampfen, und es gäbe keinen Rohstoff, aus dem sich steinige Planeten bilden könnten. In diesem heißen und hypothetischen Universum wäre auch die Bildung riesiger Planeten deutlich erschwert. Glücklicherweise ist das Universum kalt genug für die Entstehung von Planeten. Eine andere Überlegung gilt der langfristigen Stabilität eines einmal gebildeten Sonnensystems. In unserer heutigen Galaxis sind Zusammenstöße und enge Begegnungen von Sternen selten und schwach, weil die Entfernung zwischen den Sternen so groß ist. Wenn unsere Galaxie dieselbe Anzahl an Sternen enthielte, aber 100 Mal kleiner wäre, würde mit ziemlich hoher Wahrscheinlichkeit ein anderer Stern in unser Sonnensystem eindringen und die Planetenbahnen stören können. Eine solche kosmische Kollision könnte die Erdbahn verändern und unseren Planeten unbewohnbar machen oder auch die Erde aus dem Sonnensystem hinausschleudern. In jedem Fall würde ein solches Ereignis das Ende des Lebens bedeuten. Glücklicherweise ist die Zeit, in der in unserem Sonnensystem ein solcher kursverändernder Zusammenstoß zu erwarten ist, viel länger als die Zeit, die für die Entwicklung von Leben nötig ist.

Wir sehen, daß ein langlebiges Universum, das Galaxien, Sterne und Planeten enthält, ziemlich spezielle Werte für die Naturkonstanten voraussetzt, die die Stärken der Grundkräfte bestimmen. Diese Feinabstimmung führt zu der Grundfrage: Warum hat unser Universum genau die Eigenschaften, die letztlich zum Leben führen? Es ist eine wirklich bemerkenswerte Koinzidenz, daß die Naturgesetze gerade solche sind, die unsere Existenz ermöglichen. Das Universum hat anscheinend gewußt, daß wir kommen. Wenn die Bedingungen anders wären, gäbe es uns natürlich nicht, und wir könnten nicht über diese Frage nachdenken. Aber die Frage bleibt – Warum?

Der Versuch zu verstehen, warum die Naturgesetze sind, wie sie sind, bringt uns an die Grenzen der heutigen Wissenschaft. Es hat vorläufige Erklärungen gegeben, aber die Frage bleibt offen. Während die Wissenschaft des 20. Jahrhunderts ein Verständnis für die Beschaffenheit der Naturgesetze entwickelt hat, mit dem sie gut arbeiten kann, können wir hoffen, daß die Naturwissenschaft des kommenden Jahrhunderts uns verstehen läßt, warum die Naturgesetze diese Form haben. Schon gibt es erste wissenschaftliche Hinweise in dieser Richtung, und sie wollen wir jetzt betrachten.

Ewige Komplexität

Der scheinbare Zufall, daß das Universum ausgerechnet die Eigenschaften hat, die Leben ermöglichen, erscheint plötzlich viel weniger wunderbar, wenn wir uns den Gesichtspunkt zu eigen machen, daß unser Universum, der Bereich der Raumzeit, mit dem wir verbunden sind, nur eines von zahllosen Universen ist. So gesehen ist unser Universum nur ein kleiner Teil eines Multiversums, einer großen Gesamtheit von Universen, von denen jede ihre eigenen Variante der physikalischen Gesetze hat. In diesem Fall würde die Gesamtheit der Universen alle möglichen Variationen der Naturgesetze verwirklichen. Aber nur in jenen besonderen Universen mit den richtigen Fassungen der Naturgesetze könnte sich Leben entwickeln. Dann ist offensichtlich, daß wir zu einem Universum gehören, das die für Leben richtigen Eigenschaften hat.

Wir müssen den Unterschied zwischen »anderen Universen« und »anderen Teilen« unseres eigenen Universums verdeutlichen. Die großräumige Geometrie der Raumzeit ist möglicherweise sehr kompliziert. Wir leben jetzt in einem glatten Bereich eines Universums, das etwa 20 Milliarden Lichtjahre Durchmesser hat. Dieser Bereich stellt den Teil des Raums dar, der uns bis zu dieser Zeit beeinflussen kann. Je älter das Universum ist, um so größer wird der Bereich der Raumzeit, der Einfluß auf uns haben kann. In diesem Sinn enthält unser Universum um so mehr Raumzeit, je älter es ist. Es kann jedoch andere Bereiche der Raumzeit geben, die niemals kausalen Kontakt mit unserem Teil des Universums haben werden, ganz gleich, wie lange wir warten, ganz gleich, wie alt unser Universum wird. Diese anderen Bereiche wachsen und entwickeln sich vollständig getrennt von den physikalischen Ereignissen, die sich in unserem Universum abspielen. Solche Bereiche gehören zu anderen Universen.

Wenn wir die Möglichkeit der Existenz anderer Universen zulassen, scheint die Fülle der Zufälle, die dieses unser Universum darstellt, viel annehmbarer. Aber ist die Vorstellung, es gäbe andere Universen, überhaupt sinnvoll? Lassen sich multiple Universen von einer Theorie wie der Urknalltheorie oder ihren vernünftigen Erweiterungen erfassen? Überraschenderweise ist die Antwort ein klares Ja.

Der Begriff der ewigen Inflation wurde von dem berühmten, jetzt in Stanford in Kalifornien lebenden russischen Physiker Andrei Lind eingeführt. Grob gesagt bedeutet dieser theoretische Gedanke, daß zu allen Zeiten ein Bereich der Raumzeit irgendwo im Multiversum eine inflationäre Ausdehnung durchmacht. In diesem Bild bringt der Schaum der Raumzeit durch den Mechanismus der Inflation – wie in Kapitel 1 beschrieben – immer neue Universen ins Sein. Ein Teil dieser sich aufblähenden Bereiche entwickelt sich weiter und wird zu so interessanten Universen wie unser eigener lokaler Fleck der Raumzeit. In ihnen gelten Naturgesetze, die die Bildung von Galaxien, Sternen und Planeten bewirken. Einige dieser Bereiche können sogar intelligentes Leben entwickeln.

Dieser Gedanke ist sowohl physikalisch sinnvoll als auch sonst reizvoll. Selbst wenn unser Universum, unser eigener lokaler Bereich der Raumzeit dazu bestimmt ist, einen langsamen und qualvollen Tod zu sterben, wird es immer andere Universen geben. Irgendetwas ist immer da. Aus der größeren Perspektive, die die Gesamtheit der Universen einschließt, kann man das Multiversum als wahrhaft ewig betrachten.

Dieses Bild der kosmischen Evolution umgeht elegant eine der quälendsten Fragen, die sich aus der Kosmologie des 20. Jahrhunderts ergeben. Nehmen wir an, das Universum habe vor nur zehn Milliarden Jahren im Urknall begonnen. Was geschah dann vor dem Urknall? Diese verwirrende Frage nach dem, was »vor dem Beginn« war, zieht die Grenze zwischen Naturwissenschaft und Philosophie, zwischen Physik und Metaphysik. Wir können die Naturgesetze bis in die Zeit zurückverfolgen, zu der das Universum nur 10^{-43} Sekunden alt war, wenn auch mit um so weniger Gewißheit, je weiter wir in der Zeit zurückgehen. Noch frühere Zeiten sind unseren heutigen wissenschaftlichen Methoden jedoch völlig unzugänglich. Die Naturwissenschaft aber drängt ihre Grenzen immer weiter nach außen und macht auch auf diesem Gebiet erste Fortschritte. In dem größeren Zusammenhang, den die Vorstellung eines Multiversums und ewiger Inflation schafft, können wir sogar eine Antwort formulieren: Vor dem Urknall gab es – und gibt es noch heute – einen schaumigen Bereich hochenergetischer Raumzeit. Aus diesem kosmischen Schaum wurde vor zehn Milliarden Jahren unser eigenes Universum ins Sein befördert, und seitdem entwickelt es sich. Auf ähnliche Weise kommen fortwährend andere Universen ins Sein, und dieser Vorgang kann unendlich weitergehen. Zugegeben, diese Antwort bleibt etwas vage und ist vielleicht unbefriedigend. Trotzdem ist die Physik heute in der Lage, einen Versuch zu wagen, diese alte Frage zu beantworten.

Wenn wir mit der Idee der Multiversen vertraut sind, steht uns das nächste Gefecht der kopernikanischen Revolution bevor. Genau wie unser Planet in unserem Sonnensystem keine Sonderstellung einnimmt und unser Sonnensystem keine Sonderstellung im Universum, hat unser Universum keine Sonderstellung in der ungeheuer großen kosmischen Menge der Universen, die zum Multiversum gehören.

Eine Darwinsche Sicht der Universen

Die Raumzeit unseres Universums wird immer komplizierter, wenn das Universum älter wird. Am Anfang, unmittelbar nach dem Urknall, war unser Universum sehr glatt und homogen. Diese Anfangsbedingungen waren notwendig, damit sich das Universum zu seiner heutigen Form entwickeln konnte. Im Lauf der Entwicklung des Universums erzeugen jedoch Prozesse sowohl in Galaxien als auch in Sternen Schwarze Löcher, die die Raumzeit mit ihren inneren Singularitäten punktieren. Schwarze Löcher erzeugen gleichsam Löcher in der Raumzeit, die im Prinzip auch Verbindungen zu anderen Universen herstellen können. Möglicherweise wird der Samen zu neuen Universen, etwa den in Kapitel 5 eingeführten Kind-Universen, von der Singularität eines Schwarzen Lochs gelegt. In diesem Fall würde unser Universum ein neues Universum hervorbringen, das mit unserem durch ein Schwarzes Loch verbunden ist.

Wenn wir dieser Gedankenkette bis zu ihrer logischen Grenze folgen, ergibt sich ein äußerst interessantes Szenario für die Evolution von Universen im Multiversum. Wenn Universen neue Universen gebären können, lassen sich Begriffe wie Vererbung, Mutation und sogar natürliche Auslese auch im Rahmen einer physikalischen Theorie anwenden. Dieses evolutionäre Bild wurde vor allem von Lee Smolin vertreten, einem Physiker und Spezialisten auf dem Gebiet der Allgemeinen Relativitätstheorie und der Quantenfeldtheorie.

Nehmen wir an, daß die Singularitäten im Inneren Schwarzer Löcher zu anderen Universen führen können, wie bei der im vorigen Kapitel beschriebenen Bildung von Kind-Universen. Ihre Entwicklung verläuft im allgemeinen kausal getrennt von der unseres Universums. Diese Kind-Universen sind jedoch durch die Singularität in der Mitte des Schwarzen Lochs an unser Universum gebunden. Nehmen wir weiter an, daß die Naturgesetze in diesen neuen Universen ähnlich sind zu jenen in unserem Universum, aber nicht genau die gleichen. In der Praxis bedeutet diese Aussage, daß die Naturkonstanten, die Stärken der Grundkräfte und die Teilchenmassen ähnliche Werte haben, aber nicht identisch sind. Das Kind-Universum ererbt also eine Menge physikalischer Gesetze von seinem Eltern-Universum, aber ähnlich wie bei Mutationen von Genen bei der Reproduktion irdischer Organismen können etwas andere Gesetze gelten. Kosmologisch gesehen besteht große Ähnlichkeit, nicht aber Gleichheit zwischen Wachstum und Verhalten des Kind-Universums und des ursprünglichen Eltern-Universums. Dieses Bild der Vererbung ist also bei Universen völlig analog zu der bei biologischen Lebensformen.

Mit der Existenz von Vererbung und Mutation eröffnet sich für dieses Ökosystem von Universen die faszinierende Möglichkeit einer Evolution im Sinne Darwins. Die aus dieser kosmologischen Sicht »erfolgreichen« Universen sind solche, die sehr viele Schwarze Löcher erzeugen. Da Schwarze Löcher ein Ergebnis von Entstehen und Vergehen von Sternen und Galaxien sind, müssen erfolgreiche Universen sehr viele Sterne und Galaxien enthalten; außerdem erfordert die Entstehung Schwarzer Löcher viel Zeit. In unserem Universum bilden sich Galaxien in einem Zeitraum von einer Milliarde Jahre, massereiche Sterne aber leben und sterben im Zeitraum von nur Millionen Jahren. Damit sich sehr viele Sterne und Galaxien bilden können, müssen nicht nur die Naturkonstanten die richtigen Werte haben, sondern ein erfolgreiches Universum muß auch relativ langlebig sein. Ein Universum mit Sternen, Galaxien und einer langen Lebensdauer hat gute Chancen, Leben zu entwickeln. Erfolgreiche Universen haben also fast automatisch die richtigen Kennzeichen für die Entwicklung biologischer Lebensformen.

Die Evolution der Gesamtmenge der Universen verläuft analog zur biologischen Evolution hier auf der Erde. Erfolgreiche Universen erzeugen sehr viele Schwarze Löcher und gebären sehr viele Kind-Universen. Diese astronomischen Nachkommen erben von ihren Eltern-Universen unterschiedliche Arten physikalischer Gesetze, die ein wenig variieren. Die Mutationen, die zur Herstellung von mehr Schwarzen Löchern führen, führen auch zur Erzeugung von mehr Nachkommen. Im Verlauf der Evolution dieser Ökosysteme sind bei weitem die Universen am häufigsten, die sehr viele Schwarze Löcher, Sterne und Galaxien erzeugen. Eben diese Universen haben die besten Chancen, Leben hervorzubringen. Unser Universum hat, aus welchen Gründen auch immer, Eigenschaften, die es in die Lage versetzen, lange zu leben und viele Sterne und viele Galaxien hervorzubringen – unser eigenes Universum ist im Rahmen dieses großartigen Darwinschen Schemas erfolgreich. Aus dieser größeren Sicht ist unser Universum weder ungewöhnlich noch fein abgestimmt, sondern eher gewöhnlich und deshalb so, wie es zu erwarten ist. Dieses Bild mag spekulativ und kontrovers sein, aber es liefert doch eine elegante und ansprechende Erklärung dafür, warum unser Universum die beobachteten Eigenschaften hat.

Ein Vorstoss an die Grenzen der Zeit

In dieser kosmischen Biographie sind wir dem Universum auf seinem Weg von seiner brillanten, einzigartigen Entstehung durch den uns vertrauten heutigen Himmel und die bizarren gefrorenen Gewässer so weit wie möglich zu seinem letzten dunklen Ende gefolgt. Wenn wir versuchen, noch tiefer in den Abgrund zu spähen, können unsere Vorhersagen notwendigerweise nur Spekulation sein. Unsere gedachten Reisen durch die kosmische Zeit müssen deshalb in einer späten Zukunft aufhören oder jedenfalls bedauerlich unvollständig bleiben. In diesem Buch haben wir eine Zeitlinie konstruiert, die Hunderte von kosmologischen Dekaden umfaßt. Zweifellos werden einige Leser das Gefühl

Eine Raum-Zeit-Kapsel

Im Lauf dieser Biographie des Universums haben wir mehrmals die Möglichkeit erörtert, Signale an andere Universen zu senden. Beispielsweise könnte man einem im Labor hergestellten Universum ein kodiertes Signal eingeben, bevor es sich kausal von dem unseren trennt. Aber was würde man in einer solchen Botschaft, wenn man sie denn senden könnte, mitteilen?

Man möchte wahrscheinlich gern das Wesentliche unserer Kultur bewahren, also Kunst, Literatur und Wissenschaft. Sicher hat jeder Mensch eine Vorstellung davon, welche Teile unserer Kultur auf diese Weise bewahrt werden sollten. Zweifellos haben alle, die dies lesen, dazu eine andere Meinung, aber wir, die dies schreiben, wären Drückeberger, wenn wir nicht selbst eine Meinung dazu hätten, welcher Teil unserer Kultur archiviert werden sollte. Als Beispiel bieten wir eine Kurzfassung der Naturwissenschaft, oder genauer, der Physik und Astronomie. Zu den wichtigsten Botschaften, die weitergegeben werden sollten, könnten gehören:

- Materie besteht aus Atomen, die aus kleineren Teilchen bestehen.
- Im ganz kleinen haben Teilchen Welleneigenschaften.
- Es gibt vier Grundkräfte.
- Das Universum hat eine sich entfaltende raumzeitliche Struktur.
- Unser Universum enthält Planeten, Sterne und Galaxien.
- Physikalische Systeme entwickeln sich zu Zuständen geringer Energie und größerer Unordnung.

Diese sechs Punkte, deren universale Rolle jetzt klar sein sollte, können als die Juwelen unserer Errungenschaften in den physikalischen Naturwissenschaften gelten. Sie sind möglicherweise die wichtigsten physikalischen Einsichten, die der Menschheit bisher zugänglich waren. Wenn sie die Juwelen sind, dann ist die Krone zweifellos die wissenschaftliche Methode. Wenn sie befolgt und genug Zeit und Mühe aufgewandt wird, ergeben sich alle diese Ergebnisse von selbst. Wenn wir nur ein einziges Konzept an ein anderes Universum senden könnten, um die intellektuellen Leistungen unserer Kultur zu repräsentieren, wäre die wissenschaftliche Methode ein würdiger Botschafter.

haben, wir seien allzu arrogant, wenn wir die Geschichte so weit ausführen, während andere fragen mögen, warum wir an einem Punkt aufhören, der angesichts der Ewigkeit noch fast am Anfang ist.

Einer Tatsache können wir gewiß sein. Auf seiner Reise in die Dunkelheit der Zukunft zeigt das Universum eine bemerkenswerte, verworrene Kombination von Vergänglichkeit und Dauer. Obwohl das Universum selbst überdauern wird, gleicht praktisch nichts Zukünftiges je dem Gegenwärtigen. Das beständigste Merkmal unseres sich unablässig entwickelnden Universums ist Veränderung. Und dieser universale Vorgang unablässiger Verwandlung erfordert eine größere kosmologische Perspektive, anders gesagt, eine tiefgreifende Veränderung unserer Sichtweise. Weil sich das Universum fortwährend verändert, müssen wir die jetzige kosmologische Epoche begreifen, dieses Jahr und selbst den heutigen Tag. Jeder Augenblick in der Geschichte des sich entfaltenden Kosmos bietet einzigartige Möglichkeiten, eine Chance zu Größe, ein Abenteuer. In Übereinstimmung mit dem kopernikanischen Zeitprinzip wird jede zukünftige Zeit voller neuer Möglichkeiten sein.

Es ist nicht genug, eine passive Haltung einzunehmen und zu behaupten, gewisse Ereignisse seien eben unvermeidlich, und »das Vorherbestimmte klaglos geschehen zu lassen«. Gelegentlich wird Huxley die Behauptung zugeschrieben, sechs Affen, die Millionen Jahre stupide auf Schreibmaschinen einhämmerten, würden schließlich alle Bücher im British Museum geschrieben haben. Die gedachten Affen wurden längst vereinnahmt, um im Rahmen eines vagen oder defätistischen Denkens außerordentlich unwahrscheinliche Ereignisse zu rechtfertigen oder implizit große menschliche Leistungen als etwas darzustellen, das irgendwie aus dem Hut gezogen werden kann. Denn wenn etwas passieren kann, passiert es doch auch, oder etwa nicht?

Selbst unser rudimentäres Verständnis unserer kosmischen Zukunft zeigt die schiere Absurdität dieses Gesichtspunkts auf. Eine einfache Rechnung zeigt, daß die Zufallsaffen fast eine halbe Million kosmologischer Dekaden brauchen, viel mehr Jahre, als es im Universum Protonen gibt, um auch nur ein bestimmtes Buch zufällig zu produzieren.

Das Universum ist dazu bestimmt, sich oft und radikal zu verändern, bevor die Zufallsaffen ihre Arbeit auch nur beginnen können. Die Affen müssen in weniger als hundert Jahren an Altersschwäche sterben. Die rote Riesensonne läßt die Erde, und damit auch die Schreibmaschinen, in fünf Milliarden Jahren verkochen und in Vergessenheit geraten. Nach 14 kosmologischen Dekaden sind alle Sterne überall im Universum vollständig verbrannt, und dann könnten die Affen nicht einmal mehr die Tasten sehen. Die Galaxis verliert ihre Identität in der 20. kosmologischen Dekade, und dann werden die Affen höchstwahrscheinlich von dem Schwarzen Loch im galaktischen Zentrum verschlungen. Selbst die Protonen, aus denen die Affen und ihr Werk bestehen, sind zum Zerfall bestimmt, bevor 40 kosmologische Dekaden vergangen sind, wiederum lange bevor die Herkulesarbeit auch nur richtig in Gang ist. Wenn die Affen diese Katastrophe überleben würden und ihre Arbeit beim schwachen Schein Schwarzer Löcher fortsetzen könnten, würden ihre Bemühungen in der 100. kosmologischen Dekade gefährdet, wenn die letzten Schwarzen Löcher ihren explosiven Abgang machen. Sollten die Affen noch länger leben, etwa bis zur 150. kosmologischen Dekade, erwartet sie doch das ultimative Risiko eines kosmologischen Phasenübergangs.

Obwohl Affen, Schreibmaschinen und getippte Manuskripte schon oft ausradiert wurden, wenn die 150. kosmologischen Dekade kommt, hört die Zeit selbst jedoch sicherlich nicht auf. Wenn wir in den Nebel der Zukunft schauen, sind uns wohl unser Mangel an Fantasie und vielleicht auch ein mangelhaftes Verständnis der Physik hinderlicher als ein wirklich verdampftes Firmament. Die niedrigeren Energieniveaus und der anscheinende Mangel an Aktivität, die dem Universum bevorstehen, werden mehr als kompensiert durch die viel größeren zur Verfügung stehenden Zeitspannen. Wir können einer ungewissen Zeit mit Optimismus entgegensehen. Auch wenn unsere schöne Welt zum Vergehen bestimmt ist, warten viele faszinierende physikalische, astronomische, biologische und vielleicht auch intellektuelle Ereignisse darauf, sich zu entfalten, während unser Universum seine Reise in die Dunkelheit fortsetzt.

GLOSSAR

Aktiver Galaxienkern: Der Zentralbereich einer Galaxie mit einer energiereichen Strahlungsquelle, gespeist durch ein Schwarzes Loch.

Allgemeine Relativitätstheorie: Von Albert Einstein entwickelte umfassende Theorie von Raum, Zeit, Masse und Schwerkraft, wonach die Auswirkungen der Gravitation auf der Krümmung des Raum-Zeit-Kontinuums beruhen.

Anfängliche Massenfunktion: Die Verteilung der Sternmassen bei der Entstehung der ersten Sterne.

Antimaterie: Jede Art Teilchen hat ein zugehöriges Antiteilchen, ein Teilchen mit derselben Masse, aber entgegengesetzter Ladung. Diese Antiteilchen können sich mit ihren Teilchenpartnern vernichten. Teilchen und Antiteilchen vernichten sich bei einer Begegnung gegenseitig. Antimaterie besteht aus solchen Antiteilchen.

Baryogenese: Die Erzeugung von mehr Baryonen als Antibaryonen, der Prozeß also, der bewirkt, daß unser Universum vor allem aus Materie statt aus Antimaterie besteht.

Baryon: Ein aus geeigneten drei der sechs möglichen Quarks zusammengesetztes Teilchen. Die meisten Baryonen unseres Universums sind Protonen und Neutronen.

Baryonische Materie: Gewöhnliche Materie, die aus Protonen und Neutronen und möglicherweise anderen Baryonen besteht.

Brauner Zwerg: Ein sternähnlicher Körper, dessen Masse nicht zur Kernverschmelzung ausreicht und der zum Teil vom Entartungsdruck stabilisiert wird.

Chandrasekhar-Masse: Die Höchstmasse eines weißen Zwergs oder eines Neutronensterns; sie kann sich durch Entartungsdruck gegenüber dem Gravitationskollaps behaupten.

Dunkle Materie: Materie im Universum, die keine (oder sehr wenig) elektromagnetische Strahlung aussendet. Ein großer Teil der Masse des Universums hat diese Form und wurde nur indirekt aufgrund seiner Gravitationswirkung entdeckt. Um ein Beispiel zu nennen: Die Halos von Galaxien enthalten viel dunkle Materie.

Dynamische Entspannung: Der Vorgang, bei dem ein System, das selbst Schwerkraft ausübt, wie ein Sternhaufen oder eine Galaxie seine Struktur verändert. Begegnungen mit Sternen oder anderen Himmelskörpern verändern deren Bahnen, was unter Umständen die Massenverteilung und die Bewegungen im System beeinflussen kann.

Ediacara-Fauna: Weichschalige Lebewesen, die es vor über 800 Millionen Jahren auf der Erde gab.

Einbettungsdiagramm: Ein Mittel zur Veranschaulichung der Raumkrümmung in der Allgemeinen Relativitätstheorie. In solchen Diagrammen wird der Raum als zweidimensionale Oberfläche dargestellt, deren Krümmung die Raumzeitkrümmung veranschaulicht.

Elektromagnetische Kraft: Eine der vier Naturkräfte. Die elektromagnetische Kraft wirkt sowohl zwischen geladenen Teilchen als auch zwischen magnetischen Feldern.

Elektromagnetische Strahlung: Zu dieser Strahlung gehören sichtbare Lichtwellen und auch Strahlung mit anderen Wellenlängen, wie Gamma, Röntgen-, Ultraviolett-, Infrarot- und Radiostrahlung. In allen Fällen besteht die Strahlung aus oszillierenden elektrischen und magnetischen Feldern.

Endkollaps: Das Ereignis, das der Evolution eines rekollabierenden (geschlossenen) Universums ein Ende setzt. Dieser endgültige Zusammenbruch des Universums ist ein Zustand unendlich großer Dichte und Temperatur.

Entartungsdruck: Der Druck, der aufgrund des quantenmechanischen Unschärfeprinzips in einem sehr dichten kalten Gas erzeugt wird. Die Wellennatur der Teilchen verhindert, daß sie allzu eng zusammengepreßt werden und führt dadurch zu einem Druck. In diesem Fall hängt der Druck nur von der Gasdichte und nicht von der Temperatur ab.

Entropie: Eine Grundgröße der Thermodynamik, die ein Maß der Menge an Unordnung in einem physikalischen System darstellt. Nach dem zweiten Hauptsatz der Thermodynamik nimmt die Gesamt-Entropie eines isolierten physikalischen Systems niemals ab, sie nimmt also entweder zu oder bleibt konstant.

Ereignishorizont: Die Grenze, die ein schwarzes Loch vom übrigen Universum trennt. Diese imaginäre Fläche stimmt mit der Schwarzschildsphäre überein, wenn das Schwarze Loch nicht rotiert; bei einem rotierenden Schwarzen Loch ist sie kleiner.

Eukaryotische Zellen: Zellen, die einen Kern und Mitochondrien und/oder Chloroplasten enthalten und gewöhnlich zu mitotischer Zellteilung in der Lage sind. Die meisten der vertrauten großen Lebensformen der Erde, einschließlich Pflanzen, Tiere und Pilze, sind Organismen mit solchen Zellen.

Ewige Inflation: In dieser Fassung des Modells eines inflationären Universums macht immer irgendein Bereich der Raumzeit irgendwo im Multiversum eine inflationäre Phase der Expansion durch.

Finale Massenfunktion: Die Verteilung der Massen entarteter Sternreste nach Abschluß der Sternentwicklung. Zu diesen Sternresten gehören Neutronensterne und weiße und braune Zwerge.

Flaches Universum: Ein Universum, dessen Raum euklidisch ist und bei dem die Energiedichte den kritischen Wert hat (dichter als ein offenes Universum, aber weniger dicht als ein geschlossenes). Ein solches Universum dehnt sich unaufhörlich aus, die Ausdehnungsgeschwindigkeit nimmt jedoch fortwährend ab.

Flachheitsproblem: Ein Problem, das sich für die Theorie eines Universums ohne Inflation stellt. Damit ein so großes und nahezu flaches Universum wie das unsere entstehen kann, müssen ganz spezielle Anfangsbedingungen vorliegen. Insbesondere muß die Dichte des frühen Universums unglaublich genau mit dem kritischen Wert übereinstimmen.

Fluchtgeschwindigkeit: Die Geschwindigkeit, die ein Körper haben muß, um den Gravitationssog eines astronomischen Körpers zu überwinden und seine Oberfläche zu verlassen.

Geschlossenes Universum: Ein Universum, bei dem die Energiedichte ausreicht, die Ausdehnung anzuhalten, und das schließlich in einem Endkollaps zusammenbricht.

Gezeitenkräfte: Die auf einen Körper wirkende Gezeitenkraft ist gleich der Differenz zwischen der Schwerkraft, die auf die zugewandte und die abgewandte Seite des Objekts wirkt.

Gravitationsstrahlung: Wellenähnliche Störungen im Hintergrund der Raumzeit; nach der Allgemeinen Relativitätstheorie geben beschleunigte Massen auf diese Weise Energie ab.

Gravitonen: Die masselosen Teilchen, die die Gravitationskraft übermitteln. Das Graviton spielt für die Schwerkraft dieselbe Rolle wie das Photon für den Elektromagnetismus.

Große Vereinheitlichung: Bei sehr hohen Energien, etwa 10^{16} GeV oder 10^{29} Kelvin vereinigen sich die starken, schwachen und elektromagnetischen Kräfte zu einer einzigen Kraft. Diese Kräfte sind drei der vier Grundkräfte der Natur.

Großräumige Struktur des Universums: Die Strukturen, die Galaxien über ungeheure Entfernungen hinweg bilden.

Hadronen: Die Klasse der Teilchen, die aus Quarks und Antiquarks bestehen. Die Unterklasse solcher hadronischen Teilchen, die je drei Quarks enthalten, ist die der Baryonen, während die Unterklasse von Teilchen, die ein Quark und ein Antiquark enthalten, aus Mesonen besteht.

Hauptreihe: Im Hertzsprung-Russell-Diagramm liegen Sterne, in denen aufgrund ihrer Zusammensetzung das Wasserstoffbrennen möglich ist, auf der sogenannten Hauptreihe. Sterne verbringen den größten Teil ihres Lebens in diesem Zustand.

Hawking-Strahlung: Die von einem Schwarzen Loch aufgrund quantenmechanischer Effekte ausgesandte Strahlung. Dieser Prozeß führt dazu, daß Schwarze Löcher im Lauf sehr langer Zeiten verdampfen.

Heiße dunkle Materie: Teilchen mit relativ kleinen Massen (gewöhnlich etwa einem Milliardstel Protonenmasse), die sich zur Zeit der Entkopplung mit relativistischen Geschwindigkeiten bewegen.

Heliumblitz: Ein ungeheurer Energieausbruch, der gegen Ende der Lebenszeit eines Sterns eintritt. Diese Energie ist das Ergebnis thermonuklearer Fusionsprozesse, die in relativ kurzer Zeit Helium in Kohlenstoff verwandeln.

Hertzsprung-Russell-Diagramm: Eine graphische Darstellung der Sternzustände, bei der die Leuchtkraft auf der vertikalen Achse und die Oberflächentemperatur auf der horizontalen Achse aufgetragen wird. Die Entwicklung der Sterne folgt in dieser Darstellung wohlbekannten Bahnen.

Homogen: An jedem Raumpunkt gleich. Das Universum im ganz großen wird für homogen gehalten.

Horizontproblem: Ein Problem, das sich in einem Universum ohne Inflation stellt. Man beobachtet in allen Richtungen unseres Universums nahezu dieselbe Temperatur der kosmischen Hintergrundstrahlung, obwohl nicht alle Teile des Universums zu früheren Zeiten kausalen Kontakt hatten (falls es keine Inflation gab).

Hubble-Expansion: Die Ausdehnung des Universums, wie sie von der Urknalltheorie vorhergesagt und von Astronomen gemessen wird. Von jedem Bezugspunkt aus nimmt die Ausdehnungsgeschwindigkeit ferner Galaxien mit der Entfernung zu; diese Beziehung ist als Hubble-Gesetz bekannt.

Inflationäres Universum: Eine Ergänzung der Urknalltheorie des Universums. Danach beschleunigt sich die Ausdehnung in der frühen Entwicklung des Universums außerordentlich rasch.

Interstellares Medium: Die Staub- und Gasmassen, die den Raum zwischen Sternen in einer Galaxie füllen.

Isotrop: In allen Richtungen gleich. Das Universum im ganz großen wird für isotrop gehalten. Siehe auch *homogen*.

Kalte dunkle Materie: Materie, deren Teilchen sich aufgrund ihrer relativ großen Masse (gewöhnlich größer als die Protonenmasse zur Zeit der Entkopplung) langsam bewegen und keine elektromagnetische Strahlung abgeben, also dunkel sind. Vermutlich sind solche Teilchen schwach wechselwirkend.

Kambrische Explosion: Plötzlicher starker Ausbruch der Artenbildung, der sich vor 540 Millionen Jahren auf der Erde abspielte.

Kausaler Kontakt: Wenn ein Ereignis, das sich an einem Ort und zu einer Zeit abspielt, etwas beeinflussen kann, das sich an einem anderen Punkt in Raum und Zeit abspielt, sagt man, diese beiden Ereignisse seien in kausalem Kontakt.

Kernspaltung, Fission: Kernreaktion, bei der sich ein großer Kern in kleinere Kerne und oft auch einzelne Neutronen spaltet.

Kernsynthese, Kernentstehung: Die Bildung von Elementen durch Kernreaktionen. Leichte Elemente bildeten sich in der frühen Geschichte des Universums, schwere bilden sich in Sternen.

Kernverschmelzung, Fusion: Kernreaktion, bei der sich zwei oder mehr Kerne zu einem größeren (schwereren) Kern verbinden. Solche Fusionsreaktionen liefern die Energiequelle für gewöhnliche Sterne und werden oft als Kernbrennen bezeichnet.

Kopernikanische Revolution: Der Gedanke, daß die Erde keine Ausnahmestellung im Raum einnimmt.

Kopernikanisches Zeitprinzip: Der Gedanke, daß die jetzige kosmologische Epoche keine Ausnahmestellung einnimmt.

Kosmische Hintergrundstrahlung: Die vom Urknall übriggebliebene diffuse Wärmestrahlung.

Kosmologie: Die Erforschung des Ursprungs und der Evolution des Weltalls.

Kosmologische Konstante: Eine von Einstein in seine Gravitationsgleichung eingeführte Konstante, die jetzt oft als Energiedichte des Vakuums interpretiert wird. Es ist eine offene Frage, warum ihr Wert so klein ist (er ist 120 Größenordnungen kleiner, als er aufgrund einfacher teilchenphysikalischer Schätzungen sein sollte).

Kosmologischer Wärmetod: Ein Zustand des expandierenden Universums, in dem die Entropie nicht mehr zunimmt. In einem solchen Universum können sich keine interessanten physikalischen Vorgänge abspielen; das Universum ist öde und leblos.

Kosmologisches Prinzip: Besagt, daß das Universum homogen und isotrop ist.

Kugelhaufen: Sehr dichte Sternhaufen; einige dieser Kugelhaufen gehören zu den ältesten Objekten des Universums und enthalten vermutlich die ältesten Sterne.

Leptonen: Eine bestimmte Klasse von Elementarteilchen, zu der Elektronen, Myonen, Tauonen und die zugeordneten Neutrinos gehören. Die Kennzeichen dieser Teilchen sind halbzahliger Spin, keine Farbladung und eine näherungsweise erhaltene Eigenschaft, die Leptonenzahl genannt wird.

Leuchtkraft: Die Energieerzeugungsrate (Leistung) eines Himmelskörpers.

Metastabiler Zustand: Eine Konfiguration eines physikalischen Systems, in dem ein hoher Energiezustand relativ lange Bestand hat. Es gibt einen niedrigeren Energiezustand, aber Übergänge zum niedrigeren Energiezustand werden durch Energieschranken gehemmt, und deshalb verbleibt das System lange in seinem höheren Energiezustand.

Multiversum: Ein großer Bereich der Raumzeit, zu dem eine Gruppe von Universen gehört, die jeweils eigene Eigenschaften haben.

Neutrino: Ein Elementarteilchen ohne Ladung und mit sehr wenig oder keiner Masse. Auf Neutrinos wirkt nur die schwache Kraft und die Schwerkraft.

Neutronenstern: Ein kleiner kompakter Himmelskörper, der durch den Entartungsdruck von Neutronen aufrechterhalten wird. Diese Sternreste haben Massen zwischen einer und zwei Sonnenmassen und sind letzendlich nach der Entwicklung und dem Tod massereicher Sterne übriggeblieben.

Offenes Universum: Ein Universum, bei dem die Energiedichte nicht ausreicht, um die Ausdehnung zu beenden. Ein offenes Universum dehnt sich immer weiter aus.

Olbersches Paradoxon: Ein Problem, das sich in einem statischen, unveränderlichen und unendlich alten Universum stellt. In einem solchen Universum wäre der Nachthimmel so hell wie ein Stern.

Panspermia, auch ***exobiologische Hypothese:*** Die Auffassung, daß das Leben auf der Erde irgendwo in der Galaxis entstanden ist und von Meteoren, Asteroiden oder Kometen auf die Erde gebracht wurde.

Phasenübergang: Der Übergang von einem homogenen Materiezustand in einen anderen. Bekannte Beispiele sind das Gefrieren von Wasser zu Eis oder das Verdampfen von Wasser.

Photon: Das Quantum, das zu elektromagnetischen Feldern, also auch zu Licht gehört. Photonen bewegen sich mit Lichtgeschwindigkeit. Je kürzer die Wellenlänge, um so größer die Energie.

Plancks Konstante: Die grundlegende Naturkonstante, oft geschrieben als $\hbar = h/2\pi = 1{,}05 \times 10^{-27}$ erg sec, die die Größenordnung quantenmechanischer Prozesse bestimmt.

Planck-Skala: Hypothetische Energieskala, bei der die Schwerkraft mit den anderen drei Grundkräften der Natur vereinheitlicht wird. Diese Energie beträgt etwa 10^{19} GeV oder 10^{32} Kelvin.

Positron: Das positiv geladene Antiteilchen des Elektron, gewöhnlich als e+ bezeichnet.
Positronium: Ein atomähnliches Gebilde, das aus einem Elektron und einem Positron besteht, die einander umlaufen.
Primordiales Schwarzes Loch: Ein Schwarzes Loch, das im frühen Universum erzeugt wurde. Diese wohl kleinsten schwarzen Löcher sind bisher rein hypothetisch.
Protonenzerfall: Ein vermuteter Prozeß, bei dem das Proton in leichtere Teilchen wie Photonen, Positronen und Neutrinos zerfällt. Die mittlere Lebensdauer eines Protons ist sehr lang, mindestens 10^{32} Jahre, viel länger als das jetzige Alter des Universums.
Protostern: Ein Stern, der noch im Prozeß der Entstehung ist, wozu er dem interstellaren Medium Masse entzieht.
Quantengravitation: Ein Bereich der Physik, in dem die Beschreibung der Vorgänge sowohl die Quantenmechanik als auch die Allgemeine Relativitätstheorie erfordert. Physiker arbeiten noch an einer widerspruchsfreien Theorie der Quantengravitation.
Quantenmechanik: Die physikalische Theorie, die das Verhalten atomarer und subatomarer Teilchen beschreibt.
Quarks: Die grundlegenden Bestandteile, aus denen Protonen, Neutronen und überhaupt alle als Hadronen bezeichneten zusammengesetzten Teilchen bestehen.
Quasar: Eine junge Galaxie mit einer energiereichen Strahlungsquelle, die vermutlich von einem supermassiven Schwarzen Loch angetrieben wird.
Rekombination: Die Epoche in der Geschichte des Universums, in der sich zuerst Elektronen mit Kernen zu gewöhnlichen Atomen verbanden; die Rekombination begann, als das Universum etwa 300 000 Jahre alt war.
Roter Zwerg: Ein anderer Name für einen Stern, der nur etwa 10 bis 40 Prozent der Sonnenmasse hat, also massearm ist. Rote Zwergsterne gehören zu den zahlreichsten und langlebigsten Sternen.
Rotverschiebung: Wenn sich eine Lichtquelle, etwa ein Stern oder eine Galaxie, von uns entfernt, verschiebt sich ihre Strahlung zu geringeren Frequenzen und damit größeren Wellenlängen (zum roten Ende des Spektrums) hin.
Ruheenergie: Die Energie, die in der Masse eines Objekts enthalten ist, wenn es sich nicht bewegt; sie wird auch als Ruhemasse bezeichnet. Bei der vollständigen Vernichtung eines Objekts wird die Energie $E = mc^2$ freigesetzt.
Schwach wechselwirkende massereiche Teilchen: Teilchen, die vermutlich einen Teil der dunklen Materie im Universum ausmachen. Auf sie wirken nur die Schwerkraft und die schwache Kraft. Ihre Masse beträgt vermutlich näherungsweise das Zehnfache der Protonenmasse.

Schwache Kernkraft: Diejenige der vier Naturkräfte, die den radioaktiven Zerfall bewirkt und bei einigen Kernverschmelzungsprozessen eine Rolle spielt.
Schwarzer Körper: Ein Körper mit konstanter Temperatur, der alle auf ihn fallende Strahlung absorbiert; ein solches Objekt sendet Licht mit einem genau definierten Strahlungsspektrum aus.
Schwarzes Loch: Ein Objekt, das das Raumzeit-Kontinuum so stark verzerrt, daß selbst Licht seiner Oberfläche nicht entkommen kann.
Schwarzschild-Radius: Der Radius der Oberfläche eines Schwarzen Lochs. Ein Körper kann nur dann ein Schwarzes Loch werden, wenn er auf diesen Radius zusammengepreßt wird.
Singularität: Ein Punkt der Raumzeit mit unendlicher Dichte (und auch Temperatur und Druck). An solchen Punkten versagt die Vorhersagekraft physikalischer Gesetze. Im Universum entstehen Singularitäten in der Mitte Schwarzer Löcher, zu Beginn eines Urknall-Universums und in den allerletzten Augenblicken eines rekollabierenden Universums.
Starke Kernkraft: Eine der vier Naturkräfte. Die starke Kraft hält Protonen und Neutronen in Atomkernen zusammen und spielt eine wichtige Rolle bei der Kernverschmelzung.
Stellares Schwarzes Loch: Ein Schwarzes Loch mit Sternmasse ungefähr im Bereich von 3 bis 30 Sonnenmassen. Solche Schwarzen Löcher können von einer Supernova-Explosion erzeugt werden, die durch den Tod eines massereichen Sterns ausgelöst wird.
Sternreste: Endprodukte der Sternentwicklung wie Schwarze Löcher, Neutronensterne, weiße und manchmal auch braune Zwerge.
Strahlungsdominiertes Zeitalter: Eine Frühphase in der Geschichte des Universums, in der die Energiedichte der Strahlung größer war als die der gewöhnlichen Materie. Diese Phase dauerte etwa einige tausend Jahre.
Supermassives schwarzes Loch: Großes Schwarzes Loch mit Millionen bis Milliarden Sonnenmassen. Diese gigantischen Schwarzen Löcher gibt es im Zentrum der meisten Galaxien, wo sie die Energie für aktive galaktische Kerne und Quasare liefern.
Supernova: Heftiger Ausbruch eines voll entwickelten Sterns, der seinen Brennstoffvorrat nahezu aufgebraucht hat.
Treibhauseffekt: Ein Mechanismus, bei dem die Zufuhr bestimmter Gase in die Atmosphäre eines Planeten dazu führt, daß mehr Wärme gespeichert und damit die Oberflächentemperatur des Planeten erhöht wird.
Unschärfeprinzip: Eigenschaft von Quantensystemen (und anderer wellenähnlichen Systeme). Es behauptet, daß Impuls und Ort eines Teilchens nicht gleichzeitig mit absoluter Sicherheit bekannt sein können.

Urknall: Die Explosion am Anfang der Evolution des Universums, der die Zeit $t = 0$ zugeschrieben wird. Zu diesem Zeitpunkt bestand ein Zustand unendlich großer Dichte und Temperatur.
Vakuumenergiedichte: Die Energie, die im leeren Raum steckt. Im Prinzip kann diese Energie sehr wesentlich sein, deshalb ist der »leere Raum« nicht wirklich leer. Diese Energieform kann zu einer abstoßenden Schwerkraft führen und das Universum in eine Phase inflationärer Expansion treiben.
Virtuelle Teilchen: Teilchen, die sich aus dem quantenmechanischen Unschärfeprinzip ergeben. Solche Teilchen sind sehr kurzlebig.
Wärmetod: Die Auffassung, daß keine Arbeit mehr geleistet werden kann, wenn das Universum im vollständigen thermodynamischen Gleichgewicht ist. Wenn das Universum den Wärmetod erleidet, wird es öde und leblos.
Weißer Zwerg: Ein Sternrest, dessen Stabilität auf dem Entartungsdruck von Elektronen beruht. Sterne mit Massen zwischen einem Zehntel und dem Achtfachen der Sonnenmasse beenden ihr Leben als weiße Zwerge.
Wurmloch: Dieses hypothetische Gebilde stellt eine Verbindung zwischen zwei Schwarzen Löchern her, die entweder zu getrennten Universen oder zu getrennten Bereichen unseres Universums gehören. Ein Wurmloch überbrückt den Abstand zwischen zwei Schwarzen Löchern.
Zeitalter der Dunkelheit: Ein zukünftiger Zeitabschnitt (nach der 100. kosmologischen Dekade), in dem es keine Sterne mehr gibt und die Schwarzen Löcher verdampft sind. Es gibt dann nur noch Abfallprodukte: Elektronen, Positronen, Neutrinos und Strahlung.
Zeitalter der entarteten Sterne: Ein zukünftiger Zeitabschnitt (kosmologische Dekaden 15 bis 39), in dem die wichtigsten Bestandteile entartete sternähnliche Objekte darstellen, die bei der Sternentwicklung übriggeblieben sind: Braune Zwerge, weiße Zwerge, Neutronensterne und Schwarze Löcher.
Zeitalter der leuchtenden Sterne: Zeitraum in der Entwicklung des Universums, in dem Sterne die wichtigste Energiequelle darstellen. Wir Heutigen leben in dieser Epoche, die die kosmologischen Dekaden 6 bis 14 umspannt.
Zeitalter der Schwarzen Löcher: Eine zukünftige Epoche (kosmologische Dekaden 40 bis 100), in der die Schwarzen Löcher die wichtigsten Bestandteile des Universums sind.
Zeitalter der Urmaterie: Die früheste Phase in der Geschichte unseres Universums, vor der Bildung astronomischer Strukturen. Bevor das Universum eine Million Jahre alt war, enthielt es keine Sterne, Galaxien oder Haufen.
Zeitdilatation: Ein relativistischer Effekt, der den Lauf der Zeit verlangsamt. Die Zeitdilatation tritt bei Objekten ein, die sich nahezu mit Lichtgeschwindigkeit bewegen, und für Objekte in der Nähe der Oberfläche eines Schwarzen Lochs.

ANMERKUNGEN

Statt den Fluß des Textes mit Fußnoten und Querverweisen zu belasten, geben wir für jedes Kapitel einen kurzen wissenschaftlichen Überblick über die Thematik. Im folgenden skizzieren wir kurz wichtigen Themen und geben entsprechende Hinweise auf die Fachliteratur. Die Verweise beziehen sich auf die nachfolgende Literaturliste. In einigen Fällen zitieren wir der Kürze halber nur repräsentative Literatur.

EINLEITUNG

Ein großer Teil des in diesem Buch behandelten Stoffs beruht auf einer Übersichtsarbeit, die die Physik des zukünftigen Universums umreißt (Adams und Laughlin 1997, ab jetzt AL97 genannt; siehe auch Adams und Laughlin 1998). Es gibt eine Reihe älterer Arbeiten, die sich mit der Zukunft des Universums befaßt haben. So betrachtete Rees (1969) das Schicksal eines geschlossenen Universums, während Islam (1977, 1979) und Dyson (1979) den Fall eines offenen oder flachen Universums behandelten, das sich immer weiter ausdehnt. Eine Reihe anderer Arbeiten behandelt spezielle Themen, etwa die Folgerungen aus dem Protonenzerfall (Feinberg 1981; Dicus et al. 1982, Turner 1983) und die Bildung von Positronium (Page und McKee 1981a, b). Eine allgemeine Übersicht über das Thema findet sich bei Islam (1983) und Davies (1994).

Eine entscheidende Frage ist, ob sich das Universum unaufhörlich ausdehnen wird oder jedenfalls so lange besteht, wie es der in diesem Buch dargestellten Zeitlinie entspricht. Heutige astronomische Daten deuten an, daß die Dichte nicht größer ist als die kritische Dichte, deshalb steht der Welt eine fortwährende Expansion bevor (siehe die neueren Übersichten von Dekel, Burstein und White 1997 und die dort gegebenen Literaturhinweise).

Die Grundlagen der Astronomie und die Beschreibung der vier Naturkräfte finden sich in vielen Lehrbüchern (z.B. Shu 1982; siehe auch Zuckerman und Malkan 1996). Shu (1982) schildert auch den Konflikt zwischen Schwerkraft und Thermodynamik.

Die Begriffe der kosmologischen Dekaden, das kopernikanische Zeitprinzip und die Zeitalter des zukünftigen Universums wurden in dem Übersichtsartikel von AL97 eingeführt. In der herkömmlichen Urknallkosmologie wird die Vergangenheit des Universums gewöhnlich in die strahlungsdominierte und die materiedominierte Epoche aufgeteilt. Der Übergang spielte sich ab, als das Universum etwa 2000 Jahre alt war (die genaue Zahl ist, wie alle kosmologischen Parameter dieses Buchs, einigermaßen ungewiß). Diese Zeitspannen werden durch die Art der kosmologischen Expansion bestimmt. Wir beschreiben die Zeitalter im vorliegenden Buch jedoch anhand der astronomischen Objekte, die in ihnen jeweils vorherrschen. Das primordiale Zeitalter, in dem es weder Sterne noch astronomische sternähnliche Gebilde gibt, ist fast synonym mit der strahlungsdominierten Epoche, erstreckt sich aber bis zur Bildung der ersten Sterne in die materiedominierte Epoche hinein.

Die Skalierungs-Hypothese für Lebensformen wurde von Dyson (1979) eingeführt. Die oft erzählte Geschichte von Kopernikus und Bruno läßt sich vielerorts nachlesen (siehe z.B. Jochen Kirchhoff, Giordano Bruno, Rowohlt 1980 und die Sammlung von Knickerbocker 1927). Die Bildung von Planeten um Sterne wird seit Jahrhunderten erörtert (Kant 1755; Laplace 1796), aber erst kürzlich wurden Planeten entdeckt, die benachbarte Sterne umlaufen (Mayor und Queloz 1995; Marcy und Butler 1996; Marcy und Butler 1998 geben eine neuere Übersicht über das Thema und Croswell 1997 gibt eine allgemeinverständliche Abhandlung).

1. Das Zeitalter der Urmaterie

Dieses Kapitel stellt die heutige Fassung der Urknalltheorie dar, einschließlich einer inflationären Epoche. Eine umfassende Übersicht über die moderne Kosmologie findet sich bei Kolb und Turner (1990), eine klassische allgemeinverständliche Behandlung der Urknalltheorie bei Weinberg (1977) und eine kritische Erörterung der Themen der heutigen Kosmologie in dem von Turok (1977) herausgegebenen Konferenzbericht.

Das inflationäre Universum wurde in Guth (1981) eingeführt. Andere wichtige frühe Arbeiten sind Albrecht und Steinhardt (1982); Linde (1982, 1983a),

Bardeen, Steinhardt und Turner (1983), Guth und Pi (1982); Steinhardt und Turner (1984). Umfassenden Lehrbuchdarstellungen der Inflation kann man sowohl bei Linde (1990) als auch bei Kolb und Turner (1990) nachlesen. Eine populärwissenschaftliche Variante des Themas stellt Guth (1997) dar.

Wenn wir sagen, daß sich während der Inflation »Raumpunkte mit mehr als Lichtgeschwindigkeit voneinander entfernen«, meinen wir genauer, daß der Skalenfaktor R(t) rascher anwächst als eine lineare Funktion der Zeit t (was die übliche Form $R(t) \propto e^{Ht}$ einschließt).

Die kosmische Hintergrundstrahlung wurde von Penzias und Wilson (1965) entdeckt. Zwei Jahrzehnte später zeigte der COBE-Satellit, daß ihr Spektrum einem Schwarzkörperspektrum sehr nahekommt und wies geringe Temperaturschwankungen $\Delta T/T{\sim}10^{-5}$ nach (Wright et al. 1992; Smoot et al. 1992). Nachfolgende Beobachtungen von erdgebundenen Observatorien haben Schwankungen der kosmischen Hintergrundstrahlung in kleineren Winkelmaßen geliefert (z. B. Meyer et al. 1991; Gaier et al. 1992; Shuster et al. 1993).

Die Baryogenese ist der Vorgang, durch den ein Überschuß der Materie über die Antimaterie erzeugt wird. Die Grundlagen der Verletzung der Baryonenzahl, Reaktionen, die das Gleichgewicht verletzen und die fehlende Zeitumkehr wurden zuerst von Sakharov beschrieben (1967). Ein neuere Übersicht gibt Dolgov (1992).

Die Kernsynthese des Urknalls begann mit Alpher, Bethe und Gamow (1948: siehe auch Gamow 1946) und wurde von Wagoner (1973) fortgeführt; sie wurde dann rasch zu einem hochspezialisierten Forschungsgebiet (z.B. Walker et al. 1991). Eine gute Darstellung gibt das Lehrbuch von Kolb und Turner (1990).

Die Existenz nichtbaryonischer dunkler Materie muß aufgrund von Massenmessungen in galaktischen Halos und Galaxienhaufen und den Ergebnissen der Kernsynthese im Urknall zwingend angenommen werden (siehe beispielsweise den Übersicht von Krauss 1986). Obwohl einige allgemeine Eigenschaften, die solche Materie haben müßte, bekannt sind , konnte dunkle Materie noch nicht direkt nachgewiesen werden(siehe z.B. Diehl et al. 1995; Jungman et al. 1996; Spooner 1997 und auch Lawrence Krauss 1995).

2. Das Zeitalter der leuchtenden Sterne

Obwohl die Galaxienbildung immer noch ein aktuelles Forschungsthema ist, sind die Grundprinzipen erkannt und können in vielen Lehrbüchern nachgelesen werden (Peebles 1993; Kolb und Turner 1990). Ähnlich macht die Erforschung der Sternentstehung rasche Fortschritte. Die jetzt gängigen Paradigmen der Sternbildung sind schon seit über einem Jahrzehnt bekannt (z.B. Shu, Admas und Lizano 1987) und der Fortschritt geht weiter (siehe den neuen Konferenzbericht, der von Loss et al. 1999 herausgegeben wurde).

Dieses Kapitel beschäftigt sich mit vielen Themen der Sternentwicklung, einem Forschungsthema, das im späteren Teil der zweiten Hälfte dieses Jahrhunderts weit entwickelt wurde. Viele der hier erörterten Themen werden in Lehrbüchern für höhere Semester erörtert (Clayton 1983; Kippenhan und Weigert 1990; Hansen und Kawaler 1994; siehe auch Chandrasekhar 1939 und die hervorragende Darstellung bei Unsöld 1988).

Das Schicksal der Erde hängt auf Dauer entscheidend davon ab, wieviel Masse sie im Stadium eines Roten Riesen verliert (siehe Sackmann et al. 1993). Das langfristige Schicksal der kleinsten Sterne, der roten Zwerge, wurde erst vor kurzem berechnet (Laughlin, Bodenheimer und Adams 1997).

Die Berechnungen dazu, was passiert, wenn ein roter Zwerg in unser Sonnensystem gerät und entweder die Erde in den interstellaren Raum hinausschleudert oder sie einfängt, wurden zuvor nicht veröffentlicht. Diese Ergebnisse sind mit Streuberechnungen von Sonnensystemen in Sternhaufen verwandt (Laughlin und Adams 1998); diese Art von Streuung könnte einige der Bahnen erklären, die in extrasolaren Planetensystemen beobachtet werden (Marcy und Butler 1998).

Eine viel mehr ins einzelne gehende Darstellung der Geschichte des Lebens auf unserem Planeten findet sich bei Schopf (1992). Die ältesten unumstrittenen Fossilien sind 3,5 Milliarden Jahre alt und stammen aus Gesteinsformationen in Swaziland (Südafrika) und Pilvara (Westaustralien). Noch ältere Sedimentgesteine wurden in der Suprakrustalen Gruppe (Grönland) gefunden; allerdings hat dieses Gestein große Veränderungen durchgemacht und zeigt deshalb keine deutlichen Spuren erster Lebensformen. Die frühesten bekannten Eukaryoten sind in Fossilien nachweisbar, die vor etwa 1790 Millionen Jahren entstanden, sich vor etwa 1100 Millionen Jahren rasch verbreiteten und vor etwa 900 Millionen Jahren einen Höhepunkt an Reichhaltigkeit und Vielfalt erreichten (weitere Einzelheiten finden sich bei Schopf 1992 und in Literaturangaben dort).

Die Diskussion zur Suche nach außerirdischem Leben und der Kolonisation der Galaxis sind noch recht spekulativ, viel mehr als unsere Erörterungen physikalischer Phänomene. Der Hinweis auf A. Comte (1835) wurde Pais (1986, S. 165) entnommen.

Die langfristigen Aussichten für Sternbildung in der Galaxis beruhen auf Untersuchungen der Geschichte der Sternbildung in unserer Galaxis und in anderen Galaxien (siehe z.B. Kennicutt, Tamblyn und Congdon 1994; Rana 1991; AL97). Die bevorstehende Zunahme an Metallen in der Galaxis wird in Timmes (1996) abgeschätzt.

3. Das Zeitalter der entarteten Sterne

Die in diesem Zeitalter vorhandene Materie ergibt sich aus der anfänglichen Massenfunktion (IMF) für Sterne und der Umwandlung der anfänglichen Sternmassen und der Massen ihrer entarteten Reste. Die IMF bleibt ein aktuelles Forschungsthema, ist jedoch jetzt im großen und ganzen verstanden (Salpeter 1955; Miller und Scalo 1979; Scalo 1986; Rana 1991; Adams und Fatuzzo 1996). Die Umwandlung von Ursprungsmassen in Restmassen ist relativ gut bekannt (siehe z. B. Wood 1992), aber noch ist unklar, wieviel Masse beim Übergang in das Stadium des Roten Riesen verloren geht. Die masseärmsten Himmelskörper – braune Zwerge – wurden erst kürzlich entdeckt (vergleiche Oppenheimer et al. 1995 und Golimowski et al. 1995 mit älteren Übersichten von Stevenson 1991 und Tinney 1995), sind aber astrophysikalisch relativ gut verstanden (Burrows et al. 1993; Burrows und Liebert 1993).

Die Dynamik der Galaxienzusammenstöße wird in Binney und Tremeine (1987) und M. Weinberg (1989) behandelt. Unter dem Gesichtspunkt der bevorstehenden Begegnung unserer Galaxis mit dem Andromedasystem werden zur Zeit die Bahnen benachbarter Galaxien vermessen (Peebles 1994; Riess et al. 1995). Die dynamische Entspannung der Galaxis entspricht derjenigen in Sternhaufen (siehe Binney und Tremaine 1987; Shu 1982; Lightman und Shapiro 1978); diese Systeme sind viel kleiner und verändern sich in viel kürzeren Zeiträumen, so daß diese Fragen der Dynamik unmittelbarer untersucht werden können.

Es gibt relativ wenige Arbeiten zu Sternzusammenstößen, weil sie im heutigen Universum sehr selten sind. Wir haben die in Kapitel 3 gezeigte numerische Simulation unserem Übersichtsartikel (AL97) entnommen. Die Vorgänge in Sternen, die Helium und Kohlenstoff verbrennen, werden bei Kippenhahn und Weigert (1990) berechnet.

Obwohl die nichtbaryonischen Komponenten der dunklen Materie noch nicht identifiziert wurden, sind ihre allgemeinen Eigenschaften relativ gut bekannt (Diehl et al. 1995; Jungsman et al. 1996; Spoomer 1997). Insbesondere muß der Wirkungsquerschnitt der dunklen Materie für Stöße mit Baryonen von der Ordnung $\sigma \sim 10^{-37}$ cm^2 sein (Kolb und Turner 1990), wenn sie häufig genug sein soll, um kosmologisch interessant zu sein, und deshalb fangen weiße Zwerge Teilchen dunkler Materie, die durch das Sterninnere hindurchströmt, ein (AL97). Auch das Einfangen dunkler Materie von Sonne und Erde wurde untersucht (Faulkner und Gilliland 1985; Press und Spergel 1985; Krauss, Stednicki und Wilczek, 1986; Gould 1987).

Spekulationen über Leben in den Atmosphären weißer Zwerge folgen direkt aus der von Dyson (1979) eingeführten Skalierungshypothese; die über das Leben außerhalb weißer Zwerge folgt aus einfachen Berechnungen.

Obwohl der Protonenzerfall theoretisch vorhergesagt wird, haben Experimente bisher nur eine Untergrenze für die Lebenszeit des Protons von etwa 32 kosmologischen Dekaden setzen können (Particle Data Group 1998; Langacker 1981, Perkins 1984). Der Einfachheit halber setzen wir die Lebenszeit der Protonen im größten Teil des Buches als 37 kosmologische Dekaden an; andere Werte für die Lebenszeit von Protonen lassen sich ohne qualitative Veränderungen berücksichtigen. Wenn das Proton nicht in den einfachsten Weisen zerfällt, die von großen vereinheitlichten Theorien vorhergesagt werden (siehe z.B. Langacker 1981; Kane 1993), sind eine Reihe anderer Möglichkeiten des Protonenzerfalls möglich (z.B. Feinberg, Goldhaber und Steigman 1978, Wilczek und Zee 1979; Mohapatra und Marshak 1980; Weinberg 1980; Goity und Sher 1995). Außerdem ermöglicht die Vakuumstruktur der elektroschwachen Theorie die Nichterhaltung der Baryonenzahl. Auch das Durchtunneln zwischen Vakuumzuständen kann zu einer Veränderung der Baryonenzahl und den Zerfall des Protons in einem Zeitraum von etwa 140 kosmologischen Dekaden führen (siehe Rajaraman 1987; Kolb und Turner 1990; 't Hooft 1976; AL 97). Schließlich könnte in einem vermuteten Zeitraum von 45 bis 169 kosmologischen Dekaden auch die Gravitation den Protonenzerfall bewirken(z.B. Zel'dovich 1976; Hawking, Page und Pope 1979; Page 1980; Hawking 1987; siehe auch Adams et al. 1998).

Die Auswirkungen des Protonenzerfalls auf die Struktur und die Entwicklung von Sternen werden in Feinberg (1981), Dicus et al. (1982), Turner (1983), AL97 und Adams et al. (1998) behandelt. Sternreste werden auch von anderen langfristigen Prozessen wie pyknonuklearen Reaktionen, auch als druckinduzierte Kernreaktionen bezeichnet, (Shapiro und Teukolsky 1983; Salpeter und van Horn 1969) und Spallation oder Kernzersplitterung (Hubell, Grimm und Overbo 1980) beeinflußt.

4. Das Zeitalter der Schwarzen Löcher

Die Grundeigenschaften Schwarzer Löcher werden in vielen Lehrbüchern beschrieben (Weinberg 1972; Misner, Thorne und Wheeler 1975; Wald 1984; Ohanian und Ruffini 1994). Diese Bücher befassen sich auch mit der Gravitationsstrahlung. Eine besonders gute allgemeinverständliche Erörterung der Schwarzen Löcher und der Allgemeinen Relativitätstheorie findet sich bei Thorne (1994).

Es gibt drei Beobachtungshinweise auf Schwarze Löcher: Erstens sind das Hinweise auf ein Schwarzes Loch in der Mitte unserer Galaxis mit einer Masse von drei Millionen Sonnenmasse (Genzel et al. 1996), zweitens solche auf supermassive Schwarze Löcher im Zentrum äußerer Galaxien (Kormendy et al. 1997) und drittens auf Schwarze Löcher von Sternmasse in unserer Galaxis (Naraxan et al. 1997). Bis jetzt wurden noch keine Hinweise auf primordiale Schwarze Löcher gefunden (Carr 1976).

Die Störung unseres Sonnensystems durch ein Schwarzes Loch wurde speziell für dieses Buch berechnet und noch nicht anderswo veröffentlicht.

Die Strahlung Schwarzer Löcher wurde zuerst vor zwei Jahrzehnten vorhergesagt (Hawking 1974, 1975). Obwohl sie noch nicht entdeckt wurde, also noch reine Theorie ist, wird sie auf verschiedene Weise vorhergesagt und in vielen Lehrbüchern behandelt (z.B. Wald 1984, 1994; Thorne et al. 1986; Birrell und Cavies 1982). Weil wir keine vollständige Theorie der Quantengravitation haben, bleiben die letzten Augenblicke des Lebens eines Schwarzen Lochs umstritten (z.B. Russo, Susskind und Thorlacius 1992).

Unseres Wissens ist die theoretische Konstruktion eines Computers, der auf einem Schwarzen Loch beruht, unsere eigene Idee. Von dem Grundgedanken der Konstruktion logischer Gatter aus uns unvertrauten Stoffen wurde jedoch in anderem Zusammenhang Gebrauch gemacht (z.B. Poundstone 1985).

Die Frage, ob das Universum Schwarze Löcher rascher herstellen kann als sie verdampfen, bleibt offen (siehe z.B. Rees 1984, 1997; siehe auch Page und McKee 1982, Frautschi 1982).

5. Das Zeitalter der Dunkelheit

Der Inhalt des Universums im dunklen Zeitalter ergibt sich unmittelbar aus dem Inhalt der vorhergehenden kosmologischen Epochen (siehe auch Page und McKee 1980a, b; Barrow und Tipler 1986). Der Strahlungshintergrund des Universums der Zukunft wird in AL97 berechnet; die größten Ungewißheiten beruhen auf unserer mangelnden Kenntnis der Lebenszeit des Protons und der Massenverteilung Schwarzer Löcher.

Der Wärmetod des Universums wurde oft erörtert, seit die Hauptsätze der Thermodynamik verstanden wurden (Helmholtz 1854, Clausius 1865, 1868). Im Rahmen der Urknalltheorie verschiebt sich die Frage nach dem Wärmetod zu der Frage nach der Adiabatizität (siehe z.B. Tolman 1934; Eddington 1931;

Barrow und Tipler 1978; 1986; Frautschi 1982; AL97). Eine wichtige Randbedingung für die langfristige Entropieerzeugung des Universums wird durch Bekensteins Schranke gegeben (1981).

Die Bildung und der Zerfall von Positronium im zukünftigen Universum wird bei Page und McKee (1981a, b) berechnet. Fortwährende Teilchenvernichtung wird in vielen Quellen behandelt (z.B. Frautschi 1982; Baorro und Tipler 1986; AL97).

Der wohl spekulativste physikalische Prozeß, der in diesem Buch behandelt wird, ist der eines zukünftigen Phasenübergangs, der vom Quantentunneln eines Skalarfelds angetrieben wird. Die ersten solchen Berechnungen wurden von Voloshin et al. (1975) und von Coleman (1977, 1985) durchgeführt. Diese Berechnungen wurden später verallgemeinert und berücksichtigen auch die Schwerkraft (Coleman und De Luccia 1980), endliche Temperatureffekte (Linde 1983b) und allgemeinere Formen des Potentials von Skalarfeldern (Adams 1993). Auch kosmologische Folgerungen aus Übergängen von der Vakuumphase wurden diskutiert (Hut und Rees 1983; Turner und Wilczek 1982). Falls und wenn ein solcher Phasenübergang stattfindet, verändern sich die Naturgesetze entsprechend (Crone und Sher 1990, Sher 1989, Suskuki 1988; Pramack und Sher 1980). Ein verwandter Vorgang ist die Bildung von Kind-Universen (Sato et al. 1982; Blau, Guendelman und Guth 1987; Hawking 1987; Farhi, Guth und Guven 1990, siehe auch Guth 1997). Solche Kind-Universen können im Prinzip Information und vielleicht sogar Materie von unserem Universum erhalten (siehe die unterschiedliche Ansichten bei z.B. Visser 1995; Linde 1988, 1989; Tipler 1992).

Zum Schluss

Die langfristige Ausdehnung hängt von einer Reihe von Faktoren ab, darunter auch vom Beitrag des Vakuums zur Energiedichte (Weinberg 1989; Carroll, Press und Turner 1992), von der Massendichte des Universums (Turok 1997 gibt einen neuere Übersicht, siehe auch Loh und Spillar 1986), und mehreren anderen Überlegungen (z.B. Ellis und Rothman 1993, Gott 1993, Grischuk und Zel'dovich 1978). Obwohl heutige astronomische Daten nahelegen, daß sich das Universum weiter ausdehnen wird (Dekel et al. 1997), erörtern wir kurz das Szenario, in dem das Universum oder auch ein Teil davon rekollabiert. Eine ausgezeichnete Darstellung der physikalischen Ereignisse, die zum endgültigen Kollaps führen können, findet sich in der Arbeit von Rees (1969).

Die Feinabstimmung unseres Universums wird in mancherlei Zusammenhängen erörtert und hat mit dem »anthropischen kosmologischen Prinzip« zu tun (weitere Diskussion bei Barrow und Tipler 1986; Carr und Rees 1979). Die Vorstellung, daß unser Universum nur eines von vielen möglichen Universen ist, erhält jetzt beträchtliche kosmologische Aufmerksamkeit (z.B. Rees 1981), eine neuere allgemeinverständliche Darstellung des Multiversums und seiner Implikationen findet sich in Rees (1997).

Die Vorstellung ewiger Inflation und ewiger Komplexität wurde von A. Linde ausführlich erörtert (siehe z.B. Linde 1986, 1988, 1989, 1990, 1994; siehe auch Vlenkin 1983) Die Darwinsche Evolution von Universen wurde von L. Smolin eingeführt und in seinem neuen Buch (Smolin 1997; siehe auch Rees 1997) dargestellt.

LITERATURANGABEN UND LEKTÜREEMPFEHLUNGEN

Adams, F. C., *General solutions for tunneling of scalar fields with quartic potentials*, in: »Phys. Rev.« (D 48, 1993), S. 2800.

Adams, F. C., und M. Fatuzzo, *A theory of the initial mass function for star formation in molecular clouds*, in: »Astrophys. J.« (464, 1996), S. 256.

Adams, F. C., und G. Laughlin, *A dying universe: The long-term fate and evolution of astrophysical objects*, in: »Rev. Mod Phys.« (69, 1997), S. 337.

Adams, F. C., und G. Laughlin, *The future of the universe*, in: »Sky and Telescope« (96, 1998), S. 32.

Adams, F. C., G. Laughlin, M. Mbonye, und M. J. Perry, *The gravitational demise of cold degenerate stars*, in: »Phys. Rev.« (D 58, 1998), S. 083003.

Albrecht, A., und P. J. Steinhardt, *Cosmology for grand unified theories with radiatively induced symmetry breaking*, in: »Phys. Rev. Lett.« (48, 1982), S. 1220.

Alpher, R. A., H. Bethe, und G. Gamow, *The origin of chemical elements*, in: »Phys. Rev.« (73, 1948), S. 803.

Bahcall, J. N., »Neutrino Astrophysics«, Cambridge: Cambridge Univ. Press 1989.

Bardeen, J. M., P. J. Steinhardt und M. S. Turner, *Spontaneous creation of almost scale-free density perturbations in an inflationary universe*, in: »Phys. Rev.« (D 28, 1983), S. 679.

Barrow, J. D., und F. J. Tipler, *Eternity is unstable*, in: »Nature« (276, 1978), S. 453.

Barrow, J. D., und F. J. Tipler, »The Anthropic Cosmological Principle«, Oxford: Oxford Univ. Press 1986.

Bekenstein, J. D., *A universal upper bound to the entropy to energy ratio for bounded systems*, in: »Phys. Rev.« (D 23, 1981), S. 287.

Binney, J., und S. Tremaine, »Galactic Dynamics«, Princeton: Princeton Univ. Press 1987.

Birrell, N. D., und P. C. W. Davies, »Quantum Fields in Curved Space«, Cambridge: Cambridge Univ. Press 1982.

Blau, S. K., E. I. Guendelman und A. H. Guth, *Dynamics of false-vacuum bubbles*, in: »Phys. Rev.« (D 35, 1987), S. 1747.

Bond, J. R., B. J. Carr und C. J. Hogan, *Cosmic backgrounds from primeval dust*, in: »Astrophys. J.« (367, 1991), S. 420.

Boss, A., V. Mannings und S. Russell, (Hrsg.), »Protostars und Planets IV«, Tucson: Univ. Arizona Press 1999.

Burrows, A., W. B. Hubbard, D. Saumon und J. I. Lunine, *An expanded set of brown dwarf and very low mass star models*, in: »Astrophys. J.« (406, 1993), S. 158.

Burrows, A., und J. Liebert, *The science of brown dwarfs*, in: »Rev. Mod. Phys.« (65, 1993), S. 301.

Carr, B. J., *Baryonic dark matter*, in: »Ann. Rev. Astron. Astrophys.« (32, 1994), S. 531.

Carr, B. J., *Some cosmological consequences of primordial black hole evaporation,* in: »Astrophys. J.« (206, 1976), S. 8.

Carr, B. J., und M. J. Rees, *The anthropic principle und the structure of the physical world*, in: »Nature« (278, 1979), S. 605.

Carroll, S. M., W. H. Press und E. L. Turner, *The cosmological constant*, in: »Ann. Rev. Astron. Astrophys.« (30, 1992), S. 499.

Chandrasekhar, S., »Stellar Structure«, New York: Dover 1939.

Clausius, R., »Ann. Physik« (125, 1865), S. 353.

Clausius, R., »Phil. Mag.« (35, 1868), S. 405.

Clayton, D. D., »Principles of Stellar Evolution und Nucleosynthesis«, Chicago: Univ. Chicago Press 1983.

Coleman, S., *The fate of the false vacuum*: 1. Semiclassical theory, in: »Phys. Rev.« (D 15, 1977), S. 2929.

Coleman, S., »Aspects of Symmetry«, Cambridge: Cambridge Univ. Press 1985.

Coleman, S., und F. De Luccia, *Gravitational effects on and of vacuum decay*, in: »Phys. Rev.« (D 21, 1980), S. 3305.

Comte, A., »Cours de la Philosophie Positive« (2, 1835), S. 2, Paris: Bachelier; Nachdruck bei Editions Anthropos, Paris 1968.

Crone, M. M., und M. Sher, *The environmental impact of vacuum decay*, in: »Am. Phys.« (59, 1990), S. 25.

Croswell, K., »Planet Quest«, New York: The Free Press 1997.

Davies, P.C.W., »The Accidental Universe«, Cambridge Univ. Press 1982.

Davies, P.C.W., »The Last Three Minutes«, New York: Basic Books 1994.

Dekel, A., D. Burstein und S. D. M. White, *Measuring omega*, in: »Critical Dialogues in Cosmology«, N. Turok, (Hrsg.), Singapur: World Scientific 1997, S. 175.

Dicus, D. A., J. R. Letaw, D. C. Teplitz und V. L. Teplitz, *Effects of proton decay on the cosmological future*, in: »Astrophys. J.« (252, 1982), S. 1.

Diehl, E., G. L. Kane, C. Kold und J. D. Wells, *Theory, phenomenology, and prospects for detection of supersymmetric dark matter*, in: »Phys. Rev.« (D 52, 1995), S. 4223.

Dolgov, A. D., *Non-GUT baryogenesis*, in: »Physics Reports« (222, 1992), S. 309.

Dyson, F. J., *Time without end: Physics und biology in an open universe*, in: »Rev. Mod Phys.« (51, 1979), S. 447.

Dyson, F. J., »Infinite in All Directions«, New York: Harper und Row 1988.

Eddington, A. S., »Nature« (127, 1931), S. 447.

Ellis, G. F. R., und T. Rothman, *Lost horizons*, in: »Am. J. Phys.« (61, 1993), S. 883.

Ellis, G. F. R., und D. H. Coule, *Life at the end of the universe*, in: »Gen. Rel. and Grav.« (26, 1994), S. 731.

Farhi, E. H., A. H. Guth und J. Guven, *Is it possible to create a universe in the laboratory by quantum tunneling?*, in: »Nuclear Phys.« (B339, 1990), S. 417.

Faulkner, J., und R. L. Gilliland, *Weakly interacting massive particles and the Solar neutrino flux*, in: »Astrophys. J.« (299, 1985), S. 994.

Feinberg, G., *The coldest neutron star*, in: »Phys. Rev.« (D 23, 1981), S. 3075.

Feinberg, G., M. Goldhaber und G. Steigman, *Multiplicative baryon-number conservation and the oscillation of hydrogen into antihydrogen*, in: »Phys. Rev.« (D 18, 1978), S. 1602.

Frautschi, S., *Entropy in an expanding universe*, in: »Science« (217, 1982), S. 593.

Gaier, T., u.a., *A degree-scale measurement of anisotropy of the cosmic background radiation*, in: »Astrophys. J. Lett.« (398, 1992), S. L1.

Garnow, G., *Expanding universe and the origin of elements*, in: »Phys. Rev.« (70, 1946), S. 572.

Genzel, R., u.a., *The dark mass concentration in the central parsec of the Milky Way*, in: »Astrophys. J.« (472, 1996), S. 153.

Goity J. L., und M. Sher, Bounds on $\Delta B = 1$ couplings in the supersymmetric standard model, in: »Phys. Lett.« (346 B, 1995), S. 69.

Golimowski, D. A., T. Nakajima, S. R. Kulkarni und B. R. Oppenheimer, *Detec-*

tion of a very low mass companion to the astrometric binary Gliese 105A, in: »Astrophys. J. Lett.« (444, 1995), S. L101.

Gott, J. R., *Implications of the Copernican Principle for our future prospects*, in: »Nature« (363, 1993), S. 315.

Gould, A., *Resonant enhancements in weakly interacting massive particle capture by the Earth*, in: »Astrophys. J.« (321, 1987), S. 571.

Grischuk, L. P., und Ya. B. Zel'dovich, *Long wavelength perturbations of a Friedmann universe, and anisotropy of the microwave background*, in: »Sov. Astron.« (22, 1978), S. 125.

Guth, A., *The inflationary universe: A possible solution to the horizon und flatness problems*, in: »Phys. Rev.« (D 23, 1981), S. 347.

Guth, A., »The Inflationary Universe: The Quest for a New Theory of Cosmic Origins«, Reading, MA: Addison-Wesley 1997, Dt.: »Die Geburt des Kosmos aus dem Nichts. Die Theorie des inflationären Universums«, München: Droemer Knaur 1999.

Guth, A. H., und S.-Y. Pi, *Fluctuations in the new inflationary universe*, in: »Phys. Rev. Lett.« (49, 1982), S. 1110.

Hansen, C. J., und S. D. Kawaler, »Stellar Interiors: Physical Principles, Structure, and Evolution«, New York: Springer 1994.

Hawking, S. W., *Black hole explosions?*, in: »Nature« (248, 1974), S. 30.

Hawking, S. W., *Particle creation by black holes*, in: »Comm. Math. Ph.« (43, 1975), S. 199.

Hawking, S. W., *Black holes and thermodynamics*, in: »Phys. Rev.« (D 13, 1976), S. 191.

Hawking, S. W., *The development of irregularities in a single bubble inflationary universe*, in: »Phys. Lett.« (115 B, 1982), S. 295.

Hawking, S. W., *Quantum coherence down the wormhole*, in: »Phys. Lett.« (195 B, 1987), S. 337.

Hawking, S. W., D. N. Page und C. N. Pope, *The propagation of particles in spacetime foam*, in: »Phys. Lett.« (B, 1979), S. 175.

Helmholz, H. von, *Über die Wechselwirkung der Naturkräfte* (1854), in: »Vorträge und Reden«, Braunschweig: Vieweg 1884.

't Hooft, G., *Symmetry breaking through Bell-Jackiw anomalies*, in: »Phys. Rev. Lett.« (37, 1976), S. 8.

Hubbell, J. H., H. A. Grimm und I. Overbo, *Pair, triplet, and total atomic cross sections for 1 MeV-100 GeV photons in elements Z = 1 to 100*, in: »J. Phys. Chem. Ref. Dat.« (9, 1980), S. 1023.

Hut, P., und M.J. Rees, *How stable is our vacuum?*, in: »Nature« (302, 1983), S. 508.

Islam, J. N., *Possible ultimate fate of the universe*, in: »Quart J. R. Astron. Soc.« (18, 1977), S. 3.

Islam, J. N., *The ultimate fate of the universe*, in: »Sky und Telescope« (57, 1979), S. 13.

Islam, J. N., »The Ultimate Fate of the Universe«, Cambridge: Cambridge Univ. Press 1983.

Jungman, G., M. Kamionkowski und K. Griest, *Supersymmetric dark matter*, in: »Physics Reports« (267, 1996), S. 195.

Kane, G. L., »Modern Elementary Particle Physics«, Reading, MA: Addison-Wesley 1993.

Kane, G. L., »The Particle Garden«, Reading, MA: Addison-Wesley 1995.

Kant, I., »Allgemeine Naturgeschichte und Theorie des Himmels«, Königsberg 1755.

Kennicutt, R. C., P. Tamblyn und C. W. Congdon, *Past und future star formation in disk galaxies*, in: »Astrophys. J.« (435, 1994), S. 22.

Kippenhahn, R., »Hundert Milliarden Sonnen. Geburt, Leben und Tod der Sterne«, München: Piper 1980.

Kippenhahn, R., und A. Weigert, »Stellar Structure und Evolution«, Berlin: Springer 1990.

Kirchhoff, J., »Giordano Bruno«, Reinbek: Rowohlt 1980.

Knickerbocker, W. S., »Classics of Modern Science«, Boston: Beacon Press 1927.

Kolb, E. W., und M. S. Turner, »The Early Universe«, Redwood City CA: Addison-Wesley 1990.

Kormendy J., u.a., *Spectroscopic evidence for a supermassive black hole in NCG 4486B*, in: »Astrophys. J.« (482, 1997), S. L139.

Krauss, L., »The fifth essence. The Search for Dark Matter in the Universe«, Harper Collins, Dt.: »Schwarze Materie«, Frankfurt/Main: Insel 1995.

Krauss, L. M., M. Srednicki und F. Wilczek, *Solar system constraints und signature for dark matter candidates*, in: »Phvs. Rev.« (D 33, 1986), S. 2079.

Langacker, P., Grand unified theories und proton decay, in: »Physics Reports« (72, 1981), S. 186.

Laplace, P. S., »Exposition du systeme du monde« Paris: 1796.

Laughlin, G., und F. C. Adams, *The modification of planetary orbits in dense stellar clusters*, in: »Astrophys. J Lett.« (508, 1998), S. L171.

Laughlin, G., P. Bodenheimer und F. C. Adams, *The end of the main sequence*, in: »Astrophys. J.« (482, 1997), S. 420.

Lightman, A. P., und S. L. Shapiro, *The dynamical evolution of globular clusters*, in: »Rev. Mod. Phys.« (50, 1978), S. 437.

Linde, A. D., *A new inflationary universe scenario: A possible solution of the horizon, flatness, homogeneity, isotropy, and primordial monopole problems*, in: »Phys. Lett.« (108 B, 1982), S. 389.

Linde, A. D., *Chaotic inflation*, in: »Phys. Lett.« (129 B, 1983a), S. 177.

Linde, A. D., *Decay of the false vacuum at finite temperature*, in: »Nucl. Phys.« (B216, 1983b), S. 421.

Linde, A. D., *Eternally existing self-reproducing chaotic inflationary universe*, in: »Phys. Lett.« (175 B, 1986), S. 395.

Linde, A. D., *Life after inflation*, in: »Phys. Lett.« (211 B, 1988), S. 29.

Linde, A. D., *Life after inflation und the cosmological constant problem*, in: »Phys. Lett.« (227 B, 1989), S. 352.

Linde, A. D., »Particle Physics und Inflationary Cosmology«, New York: Harwood Academic 1990, Dt.: »Elementarteilchen und inflationärer Kosmos«, Heidelberg: Spektrum-Akademischer Verlag 1993.

Linde, A, *The self-reproducing inflationary universe*, in: »Scientific American« (271, 1994), S. 48.

Loh, E., und E. Spillar, *A measurement of the mass density of the universe*, in: »Astrophys. J. Lett.« (307, 1986), S. L1.

Manchester, R. N., und J. H. Taylor, »Pulsars«, San Francisco: W. H. Freeman 1977.

Marcy, G. W., und R. P. Butler, *A planetary companion to 70 Virginis*, in: »Astrophys. J. Lett.« (464, 1996), S. L147.

Marcy, G. W., und R. P. Butler, *Detection of extrasolar giant planets*, in: »Ann. Rev. Astron. Astroph.« (36, 1998), S. 57.

Mayor, M., und D. Queloz, *A Jupiter-mass companion to a solar-type star*, in: »Nature« (378, 1995), S. 355.

Meyer, S. S., E. S. Cheng und L. A. Page, *A measurement of the large-scale cosmic microwave background anisotropy at 1.8 millimeter wavelength*, in: »Astrophys. J. Lett.« (410, 1991), S. L57.

Mihalas, D., und J. Binney, »Galactic Astronomy: Structure and Kinematics«, New York: W. H. Freeman 1981.

Miller, G. E, und J. M. Scalo, *The initial mass function und stellar birthrate in the solar neighborhood*, in: »Astrophys. J. Suppl.« (41, 1979), S. 513.

Misner, C. W., K S. Thorne und J. A. Wheeler, »Gravitation«, San Francisco: W. H. Freeman 1973.

Mohapatra, R. N., und R. E. Marshak, *Local B-L symmetry of electroweak interactions, Majorana neutrinos, and neutron oscillations*, in: »Phys. Rev. Lett.« (44, 1980), S. 1316.

Naraxan, R. D. Barret und J. E. McClintock, *Advection-dominated accretion model of black hole V404 Cygni in quiescence*, in: »Astrophys. J.« (482, 1997), S. 448.

Ohanian, H. C., und R. Ruffini, »Gravitation und Spacetime«, New York: W. W. Norton 1994.

Oppenheimer, B. R., S. R. Kulkarni, K. Matthews und T. Nakajima, *The infrared spectrum of the cool brown dwarf G1229B*, in: »Science« (270, 1995), S. 1478.

Page, D. N., *Particle transmutations in quantum gravity*, in: »Phys. Lett.« (95 B, 1980), S. 244.

Page, D. N., und M. R. McKee, *Matter annihilation in the late universe*, in: »Phys. Rev.« (D 24, 1981a), S. 1458.

Page, D. N., und M. R. McKee, *Eternity matters*, in: »Nature« (291, 1981b), S. 44.

Pais, A., »Inward Bound«, Oxford: Oxford Univ. Press 1986.

Particle Data Group, *Particle physics booklet*, in: »European Phys. J.« (C3, 1998).

Peebles, P. J. E., »Principles of Physical Cosmology«, Princeton: Princeton Univ. Press 1993.

Peebles, P. J. E., *Orbits of nearby galaxies*, in: »Astrophys. J.« (429, 1994), S. 43.

Penzias, A. A., und R. W. Wilson, *A measurement of excess antenna temperature at 4080 Mc/s*, in: »Astrophys. J.« (142, 1965), S. 419.

Perkins, D., *Proton decay experiments*, in: »Ann. Rev. Nucl. Part. Sci.« (34, 1984), S. 1.

Poundstone, W., »The Recursive Universe«, New York: Morrow 1985.

Press, W. H., und D. N. Spergel, *Capture by the Sun of a galactic population of weakly interacting massive particles*, in: »Astrophys. J.« (296, 1985), S. 679.

Primack, J. R., und M. Sher, *Photon mass at low temperature*, in: »Nature« (288, 1980), S. 680.

Rajaraman, R., »Solitons und Instantons«, Amsterdam: North-Holland 1987.

Rana, N. C., *Chemical evolution of the galaxy*, in: »Ann. Rev. Astron. Astrophys.« (29, 1991), S. 129.

Rees, M. J., *The collapse of the universe: An eschatological study*, in: »Observatory« (89, 1969), S. 193.

Rees, M. J., *Our universe und others*, in: »Quart. J R. Astron. Soc.« (22, 1981), S. 109.

Rees, M. J., *Black hole models for active galactic nuclei*, in: »Ann. Rev. Astron. Astrophys.« (22, 1984), S. 471.

Rees, M. J., »Before the Beginning Our Universe und Others«, Reading, MA:

Addison-Wesley 1997, Dt.: »Vor dem Anfang«, Frankfurt/Main: Fischer 1998.

Riess, A. G., W. H. Press und R. P. Kirshner, *Determining the motion of the local group using type la supernova light curve shapes*, in: »Astrophys. J. Lett.« (438, 1995), S. L17.

Russo, J. G., L. Susskind und L. Thorlacius, *End point of Hawking radiation*, in: »Phys. Rev.« (D 46, 1992), S. 3444.

Sackmarm, I.-J., A. 1. Boothroyd, und K. E. Kraemer, *Our Sun III: Present und future*, in: »Astrophys. J.« (418, 1993), S. 457.

Sakharov, A. D., *Violation of CP invariance, C asymmetry, and baryon asymmetry of the universe*, in: »JETP Letters« (5, 1967), S. 24.

Salpeter, E. E, *The luminosity function und stellar evolution*, in: »Astrophys. J.« (121, 1955), S. 161.

Salpeter, E. E., und H. M. van Horn, *Nuclear reaction rates in high densities*, in: »Astrophys. J.« (155, 1969), S. 183.

Sato, K., H. Kodama, M. Sasaki und K. Maeda, *Multiproduction of universes by first order phase transition of a vacuum*, in: »Phys. Lett.« (108 B, 1982), S. 103.

Scalo, J. M., *The stellar initial mass function*, in: »Fund. Cos. Php.« (11, 1986), S. 1.

Schopf, J., Hg., »Major Events in the History of Life«, Boston: Jones und Bartlett 1992.

Schuster, J., u.a., *Cosmic background radiation anisotropy at degree scales: Further results from the South Pole*, in: »Astrophys. J. Lett.« (412, 1993), S. L47.

Shapiro, S. L., und S. A. Teukolsky, »Black Holes, Mite Dwarfs, and Neutron Stars: The Physics of Compact Objects«, New York: Wiley 1983.

Sher, M., *Electroweak Higgs potentials und vacuum stability*, in: »Physics Reports« (179, 1989), S. 273.

Shu, F. H., »The Physical Universe«, Mill Valley CA: University Science Books 1982.

Shu, F. H., F. C. Adams und S. Lizano, *Star formation in molecular clouds: Observation und theory*, in: »Ann. Rev. Astron. Astrophys.« (25, 1987), S. 23.

Smolin, L., »Life of the Cosmos«, New York: Oxford Univ. Press 1997, Dt.: »Warum gibt es die Welt? Die Evolution des Kosmos«, München: C.H. Beck 1999.

Smoot, G., u.a., *Structure in the COBE differential microwave radiometer first year maps*, in: »Astrophys. J. Lett.« (396, 1992), S. L1.

Spooner, N. J. C., Hg., »The Identification of Dark Matter«, London: World Scientific 1997.

Steinhardt, P. J., und M. S. Turner, *A prescription for successful new inflation*, in: »Phys. Rev.« (D 29, 1984), S. 2162.

Stevenson, D. J., *The search for brown dwarfs*, in: »Ann. Rev. Astron. Astrophys.« (29, 1991), S. 163.

Suzuki, M., *Slightly massive photon*, in: »Phys. Rev.« (D 38, 1988), S. 1544.

Thorne, K. S., R. H. Price und D. A. MacDonald, »Black Holes: The Membrane Paradigm«, New Haven: Yale Univ. Press 1986.

Thorne, K. S., »Black Holes und Time Warps: Einstein's Outrageous Legacy«, New York: Norton 1994, Dt.: »Gekrümmter Raum und verbogene Zeit. Einsteins Vermächtnis«, München: Droemer Knaur 1994.

Timmes, F. X., unveröffentlichte Berechnungen, 1996.

Tinney, C. G., Hg., »The Bottom of the Main Sequence und Beyond«, Berlin: Springer 1995.

Tipler, F. J., 1992, *The ultimate fate of life in universes which undergo inflation*, in: »Phys. Lett.« (286 B, 1995), S. 36.

Tolman, R. C., »Relativity, Thermodynamics and Cosmology«, Oxford: Clarendon Press 1934.

Turner, M. S., *The end may be hastened by magnetic monopoles*, in: »Nature« (306, 1983), S. 161.

Turner, M. S., und F. Wilczek, *Is our vacuum metastable*?, in: »Nature« (298, 1982), S. 633.

Turok, N., Hg., »Critical Dialogues in Cosmology«, Singapur: World Scientific 1997.

Unsöld, A., »Der neue Kosmos«, Heidelberg: Springer 1988.

Vilenkin, A., *Birth of inflationary universes*, in: »Phys. Rev.« (D 27, 1983), S. 2848.

Visser, M., »Lorentzian Wormholes: From Einstein to Hawking«, Woodbury, NY: AIP Press 1995.

Voloshin, M. B., I. Yu, Kobzarev und L. B. Okun, *Bubbles in metastable vacuum*, in: »Sov. J. Nucl. Phys.« (20, 1975), S. 644.

Wagoner, R., *Big bang nucleosynthesis revisited*, in: »Astrophys. J.« (179, 1973), S. 343.

Wald, R. M., »General Relativity«, Chicago: Univ. Chicago Press 1984.

Wald, R. M., »Quantum Field Theory in Curved Spacetime und Black Hole Thermodynamics«, Chicago: Univ. Chicago Press 1994.

Walker, T. P., G. Steigman, D. N. Schramm, K. A. Olive und H.-S. Kang, *Primor dial nucleosynthesis redux*, in: »Astrophys. J.« (376, 1991), S. 51.

Weinberg, M. D., *Self-gravitating response of a spherical galaxy to sinking satellites*, in: »Mon. Not. R. Astron. Soc.« (239, 1989), S. 549.

Weinberg, S., »Gravitation und Cosmology«, New York: Wiley 1972.

Weinberg, S., »The First Three Minutes«, New York: Basic 1977, Dt.: »Die ersten drei Minuten«, München: Piper 1979.

Weinberg, S., *A new light boson?*, in: »Phys. Rev. Lett.« (40, 1978), S. 223.

Weinberg, S., *Varieties of baryon und lepton nonconservation*, in: »Phys. Rev.« (22, 1980), S. 1694.

Weinberg, S., *The cosmological constant problem*, in: »Rev. Mod. Phys.« (61, 1989), S. 1.

Weinberg, S., »Quantum Theory of Fields«, Cambridge: Cambridge Univ. Press 1995.

Wilczek, F., und A. Zee, *Conservation or violation of B-L in proton decay*, in: »Phys. Lett.« (88 B, 1979), S. 311.

Wood, M. A, *Constraints on the age und evolution of the galaxy from the white dwarf luminosity function*, in: »Astrophys. J.« (386, 1992), S. 539.

Wright, E. L., u.a., *Interpretation of the cosmic microwave background radiation anisotropy detected by the COBE differential microwave radiometer*, in: »Astrophys. J. Lett.« (396, 1992), S. Li3.

Zel'dovich, Ya. B., *A new type of radioactive decay, Gravitational annihilation of baryons*, in: »Phys. Lett.« (59 A, 1976), S. 254.

Zuckerman, B., und M. A. Malkan, Hg., »The Origin und Evolution of the Universe«, Sudbury, MA: Jones und Bartlett 1996.

HAUPTEREIGNISSE IN DER BIOGRAPHIE DES UNIVERSUMS

Ereignis	Dekade*
Das Zeitalter der Urmaterie	
Der Urknall	$-\infty$
Die Quantengravitation beherrscht das Universum (Planck-Zeit)	-50,5
Große Vereinheitlichung von drei Grundkräften	-44,5
Quarks werden in Hadronen eingesperrt	-12,5
Die erste Elementerzeugung (Kernsynthese)	-6
Die Massenenergie dominiert über die Strahlung	4
Elektronen und Protonen bilden Atome (Rekombination)	5,5
Das Zeitalter der leuchtenden Sterne	
Bildung der ersten Sterne	6
Bildung des Milchstraßensystems	9
Bildung unseres Sonnensystems	9,5
Heute	10
Unsere Sonne stirbt	10,2
Nahe Begegnung unserer Galaxis mit dem Andromedasystem	10,2

* Im vorliegenden Buch bedeutet der Begriff Dekade grundsätzlich kosmologische Dekade. Wenn in einer wissenschaftlichen Anmerkung ein Zeitintervall angegeben ist – beispielsweise 10^{η} Jahre –, so bezeichnet der Exponent η die kosmologische Dekade.

Tod der kleinsten Sterne	13
Ende der herkömmlichen Sternbildung	14

Das Zeitalter der entarteten Sterne

Planeten trennen sich von Sternen	15
Braune Zwerge stoßen zusammen und bilden Sterne	16
Sterne verdampfen aus unserer Galaxis	19
Die Teilchen der dunklen Materie vernichten einander im galaktischen Halo	22,5
Gravitationsstrahlung stört die Bahn von Sternen	24
Weiße Sterne saugen die dunkle Materie des galaktischen Halos auf	25
Schwarze Löcher verschlingen Sterne	30
Protonen zerfallen	37
Neutronensterne verlieren Masse und verändern sich in heftigen Ausbrüchen	38
Planeten und weiße Zwerge werden durch Protonenzerfall vernichtet	38–39

Das Zeitalter der Schwarzen Löcher

Axionen zerfallen zu Photonen	42
Wasserstoffmoleküle machen kalte Spaltungsprozesse durch	60
Schwarze Löcher mit einer Million Sonnenmassen verdampfen	83
In einem flachen Universum bildet sich Positronium	85
Die größten und massereichsten Schwarzen Löcher verschwinden	98

Das Zeitalter der Dunkelheit

Schwarze Löcher mit der Masse des jetzigen Horizonts verdampfen	131
In einem flachen Universum zerfällt Positronium	141
Protonenzerfall höherer Ordnung	100–200
Ein kosmologischer Phasenübergang rekonstruiert das Universum	10–1000

Register